Comic and Anim

Flash Animation Training Tutorials

李　昕　编著

中国高等院校动漫游戏专业“十二五”规划教材

Flash动画实训教程

上海动画大王文化传媒有限公司
Shanghai Donghuadawang Culture Media Co.,Ltd.
上海人民美術出版社

图书在版编目（CIP）数据

Flash 动画实训教程 / 李昕编 .- 上海 : 上海人民美术出版社，2012. 1
ISBN 978—7—5322—7449—9
（中国高等院校动漫游戏专业“十二五”规划教材）

Ⅰ. ①F… Ⅱ. ①李… Ⅲ. ①动画制作软件，Flash- 高等学校 - 教材 Ⅳ. ① TP391.41

中国版本图书馆 CIP 数据核字（2011）第 148866 号

中国高等院校动漫游戏专业“十二五”规划教材
Flash 动画实训教程
编　　著：李　昕
策　　划：海派文化
责任编辑：朱双海　杜昀初
助理编辑：赵　甜
封面设计：陶　雷
技术编辑：任继君
出版发行：上海动画大王文化传媒有限公司
上海人民美術出版社
地　　址：上海长乐路 672 弄 33 号 D 座
电　　话：021-60740298
印　　刷：上海丽佳制版印刷有限公司
开　　本：787×1092　1/16
印　　张：9.25
版　　次：2012 年 1 月第 1 版
印　　次：2012 年 1 月第 1 次
书　　号：ISBN 978-7-5322-7449-9
定　　价：38.00 元

目 录 Contents

前言

现在的动画制作已经越来越离不开软件了，而对于动画制作者来说，可供选择的软件有很多，Flash 就是其中之一。Flash 在国内二维动画制作中使用的频率非常高，其原因是简单易学，操作不繁琐，比较适合刚刚接触动画制作和没有软件基础的学生。

有人可能会觉得 Flash 在一些效果表现上没有专业的动画软件那么强大和方便。但俗话说外行看热闹，内行看门道，一个好的作品并不取决于你使用的是什么软件，或者制作了多少个特效镜头，其核心是对动作的把握以及对于整个片子内容的叙述过程；而这些东西，往往被很多动画新手所忽视，大部分学生更关注的是如何让做出来的东西感觉像日式动画，比如角色的眼睛够不够大、可不可爱等。当然，这里并不是说日式的动画不好，但是作为艺术形式的探索，学生应该看到更加多样化的表现方式。

作者从 2006 年开始接触 Flash，至今已经有 5 年的使用经验，刚开始和绝大多数使用者一样，认为软件能完成一切事情，自己所要做的就是熟练地操作它，却忽略了作品的核心部分。

动画并非只是小孩子看的卡通片那么简单。和电影一样，它同样能够表达制作者的思想，讲述一些生活道理，表现人生价值；而如何去讲述内容，如何提高品位就不只是学习一个软件那么简单，它需要作者全方位的知识。这里可能有人会问：我只是一个学习动画的，整个片子的把握对我来说还太遥远了吧？这里我想说的是：人不是神，导演也不是天生的，每个动画师的最终目标当然是能够导演一部自己喜欢的动画作品并被世人所承认。既然已经进入到了这个行业，就应该朝着最高目标努力。

软件只是一个辅助动画师快速完成任务的工具而已，并不能完全依靠它来完成全部的动画制作过程。其实相对于学习软件来说，动画师最重要的是应该掌握动画的运动规律，把握时间和间距等。在本书中，作者会在每个例子的制作之前分析例子中应该产生的一些动作，以及力是如何传递和消散的（书中的例子都有原始文件，只需要在相应的网站下载即可）；然后再着眼于软件，通过软件自带的工具进行高效便捷的操作，让读者不仅学会软件本身的操作，还能明白如何使用软件去制作好的动画。

李　昕

1 传统动画与Flash动画

目标

了解什么是动画。
了解动画的制作原理。
初步认识Flash动画。

引言

“软件只是一个工具，它不能替你完成所有事情。”很多执着于软件学习的新人总会受到这样的教导。

不可否认，软件确实可以帮助我们高效率地完成许多工作，但对于一部动画的核心部分它却帮不上忙。很多大型游戏公司在制作一个大型项目时，会把一些与主线无关的，或者说对于整个核心内容不重要的东西外包给其他工作室去制作，这样的好处是可以最大限度地节省时间。

我们现在要学习的Flash就是外包工作室的工作中所需要的软件，用它可以来完成一些琐碎、费时的工作，但是动画制作的核心仍然在于我们自身。因此，我们需要了解Flash软件的使用方法。

在本章中，我们将从最基本的概念入手，了解动画的发展历史以及动画中的一些术语，为后面章节的学习打下基础。

1.1 动画的定义

动画的英文说法有Animation、Cartoon、Animated Cartoon、Cameracature等。其中，比较正式的“Animation”一词源自于拉丁文字根的anima，意思为灵魂；动词Animate是“赋予生命”的意思，引申为“使某物活起来”的意思。所以Animation可以解释为“经由创作者的安排，使原本不具生命的东西像获得生命一般地活动”。

动画是一门幻想艺术，可以把一些原先不活动的东西，经过制作与放映，变成会活动的影像。动画通过把人、物的表情、动作变化等分段画成许多幅画，再用摄影机连续拍摄成一系列画面，放映使其呈现连续变化的效果。

定义动画不在于材质或创作的方式，而是看作品是否符合动画的本质。时至今日，动画媒体已经包含了各种各样的形式，但不论何种形式，它们都有一个共同点：其影像是以电影胶片、录像带或数字信息的方式逐格记录的。

动画发展到现在，分为二维动画、三维动画、定格动画三种制作形式，传统手绘或是用 Flash 等软件制作而成的是二维动画，使用 Maya 或 3ds Max 等三维软件制作而成的是三维动画，定格动画则多以 Stop Motion 软件制作完成。（如图 1–1 至图 1–4）

图 1–1 中国传统二维动画《大闹天宫》

图 1–2 美国三维动画《卑鄙的我》

图 1–3 美国 Flash 系列动画《欢乐树的朋友们》

图 1–4 英国摆拍动画《超级无敌掌门狗》

1.2 传统动画

传统动画原理是一切现有动画形式的基础，无论是二维还是三维动画都是利用传统动画原理去制作，使物体或者人物运动而形成的。要想在 Flash 动画制作上有所成就，学习软件只是一个方面，理解传统动画原理才是重中之重。

1.2.1 传统动画原理

20 世纪七八十年代出生的人，大多看过这样一本“动画书”：在书页的角落处，每一页按照顺序绘制着一个物体或者一个跑步的小人。当快速翻看这本书时，就会看到每一页角落处的那个物体在“运动”。（如图 1–5）

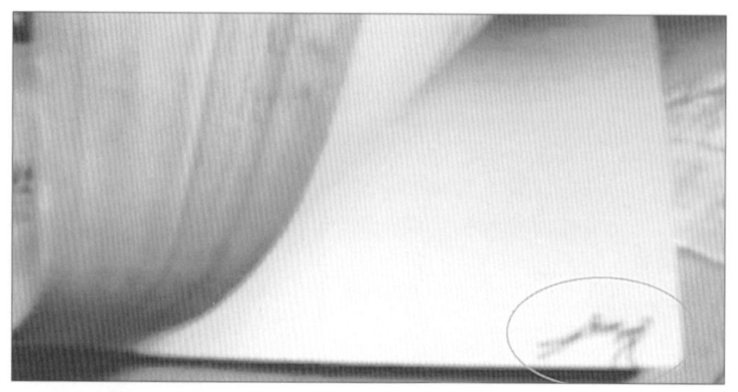

图 1–5 书角的动画

物体在快速运动时，当人眼看到的影像消失后，人眼仍能继续保留该影像 0.1–0.4 秒左右，这种现象被称为视觉暂留现象，是人眼具有的一种特性。人眼观看物体时，物体成像于视网膜上，并由视神经输入人脑，感觉到物体的像；但当物体移去时，视神经对物体的印象不会立即消失，而要延续 0.1–0.4 秒的时间。

也就是说，当我们在翻看第一页纸上的画面时，大脑记住了这张画面；而翻看第二页的时候，由于速度非常之快，大脑神经依旧储存着第一张的画面，此时前一个视觉印象没有消失，后一个视觉印象已经产生，并与前一个印象联系在一起，才使得我们看到一个在书角上“动”起来的人物。

人类的视觉器官在看到的物体消失后的短暂时间内，仍可将相关的视觉印象保留 $^{1}/_{24}$ 秒。这就是为什么看到的电影和动画都使用 24 帧 / 秒去拍摄制作的原因。

动画片与真人影片中人物活动的原理是一致的，都是利用人眼的视觉暂留原理，通过逐帧拍摄一幅幅静止但又逐渐变化的画面，以每秒 24 帧的速度连续播放，便能使单帧动作在荧屏上动起来。

视觉暂留现象首先被中国人发现，走马灯便是历史记载中最早出现的视觉暂留应用。

传统动画经历了 100 多年的发展，影响力越来越大，无论男女老少都爱看动画，一个好的动画形象可能会被人记忆一生，这说明动画片确实有着独特的魅力。而传统动画作为一个庞大的产业，还在不断地成长中。

1.2.2 传统动画制作流程

一般动画片的诞生，都必须经过编剧、导演、美术设计、设计稿、原画、动画、背景、描线、上色、校对、摄影、剪辑、作曲、拟音、配音、音乐录制、混合录音、输出等十几道工序的密切配合才能完成。所以动画片是一个庞大的工程，是集体智慧的结晶。

在电脑还没被发明之前，这是最权威，也是最有效率的工作流程。随着科技的进步，目前的动画片制作已经简化了其中的一些流程，例如上色环节，在 Flash 动画制作中人物设计与建库的时候就可以把颜色添加上去（如图 1–6）。

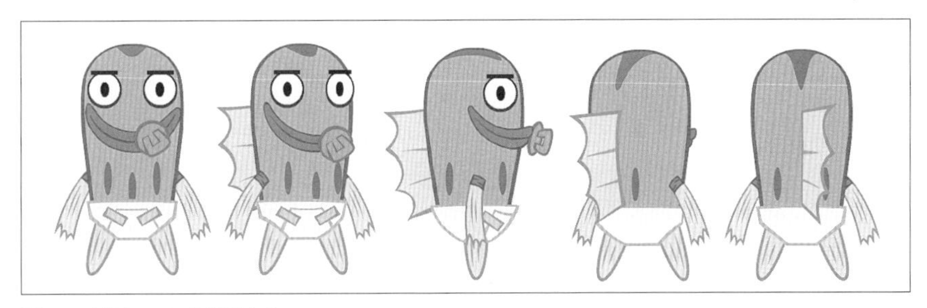

图 1-6 使用 Flash 绘制的角色

有了电脑的参与，许多环节都减少了相应的人力，甚至几个环节合并到了一起，减少了成本和制作时间，但对于动画本身来说其复杂程度和专业性还是没有改变。

动画制作是一个耗时的工作，国产经典动画大片《大闹天宫》花了 3 年多的时间才制作完成，想要制作出好的动画，就必须得下足功夫，因此动画被称为一门特殊的艺术，一点都不为过。

1.2.3 原画

很多不了解动画的人以为原画就是游戏设计中人物的设计图片或者大师的手稿之类的东西，但这都不是动画中的原画。

动画里的原画是指动画创作中一个动作起始与终点的画面，以线条稿的形式画在纸上。有人译作"Key-Animetor"。原画设计师是动画片里每个角色动作的主要创作者，原画设计是动作设计和绘制的第一道工序。换句话说，原画就是物体在运动过程中的关键动作，通过这些关键动作可以诠释出这个镜头的大致内容。原画是相对于中间画而言的，它在大规模的动画制作生产中应运而生，是为了便于工业化生产而独立出来的一项重要工作，其目的是为了提高影片质量、加快生产周期。(如图 1-7)

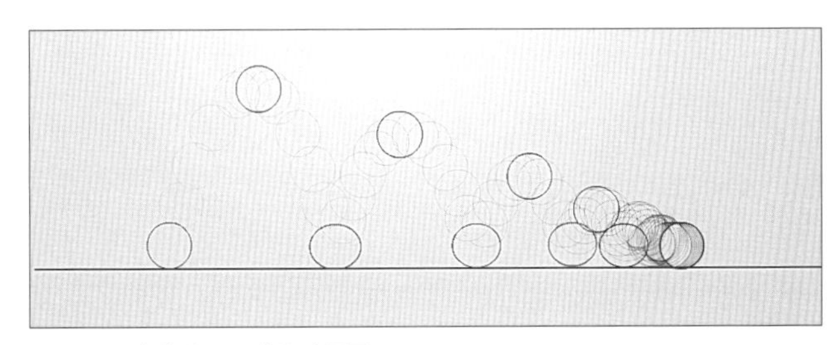

图 1-7 深色部分显示的即为原画

在 Flash 中，原画就是关键帧，即 Key-Frame，它的好处在于制作者只需要制作原画部分，动画部分可以通过软件自动生成。当然要制作出出色的动画效果，对于软件生成的动画部分进行细微的修改也是少不了的。

1.2.4 中间画

在每个镜头中，角色的连续性动作必须先由原画表现其中关键性的动态画面，然后才能进入第二道工序，即由动画来完成动作的全部中间过程。如同图 1-7 中的虚影球体部分，这些即为中间画。

中间画工作是将动画设计时已经画好的关键动作，即原画之间的变化过程，按照角色的标准造型、规定的动作范围、幅数以及运动规律，一幅一幅画出来。

中间画工作是一项繁重且重复性强的劳动，但动画创作却少不了中间画，它需要严谨的设计和耐心的绘制，不可以进行随意的改造。动画工作人员需要经过严格的训练才能胜任工作。

1.2.5 “一拍二”

在传统动画中，“一拍二”指的就是一幅画面重复拍摄 2 次。在电影动画制作中，一秒钟播放 24 帧，即 24 幅画面。在动画制作中有时候为了省去一些制作时间，通常会使用“一拍二”的方法去制作。那么只需要 1 秒钟绘制 12 幅画面。

当然并不是说一部片子从头到尾都使用“一拍二”的手法。例如有时候需要绘制一个动作极快的画面，需要用到“一拍一”、而有的时候制作一个相对缓慢的行走动画，例如大象的行走则可以使用“一拍三”的手法。

下面的两幅图将更好地解释“一拍 X”的含义（如图 1–8、图 1–9）。仔细观看时间轴，都是用的 24 帧，圆从 A 点到 B 点。

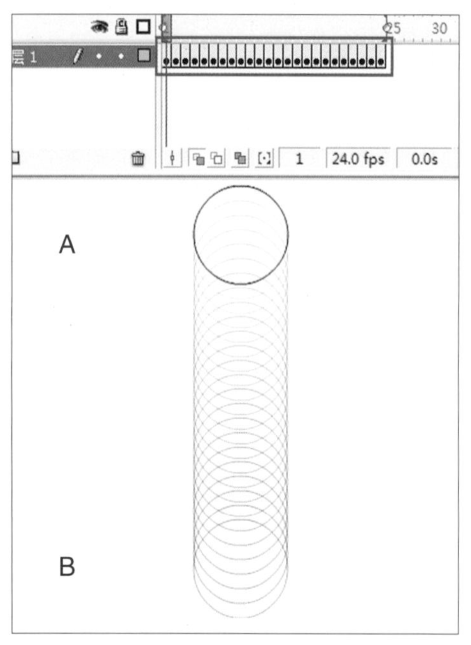

图 1–8 “一拍一”的表现形式

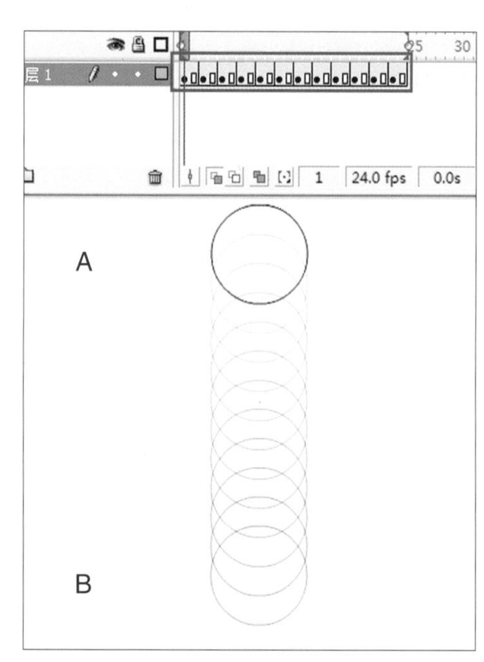

图 1–9 “一拍二”的表现形式

1.3 Flash 动画

Flash 动画是通过软件帮助实现动画效果的一种表现形式。它是目前市场上的主流动画产品之一，相对于三维动画来说，Flash 动画学习起来更加容易上手。

1.3.1 Flash 的本质

Flash 本质上就是一个动画机器，从它最早的版本来看，Flash 已经通过补间支持了动画。补间是指只需要创建两个不同的关键帧，而关键帧之间的工作由 Flash 来完成。本书要讲解如何运用补间动画与关键帧动画，并在特殊的动作下使其相互结合，从而提高工作效率的技术。

在深入讨论这些技术之前，先来快速了解一下什么是 Flash 动画，以及 Flash 软件使用中应该注意的问题。

当然，如果只是想学习一些动画技法，可以跳过本章，但是在制作过程中回过来看看本章，将会得到一些有趣的体会。

1.3.2 什么是 Flash 动画

从事 Flash 领域工作的人通常被分为两种，一种是在工作中经常使用 AS 语言的人，另一种则完全不懂语言、仅利用软件中的帧和时间轴去制作动画。

Flash 软件和传统手绘动画相比，首先简化了动画的制作程序。早期的传统二维动画制作是在纸上进行的，它需要大量的纸张做保障。其次，传统动画在制作时，合成师需要为每一幅动画上色，如果一秒钟有 12 幅（一拍二去计算）动画需要上色，那么一个 10 分钟的片子，上色环节所需要的时间就是巨大的。Flash 动画的制作则只需一台电脑即可，大量的工作都由电脑去应付，人得到了解放，因此大大提高了工作效率，节省了工作时间与制作成本，更适合独立动画艺术家创作作品。

当然，动画这门艺术，并不提倡独立完成。由于动画需要大量的时间和精力去制作，所以在制作大型 Flash 动画时，团队协作是不容忽视的。

实际上，Flash 动画在技术上、操作上和传统动画既有区别也有联系。在 Flash 创作中既要吸取传统动画的精华，又要扬长避短，突出自身优点。

1.3.3 最适合做 Flash 动画的版本

很多新手在学习软件时总会选择最新的版本。比如现在的 Flash 版本已经到了 CS5，可能会有很多人想买一本关于 CS5 的书籍作为学习资料，这很正常，因为人们潜意识里会认为高版本的软件肯定比低版本的先进，并且功能更完善。

但是，在这里可以很明确地告诉用户，如果用户不懂 AS 语言，只是想用 Flash 来制作动画，那么 Flash 8 足以满足所有需求。

每个人的电脑硬件配置不同，新的 Flash 版并不一定适用于所有人的电脑。在 Flash 动画制作中，时常会有一个几分钟的动画信息，如果用高版本的 Flash 打开这个文件，肯定比用 Flash8 操作要吃力，因为高版本在启动的时候加载了很多其他信息，而这些信息对于动画人来说没有太大作用，反而会使我们的电脑速度变慢，所以一味地追求高版本并不是最佳选择，而应根据自己的使用情况去选择最适合自己的版本。

现在业界 Flash 动画公司主要也都在使用 Flash 8 或者 CS3 版本。（如图 1–10、图 1–11）

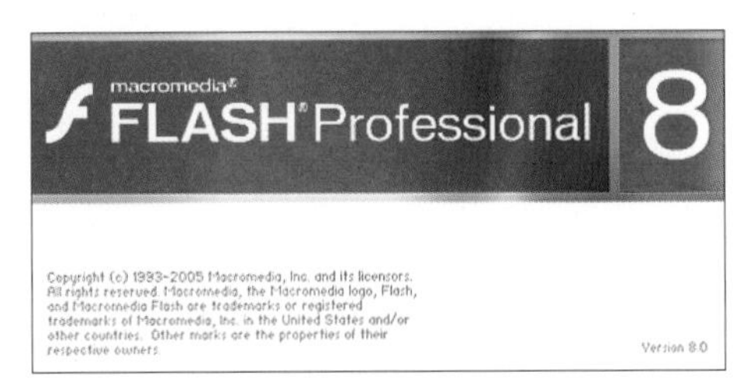

图 1–10 Flash 8 的启动界面

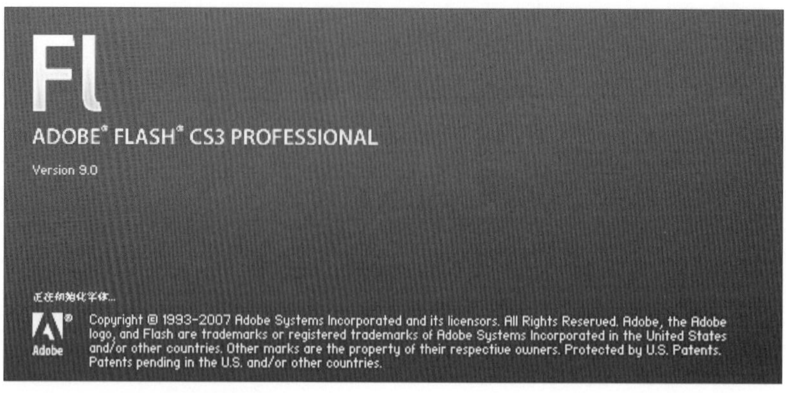

图 1-11 Flash CS3(9)的启动界面

1.4 制作 Flash 动画的优势及要求

传统动画经历了 100 多年，已经发展成为一门独立的特殊性艺术。经久不衰的原因是它的创造本身就是一种乐趣、一种科学、一种技能。

在 Flash 动画制作过程中，如果只是空谈理论，不按照物体运动规律制作，或者动画内容缺乏内涵，动画作品就没有太强的生命力。

1.4.1 Flash 动画的优势

Flash 动画相比较于传统动画来说，有以下几点优势。

（1）制作成本低，硬件要求低，制作周期短。

如果是个人的短片制作，所需要的仅仅是一台电脑。Flash 省去了一些传统二维动画制作中的环节，通过软件自身的优越性，让动画制作起来更加省时、更加轻松。

（2）文件小，方便传播。

如果所有场景及人物的绘制都是在 Flash 里面完成的话，那么生成出来的播放文件相对于其他视频文件就要小许多。Flash 动画通常在几十 MB 左右，利于网络传播，方便展示自我。

（3）元件以及库的应用。

Flash 动画中最大的特点就是可以重复使用库里面的元件，避免重复做功，减小了文件的体积，降低了工作时间，提高了工作效率。

（4）图层的使用。

Flash 在很多方面简化了动画的制作难度，省时省力。在 Flash 制作中各个元件都处在不同的层，很多情况下只需要移动某些部位就可以了。这样既降低了动画制作难度，修改起来也很方便。

（5）操作简单，易学易用。

Flash 软件相对于其他动画软件来说上手非常简单，对于具有软件基础的人来说，几天内就能掌握 Flash 的基本操作。Flash 对制作者要求不高，许多非专业人士也能通过它制作出动画。当然，要制作出好的动画，还需要下足功夫。

学会 Flash 能做出优秀动画吗？

有一点是肯定的：学会了这门软件绝对可以制作出动画，但要制作出好的动画并不只是掌握一门软件那么简单，它需要用户掌握大量的知识与技法，例如造型能力、对动画运动规律的掌握、镜头的处理，甚至是音乐的节奏感等。

所有的软件都主要起辅助作用，使用户更快速高效地完成一些制作上需要的动作和效果。至于怎样去做、怎样设计、怎样做得更好，完全取决于用户的技法和审美观。

1.4.2 如何制作出好的动画

想要制作出好的动画，造型基础、动画运动规律、软件的灵活使用等能力都很重要，当然如果软件用得好，在某些程度上可以弥补一些造型能力的缺失，但是运动规律，软件是无法完成处理的，动画有趣的地方也在于此，如何运用好运动规律并在其中加入动画元素，就需要制作人反复制作与尝试。

俗话说得好，一勤天下无难事。只要做足了功课，总会有收获的一天。

要做好每一件事情，都需要耗费大量的精力，动画尤其如此，只有在不断地制作与探索中，才能积累丰富的实战经验及制作技巧。

虽说本书会教授用户相关的制作经验及技法，但经验是通过摸索得来的。读者自身不断地尝试制作，再结合本书的经验总结，或许就能快速掌握一些之前未了解的知识。

本章小结

动画是一种新的艺术形式，在表现形式上分为二维动画、三维动画、定格动画三种。每种表现形式所使用的软件也各不相同，在二维动画中，Flash 动画就是较为常用的一种动画表现形式。

动画的制作是通过人眼的视觉暂留现象产生的。

传统动画制作流程相对复杂，不易于动画师单独创作，Flash 动画在传统动画的基础上简化了一些步骤，便于动画师独立创作自己的作品。

Flash 版本至今已经发展到了 CS5，但 Flash 8 和 Flash CS3 仍然是动画师最常用的版本。

练习

1. 使用线条工具和选择工具进行描线练习。

2 Flash动画入门

目标

认识Flash的工作界面。
了解Flash中的帧。
理解图层、元件、库。

引言

如果 Flash 是你学习的第一个动画制作软件，那么你就应该感到庆幸，因为它的界面相对其他动画软件（如 3ds Max、Maya、Toonboom、Animate）来说比较简洁，没有复杂的工具条和按钮。

本章会从最基础的开始界面进行讲解，逐步递进，使学生对 Flash 的整个框架有基本的了解。

另外，在 Flash 动画中，应该着重掌握一些元素，例如帧、元件、图层、库等。这些东西都是动画的内容，对于初学者来说，这一章是一个关键章，是用户与 Flash 第一次“亲密接触”的时刻。

2.1 Flash 软件的工作界面

在使用 Flash 8 之前，首先要将 Flash 8 安装到电脑之中，安装完之后会在 Windows 桌面自动生成一个 Flash 8 快捷方式(如图 2–1)，并在系统“开始”菜单中创建程序组(如图 2–2)。双击桌面上的快捷方式图标，或执行“开始”→“所有程序”→“Macromedia”→“Macromedia Flash 8”命令，即可启动 Flash 8。

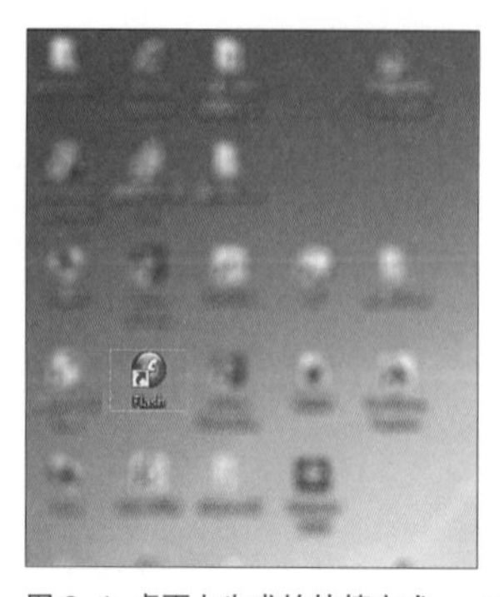

图 2–1 桌面上生成的快捷方式

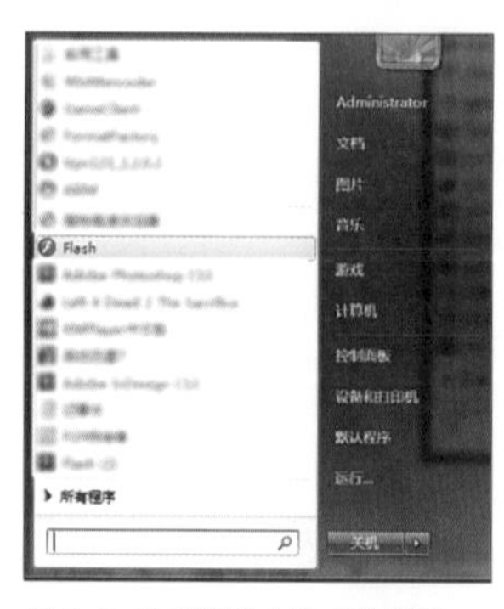

图 2–2 开始菜单中生成的图标

2.1.1 开始页面

初次打开 Flash 8 后会出现一个开始页面（如图 2–3）。开始页面的中间部分有一个“创建新项目”标题，下面有很多子选项。对于动画工作者来说，只需要了解第一个——“Flash 文档”即可。点击即可创建一个新的 Flash 文档。

如果希望下次启动 Flash 的时候不看到这个开始页面，那么就在页面左下角的“不再显示此对话框”前面打钩。这样，新建 Flash 文档可以在系统菜单中点击“文件”→“新建”，在弹出的对话框中选择“Flash 文档”。（如图 2–4）

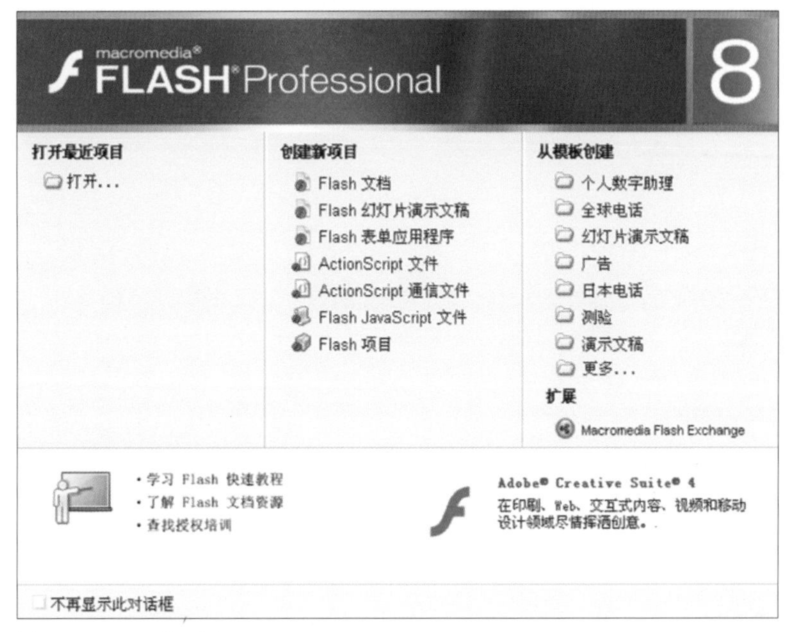

图 2–3 Flash 8 开始页面

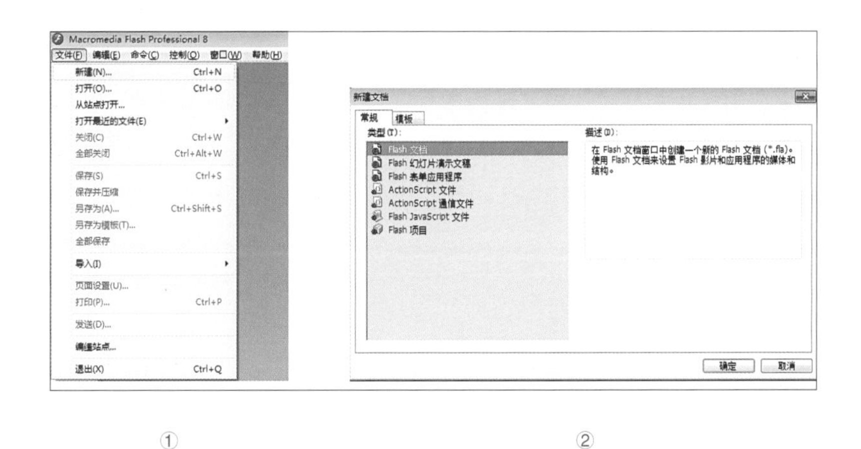

①　②

图 2–4 系统菜单中新建 Flash 文档

2.1.2 界面介绍

Flash 8的操作界面主要包括系统菜单栏、舞台、时间轴、工具栏及属性栏等功能面板（如图2–5），每个功能面板在动画的制作当中发挥不同的作用，下面功能面板对各部分的功能进行简单介绍。

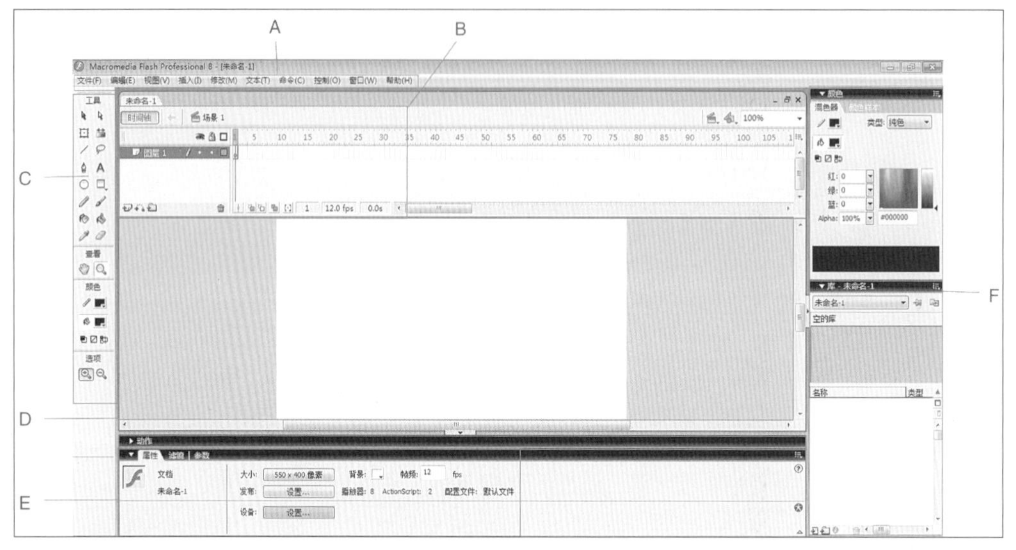

图2–5 Flash 8默认操作界面

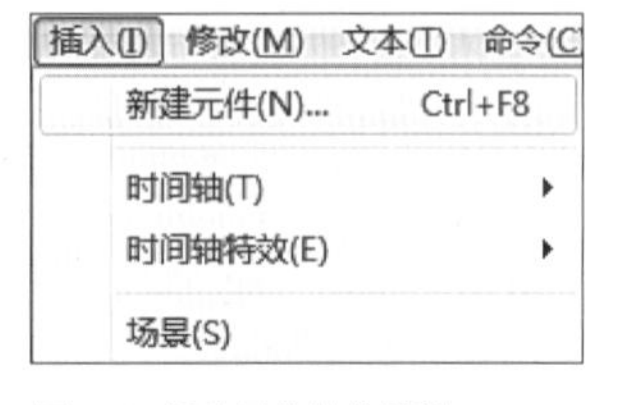

图2–6 新建元件的快捷键

A. 系统菜单栏：Flash中共有10种菜单，包含了对动画有用的修改属性，但使用者多数时候会使用快捷键去操作它们，部分主要功能的快捷按钮会显示在该功能的后面，如图2–6所示的插入菜单下的新建元件的快捷键就是Ctrl+F8。在熟练使用这些功能按钮之后，应尽快记住这些快捷键，从而提高自己的工作效率。

B. 时间轴窗口：它用来组织和控制文档内容在一定时间内播放的层数和帧数。时间轴窗口是一个重要的窗口，涵盖了帧、帧频、图层等关键信息，在后面的内容中会对其详细讲解。

C. 工具栏：用于提供图形绘制和编辑的各种工具。想要通过Flash制作动画，就必须掌握这些工具的使用，它们相当于绘画中的铅笔，没有这些工具将使制作寸步难行。

D. 舞台及场景：编辑和播放电影的区域即为舞台。界面中心的白色区域称为舞台，就如同

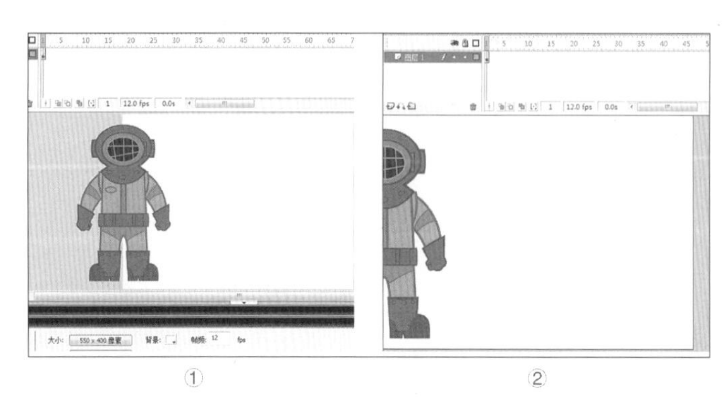

图2–7 ①编辑人员所看到的状态
②观众所看到的状态

话剧表演中的舞台一样。在上面的元素导出影片后就会被观众看见，反之则不会被观众看见。如图 2–7 所示，一个角色有一半在舞台上，而另一半在舞台之外，那么当导出影片时，观众将看到舞台上只有“半个”角色。

默认情况下一个新的文档包含一个场景，即场景 1。当创建较长的 Flash 动画时，有时候需要创建多个场景，以避免时间轴过长带来麻烦，同时也方便了动画的管理。

E. 属性栏：它可以根据所选对象的不同而显示出相应对象属性，默认的情况下显示画布的大小，背景色以及帧频。

F. 功能面板组：在默认情况下功能面板由“颜色”、“样本”和“库”三个面板组成，也可以通过“系统菜单栏”的“窗口”添加一些其他面板，如“对齐 & 信息 & 变形”等（如图 2–8），但多数情况下会使用快捷键来完成这些操作。

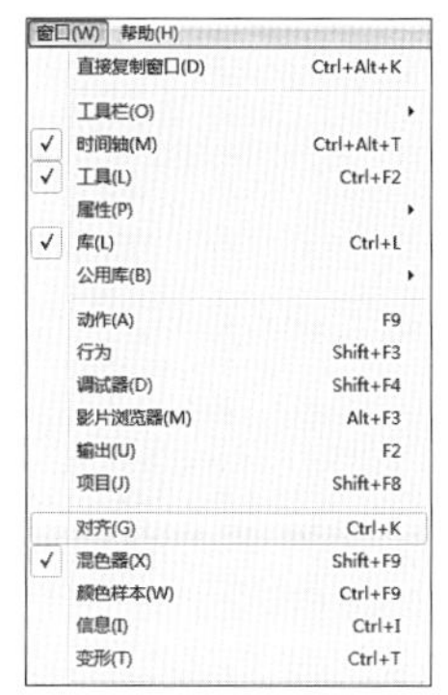

图 2–8 “对齐 & 信息 & 变形”面板展示

属性面板

新建 Flash 文档之后，在属性面板中有一个设置舞台大小的按钮（如图 2–9）。在制作任何动画短片或加工片之前，都必须先确认好画面的高宽比，即 4:3 的正屏，或是 16:9 的宽屏（如图 2–10、图 2–11）。两幅图中虽然都展示同一个物体，但展示的内容有细微差别。

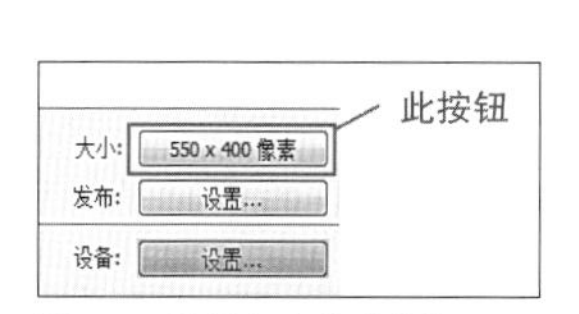

图 2–9 设置舞台大小按钮

图 2–10 4:3 画面

图 2–11 16:9 画面

每个动画项目都会有一个初始文件的模板。会规定动画在哪一层制作、音频文件放在哪一层、分镜脚本加到哪一层，以及画布尺寸的大小、帧频信息都会在这个模板里。

但如果制作者是自由艺术家，客户是不会提供这些专业信息的，只会告知画面比例是 4:3 的正屏还是 16:9 的宽屏、是标清还是高清、是否在电视上播放等信息，那么制作者就必须根据这些信息转换成上面所说的专业内容。

另外，4:3 的正屏画布大多数设置为 720 × 576 像素，帧频设置为 25 帧 / 秒。16:9 的宽荧屏在像素设置上多一些，有 1024 × 576 像素、1280 × 720 像素（标清）、1920 × 1080 像素（高清）等。有些特殊的展播对于视频的比例有着其他要求，这里不详细说明。

帧频设置

帧频，即每秒播放的帧数，在电影中也就是每秒播放的画面张数。Flash 8 默认的帧频是 12 帧／秒，对动画制作来说是远远不够的，帧数的大小直接影响动画内容的丰富程度。多数情况下，传统动画公司制作的动画都在 24 帧／秒，如果在电视上播出，则帧频应改为 25 帧／秒。现在的 Flash 短片或加工片由于制作完后都在电视上播出，所以普遍设置为 25 帧／秒。

点击"文档属性"按钮，弹出"文档属性"对话框，即可对舞台大小、帧频进行修改（如图 2–12）；或者直接在属性面板中对帧频进行修改。

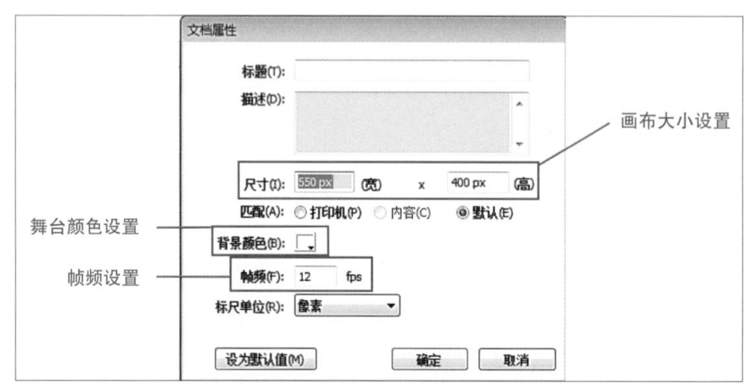

图 2–12 "文档属性"对话框

工具栏

在动画制作中，有时候为了达到某种效果，甚至有几种工具的组合用法。例如需要给这幅蝴蝶进行描边，可以使用选择工具加线条工具进行描边（如图 2–13），也可以使用矩形工具加选择工具填充成大致轮廓后，再使用墨水瓶工具添加外轮廓线（如图 2–14）。对于制作者来说，选择最适合自己的方法即可。

图 2–13 线条工具描边

图 2–14 填充后描边

动画中经常用到的工具有：选择工具、任意变形工具、填充变形工具、线条工具、椭圆工具、矩形工具、颜料桶工具、手形工具、缩放工具以及贴紧至对象等。下面对这几个工具逐一进行说明。

选择工具：经常使用电脑的人，对这个工具应该不会陌生，它相当于电脑的鼠标指针。在 Flash 中，选择工具经常用来框选物体或者是选择一个物体进行移动，在进行物体描边时经常和线条工具组合使用。另外，选择工具在画好的线条的顶点处和线条的中间部分功能是不一样的。（如图 2—15）

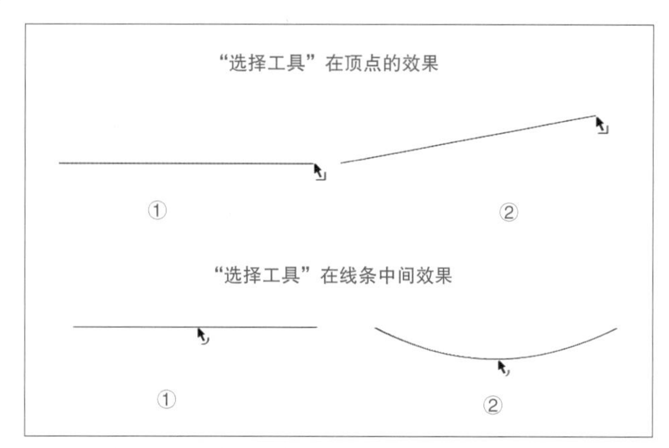

图 2-15 选择工具和线条工具的组合应用

任意变形工具：用来改变物体的形状，具有拉伸、挤压、缩放等功能（如图 2—16）。仔细观看图中鼠标指针的位置，当物体实现不同变化时，指针也有相应的变化。在实际应用中，任意变形工具可以结合键盘上的 Alt 键组合操作，不使用 Alt 键的时候，对物体的拉伸是两边同时拉伸，按住 Alt 键后，则是单边进行拉伸（如图 2—17）。

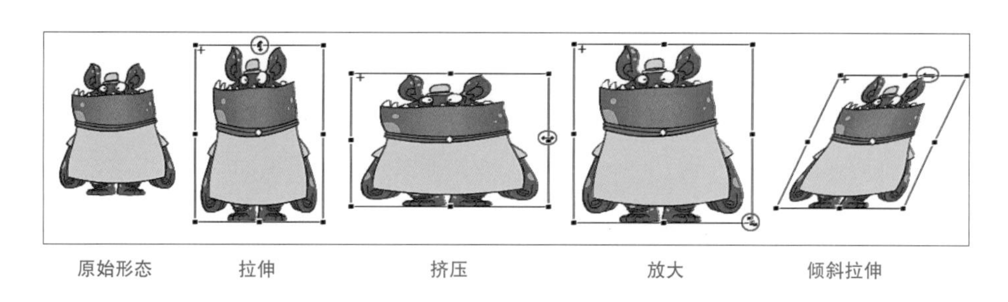

图 2-16 任意变形工具功能展示

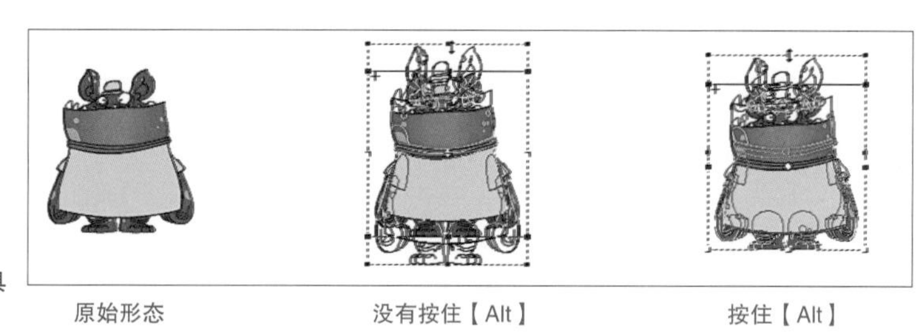

图 2-17 任意变形工具加组合键效果

另外，用户在使用任意变形工具时按住或不按 Shift 键，也会有不同的效果。

填充变形工具：这个工具比较特殊，它需要一定的条件才能激活使用，例如这只怪兽的嘴巴部分使用的是渐变色，当颜色区域不是纯色属性，而是带有线性、放射状或者是位图属性，那么填充变形工具就可以调整这个渐变区域的颜色范围，通过鼠标移动到三个不同的区域，可以对此工具所控制的颜色范围进行调整。（如图 2—18）

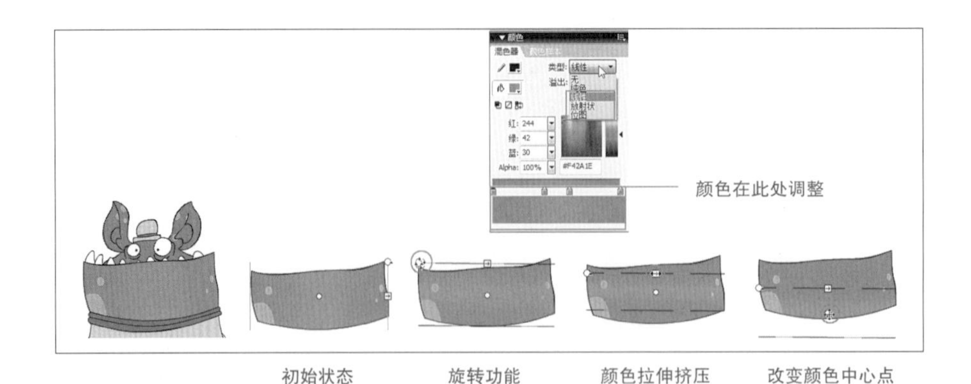

图 2-18 填充变形工具功能展示

线条工具：此工具一般用来进行描线工作，选择线条工具之后，在属性栏中可以更改线条的粗细程度以及线条的样式（如图 2-19）。另外在 Flash 中，线条的属性也非常具有特色，如果使用线条工具画出两条交叉的十字线，那么再使用选择工具分别对每条线段进行选择和分离，之前的两条线条就会变成四条（如图 2-20）。

这个可以启发制作者使用线条工具进行一些物体的切割，例如要分割一颗心形物体，先使用“线条工具”在中间画一条直线，再使用选择工具把心形物体分成两半（如图 2-21）。

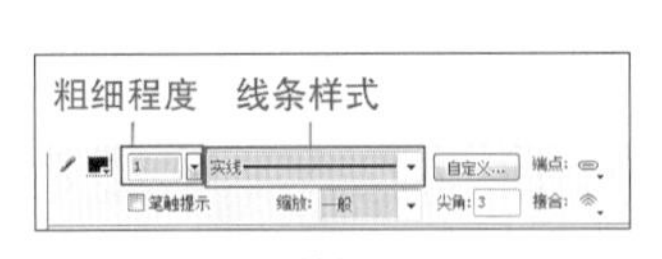

图 2-19 线条属性栏

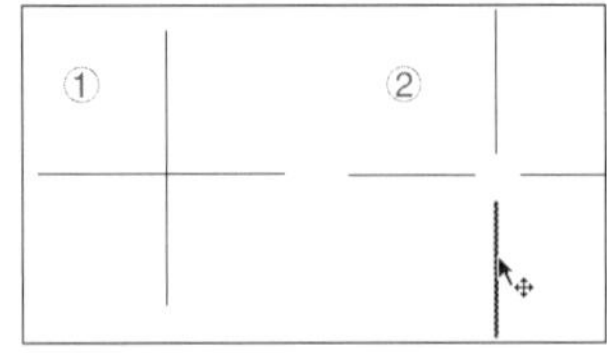

图 2-20 Flash 中线条属性

图 2-21 线条切割

椭圆工具：用户可以尝试按住 Shift 键和不按 Shift 键执行椭圆工具画圆有什么不同。当点击椭圆工具这个按钮之后，会看到工具栏下方的颜色区域有两个颜色选项，一个是笔触颜色，一个是填充色。笔触颜色代表轮廓线的颜色，填充色是物体本身的颜色（如图 2-22）。用户可以只需要物体本身的颜色，而不需要轮廓线的颜色（如图 2-23），反之，也可以只要外轮廓颜色，而不要填充色。

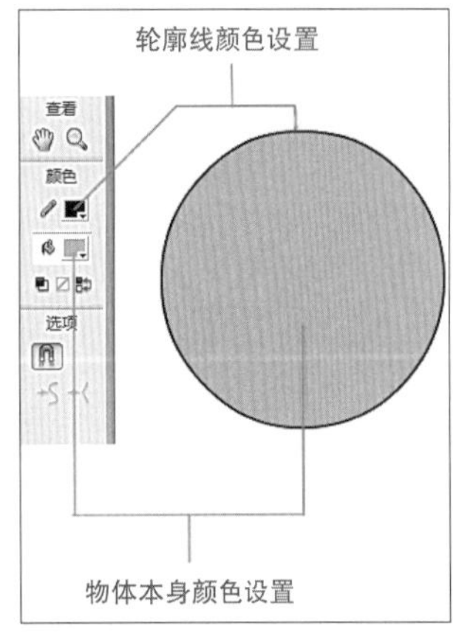

图2-22 颜色选项

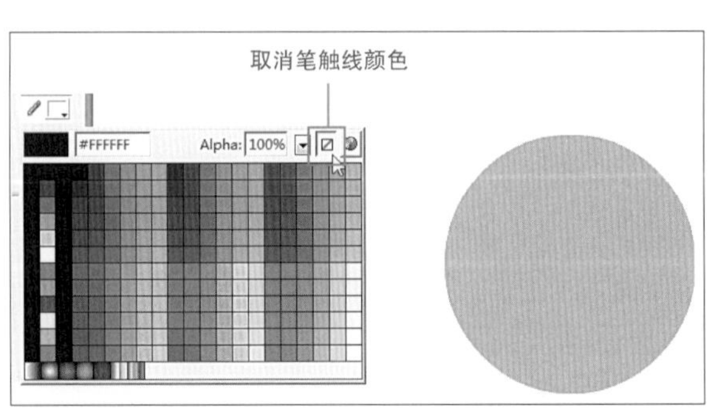

图 2-23 去掉笔触线

矩形工具：仔细观察矩形工具按钮，下面还有一个小三角，它和多角星形工具共用一个按钮，对着矩形工具按钮长按鼠标左键，就可以调出多角星形工具。矩形的颜色选择。与椭圆一样，都可以使用笔触颜色和填充颜色两种。

当选中矩形工具时，工具栏的“选项”类会多出一个工具叫做边角半径设置（如图 2-24）。默认绘制出来的矩形边角都是直角，当点击了边角半径设置按钮后，输入相应的数值就可以改变矩形的边角，使其变得圆滑（如图 2-25）。

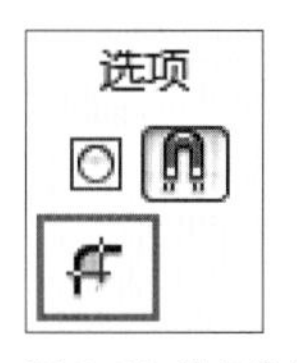

图 2-24 边角半径设置工具

默认状态

使用边角半径设置工具

图 2-25 两种矩形

图 2-26 颜料桶工具功能展示

颜料桶工具：此工具一般使用在描线完成之后的填色部分，使用颜料桶工具首先要有一个物体的外轮廓线，此轮廓线需要封口（如图 2-26）。另外，也可以使用工具栏下的“空隙大小”按钮来填充一些没有完全封口的轮廓线，但通常情况下建议用户检查线条，并且使用选择工具把断线的两端连接到一起，使其成为一个封闭的区域再进行填充。

手形工具：它能用来改变舞台的位置，是一个极为常用的工具，手形工具的快捷键是【H】，按住空格键不放，即可以使鼠标变为手形工具移动画布。

缩放工具：可以放大或缩小舞台，让制作人员对某个细微的物体进行修改操作，同时也可以缩小整体观看效果。它只是把物体放大了，并不是把舞台本身的尺寸变大了。

贴紧至对象：可以把此工具理解成一个吸铁石，当打开此按钮后，两个物体如果靠得太近就会自动吸附在一起，而当关掉这个按钮之后，两个物体靠近了也不会自动产生吸附关系。所以通过这个按钮，可以很好地对轮廓线进行封口处理。

2.2 时间轴窗口

在 Flash 中，时间轴窗口用于控制制作内容的层数和帧数。按照功能的不同可以分为左右两个部分：即图层控制窗口和时间轴调整窗口（如图 2-27）。

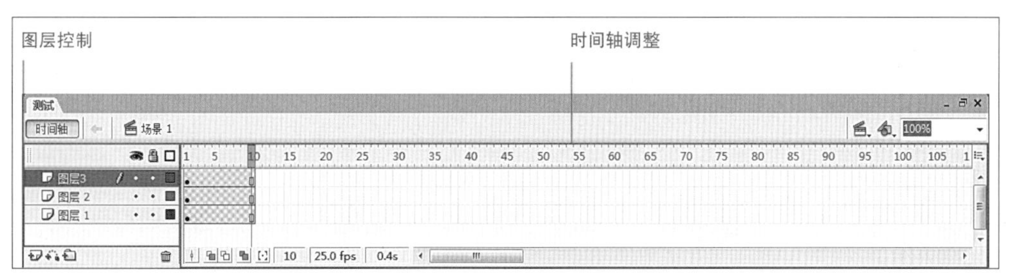

图 2-27 图层控制窗口和时间轴调整窗口

在 Flash 中，时间轴上的一个个小格子称为帧，帧就相当于传统动画中的动画纸。一帧代表一张动画纸。

时间轴调整窗口是整个动画中最基本也是最为重要的地方，动画最终的时间调整及合成就在此处完成。

在时间轴调整窗口的左上角显示的是这个工程文件的文件名，下面显示了场景名称 场景 1（默认情况下显示为场景 1）、编辑场景按钮 、编辑元件按钮 和舞台的显示比例 100% 。

默认情况下，新建 Flash 文档被命名为“未命名 -1”，如果在此基础之上再新建一个 Flash 文档，则系统默认命名为“未命名 -2”，以此类推（如图 2-28）。如需要保存制作好的 Flash 文档，单击系统菜单栏中第一个菜单“文件”，然后在下拉菜单中点击“保存”即可。有时候为了避免文件损坏或者出错，通常情况下需要做备份，所以单击“另存为”，可以多存储一份原有的 Flash 文档作为备份，或者是在工作的时候每隔一段时间“另存为”一份新的 Flash 文档，这样就会有多个不同时段保存下来的 Flash 文档以备日后不时之需（如图 2-29）。

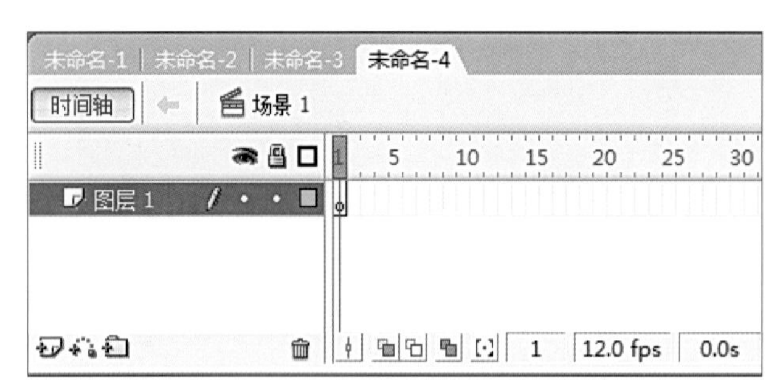

图 2-28 默认文件名

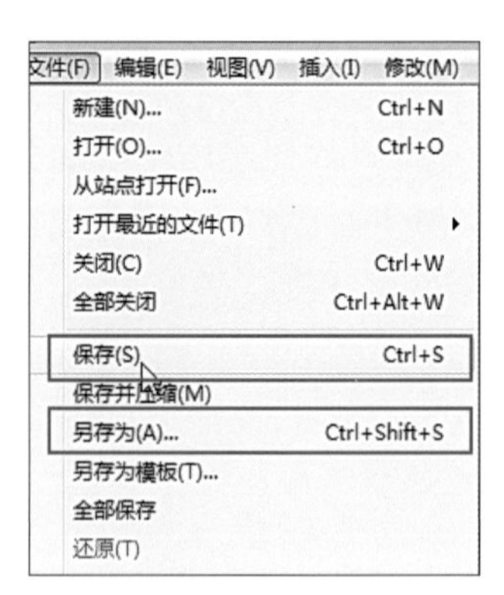

图 2-29 保存窗口

当用户创建多场景动画时，可以单击编辑场景按钮 ，选择相应的场景进行编辑，Flash 文档在初始建立的时候会提供一个默认的场景，一般情况下，动画师不需要在另创建其他场景进行制作。多个场景的添加主要在动画的最终合成时使用，这样可以方便合成时进行修改及编辑。举个例子：如果一个 Flash 文档里面制作了一个 3 分钟的动画（1 秒钟 25 帧，3 分钟则是 4500 帧）（如图 2-30），但动画中总有一些地方需要修改，一个 3 分钟的动画使用时间轴滑块拖起来非常费力，会花费一些无用的时间在寻找问题上，所以这个时候可以把 3 分钟的动画分为多个场景来进行制作并修改，通过系统菜单中的“窗口”→“其他面板”→“场景”或者直接使用快捷键 Shift+F2 调出场景控制窗口。使用场景控制窗口下的直接复制场景按钮 或者添加场景按钮 添加两个场景，这样就可以把一个 3 分钟的动画平分到 3 个场景中，每一个场景就是 1 分钟的动画（如图 2-31）。

单击编辑元件按钮，用户可以在展开的原件下拉列表中选择相应的元件进行编辑，不过通常情况下有经验的动画师不会在此处修改元件，因为如果一个场景中只有几个元件修改起来比较方便，但是如果有上百号元件呢（如图 2-32）？可能找到要修改的元件需要很多时间。后面的介绍中会谈到如何更快更准确地去修改一个元件。

如果要改变舞台画面的显示比例，可以单击右侧的下三角按钮，在下拉列表中选择相应的比例值（如图 2-33），也可以直接在该文本框中输入要显示的比例。

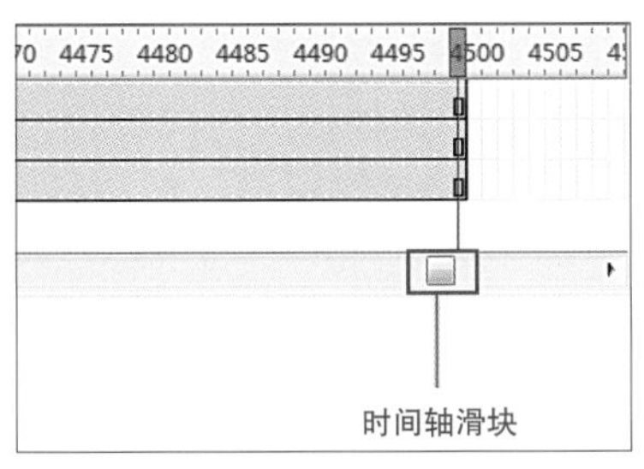

图 2–30 3 分钟的时间轴长

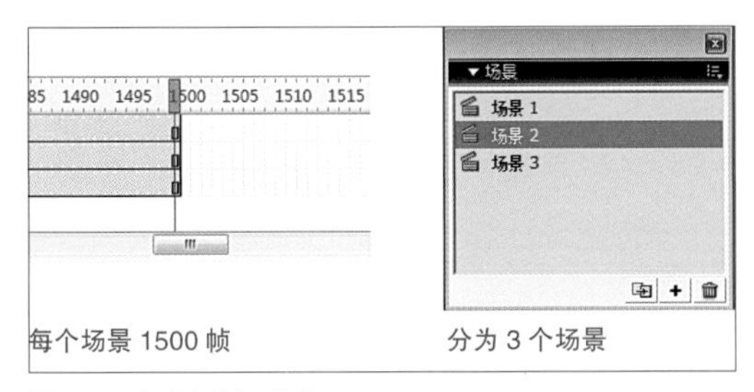

图 2–31 每个场景 1 分钟

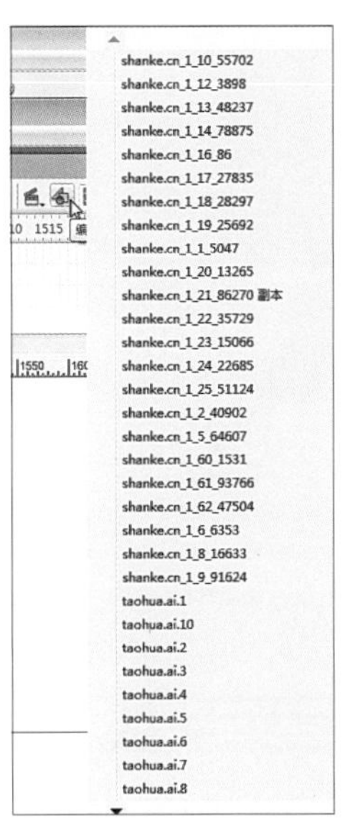

图 2–32 编辑元件按钮展开

图 2–33 舞台比例窗口

2.2.1 时间轴工具按钮的基本功能

插入图层：也称为创建新图层，用于在编辑的图层之上添加一个新的图层。

添加运动引导层：用于在一般图层之上新建一个引导层，通常情况下用于自定义路径动画制作。

创建图层文件夹：用于图层归类管理，使图层看起来井然有序。

删除图层：用于删除废弃的图层，选中需要删除的图层，然后点选“删除图层”按钮即可删除不需要的图层，同时该图层上的信息也将删除。

帧居中：用于改变时间线控制区的显示范围，将当前动画指针所在帧显示到控制区窗口中间。

绘图纸外观：又称洋葱皮，用于在时间线上设置一个连续的显示帧区域，区域内的帧所包含的内容同时显示在舞台上。

绘图纸外观轮廓：和绘图纸外观功能相近，只是绘图纸外观显示的是虚影，而绘图纸外观轮廓显示的是区域内所包含内容的外轮廓线。

编辑多个帧：用于设置一个连续的编辑帧区域，区域内帧的内容可以同时显示和编辑。

修改绘图纸标记：单击该按钮会出现一个多帧显示选项菜单，定义显示绘图纸 2（2 帧）、绘图纸 5（5 帧）或绘图纸全部（全部帧）内容。

2.2.2 绘图纸外观（洋葱皮）功能

制作动画时，需要参考前后帧的内容来辅助完成当前帧的设计制作，这个时候需要用到洋葱皮工具。例如在绘制一个人物原地跑步的时候，已经绘制了第 1 帧和第 5 帧的动作（如图 2–34）。想在第 3 帧处插入一个过渡帧使这个跑的动作看上去更顺畅，可以打开洋葱皮功能，并在第 3 帧插入一个关键帧进行编辑。在制作第 3 帧的动作时，角色的头部高度应该在第 1 和第 5 帧之间，角色甩手动作原则上也应该在两帧中间，但是为了使动画不呆板，可以使手的动作不趋于中间部分，尽量往两边靠，这样就会赋予甩手动作力度感，后面腿形和身体也是一样。这样就最终绘制出了第 3 帧的动作。（如图 2–35）

图 2-34 第 1 帧和第 5 帧的动作

图 2-35 通过洋葱皮绘制第 3 帧的动作

2.2.3 多帧编辑功能

有时制作好的动画人物需要缩小或改变在舞台上的位置，但是一帧帧地修改既麻烦又难以统一内容，这时就要用到多帧编辑功能。利用多帧编辑功能可以同时对多个帧上的内容进行统一的放大、缩小、移动等操作。在动画修改中会经常用到多帧编辑功能，例如绘制了一个角色的行走动画，由于某些特殊原因，绘制的动画需要放大一些，但是一个行走动画制作了 12 个动作，如果每一个动作都放大需要 1 次则放大 12 次（如图 2-36），而且每一次放大并不一定都精确，使用多帧编辑功能就可以很好地解决这个问题。点击激活多帧编辑功能按钮之后，在舞台上使用选择工具框选所有的动作，再使用任意变形工具整体地缩放大小就能一次性完成对 12 个动作的等比例放大（如图 2-37）。

图 2-36 角色循环走

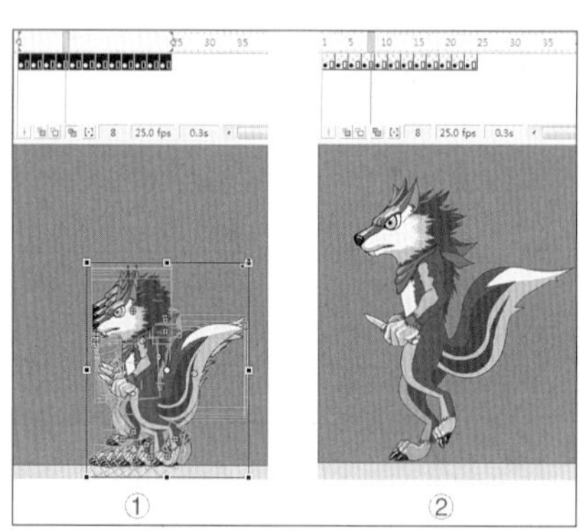

图 2-37 多帧编辑功能放大

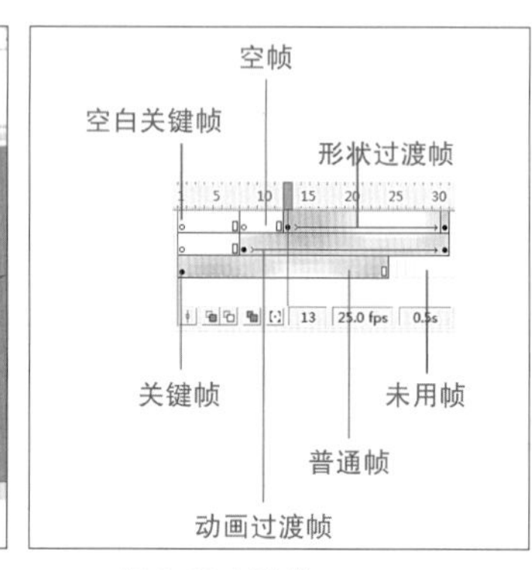

图 2-38 帧分类

2.3 帧

帧等同于电影中看到的画面，在电视中一秒钟的画面有 25 张，即 25 帧。帧是 Flash 中最小的时间单位，在 Flash 中绘制的任何东西都是在帧上的。

2.3.1 帧的分类

根据帧的作用不同，可以将帧分三类（如图 2-38）。

普通帧：包括普通帧和空白帧，一般直接称之为帧。

关键帧：包括关键帧和空白关键帧。关键帧显示为黑色小圆点，空白关键帧显示为空心小圆圈。这两个帧的概念一定要搞清楚，因为在后面制作动画插入关键帧和插入空白关键帧的时候，新手很容易把这两个概念混淆。

过渡帧：包括形状过渡帧和动画过渡帧，一般称之为补间，其中动画补间使用的较为频繁。

关键帧是 Flash 动画中非常重要的一个概念，在制作动画时等同于传统二维动画制作中的原画张，即关键动作，关键帧一般存在于一个补间动画的两端（如图 2–39）。当然也有全部是由关键帧制作的动画。

普通帧则是将关键帧的状态进行延续，一般用于将元件保留在舞台上（如图 2–40）。当在 40 帧的地方插入普通帧，那么原先的小球动画在从 A 到 B 之后就会在 B 处多停留 10 帧。

过渡帧是将过渡帧前后的两个关键帧信息进行计算而得到的。过渡帧等同于传统二维动画制作中的中间画，但 Flash 并不能完全模拟所有动画中的中间画，毕竟它是一个二维软件。它可以辅助制作某个动画的位移或者放大缩小，但如果制作者想设计一个角色转面，只制作出角色的正面和侧面，让 Flash 去实现中间帧的过渡，这种希望的效果在 Flash 中是不能通过补间来实现的，只能一幅幅地画出来（如图 2–41）。

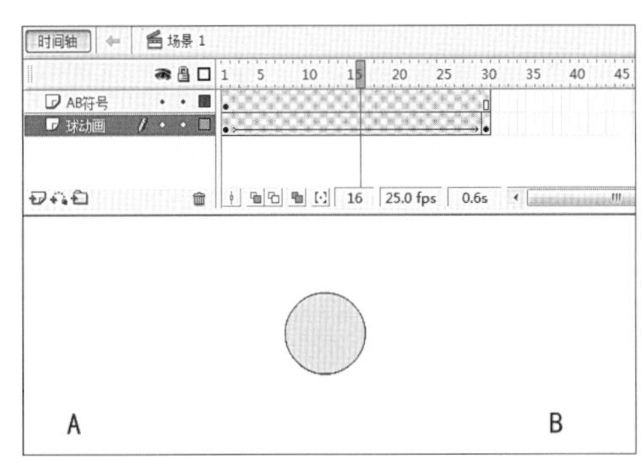

图 2–39 关键帧动画

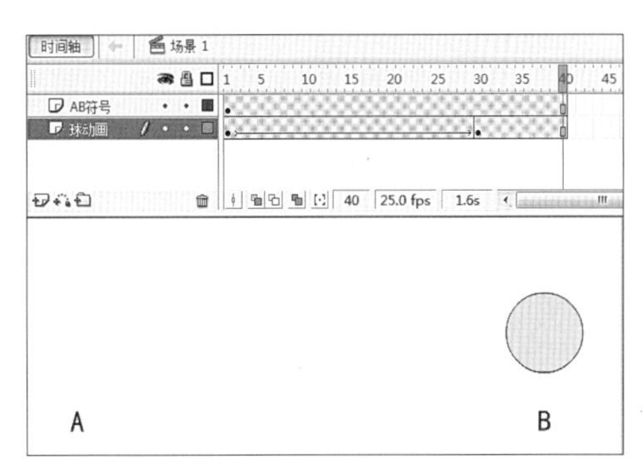

图 2–40 延长普通帧

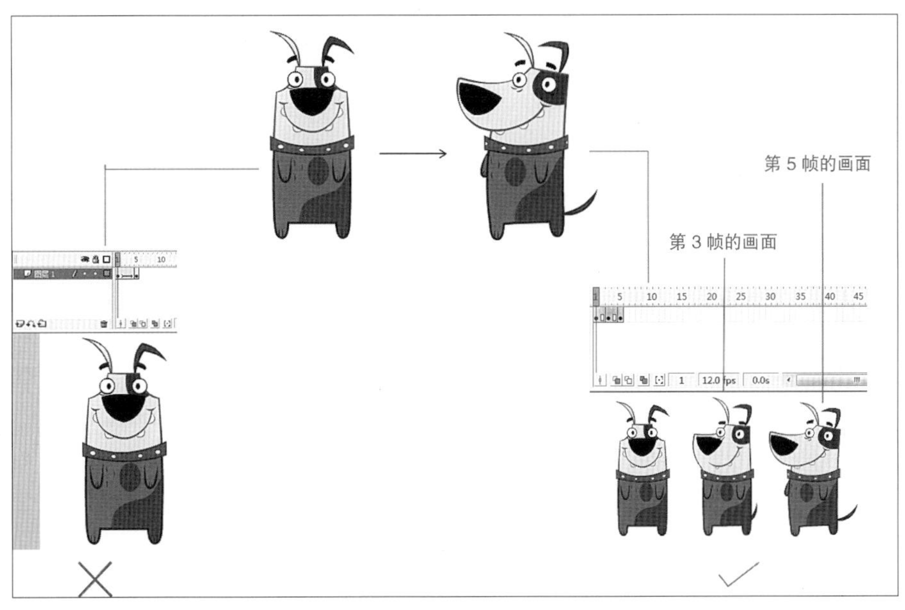

图 2–41 角色转面

2.3.2 帧的编辑

默认情况下，新建一个 Flash 文档后会有一个图层和一个空白关键帧。在时间轴窗口中，可以对图层上的未用帧右键单击进行插入帧和插入空白关键帧等命令。该菜单包括了对帧进行编辑的所有命令（如图 2–42）。在对帧进行编辑时，可以使用右键菜单命令，也可以使用快捷键进行操作。

选择帧

帧被选择后，呈黑色显示（如图 2–43）。在选择帧的时候会有两种情况发生，一种是选择某一个单帧，另一种情况是选择多个帧。

选择单帧比较容易，单击一下要选择的帧即可。选择连续的帧按住键盘上的 Shift 键同时分别单击所选区域两端的帧，或者按住鼠标左键不放进行框选，其间所有的帧均会被选中（如图 2–44）。如需要选择时间轴上的所有帧，单击时间轴上任意一个帧然后使用快捷键 Ctrl+Alt+A 即可（如图 2–45）。

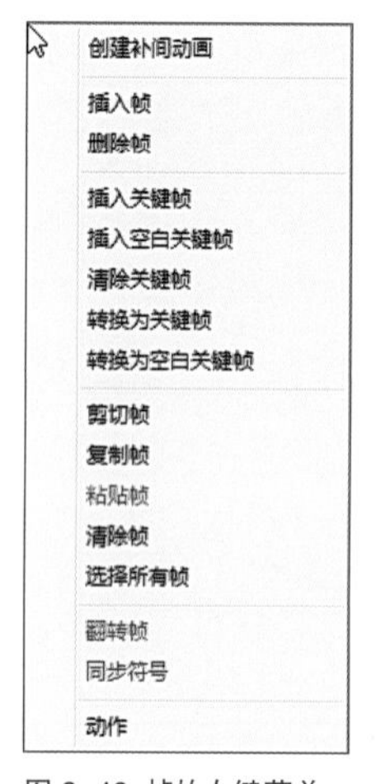

图 2–42 帧的右键菜单

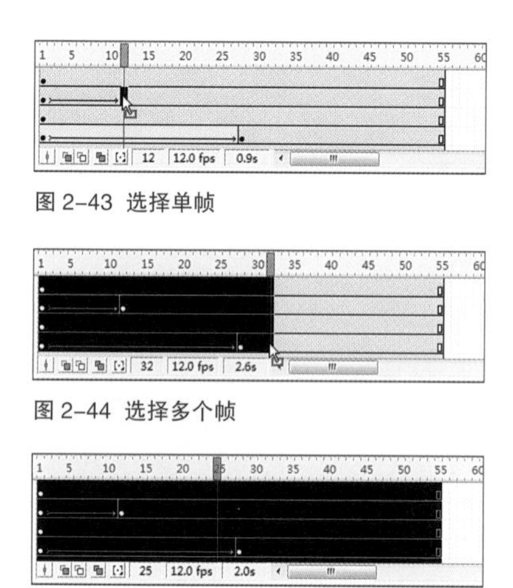

图 2–43 选择单帧

图 2–44 选择多个帧

图 2–45 选择所有帧

插入帧

插入帧通常分为三种情况，即插入关键帧、插入空白关键帧、插入帧。

在插入关键帧之前首先在时间轴上选择一个帧，即要插入关键帧的位置，然后鼠标右击，在弹出的菜单栏中选择插入关键帧命令。实际上插入关键帧等同于复制前面一个关键帧上的内容，如果初始帧上面没有内容，那么点击插入关键帧命令，就等于插入了一个空白关键帧（如图 2–46）。

插入空白关键帧和插入帧步骤一样，只是在选择命令的时候不同而已。值得注意的是插入帧相当于将前面一个关键帧上的信息进行延伸。比如一部动画制作完成后需要一个黑场，黑场的时长为 3 秒钟，在关键帧上制作一个黑场动画，并向其后延长 75 帧（25 帧 / 秒），那么这个黑场时长就是 3 秒。（如图 2–47）

插入帧的快捷键是 F5，插入关键帧的快捷键 F6，插入空白关键帧的快捷键 F7。

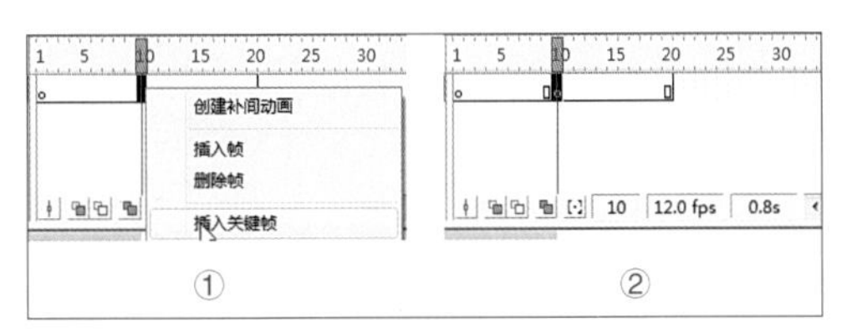

图 2–46 插入关键帧

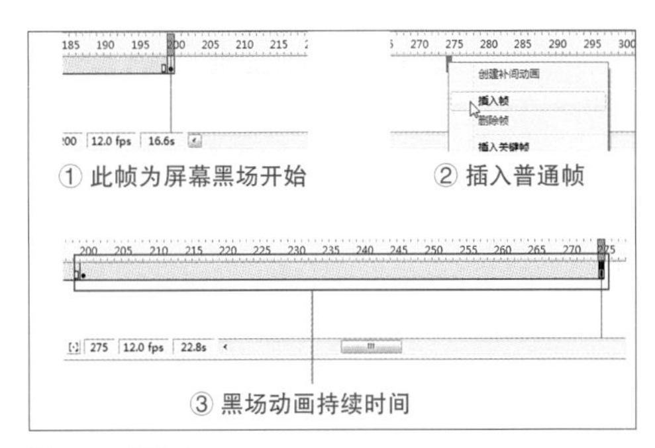

图 2–47 插入帧

移动帧

很多时候需要复制和移动关键帧上的信息，例如移动关键帧。首先，单击该关键帧，这个动作代表此关键帧被选中。然后按住鼠标左键不放进行拖拽，移动到需要的位置松开鼠标左键即可。（如图 2—48）

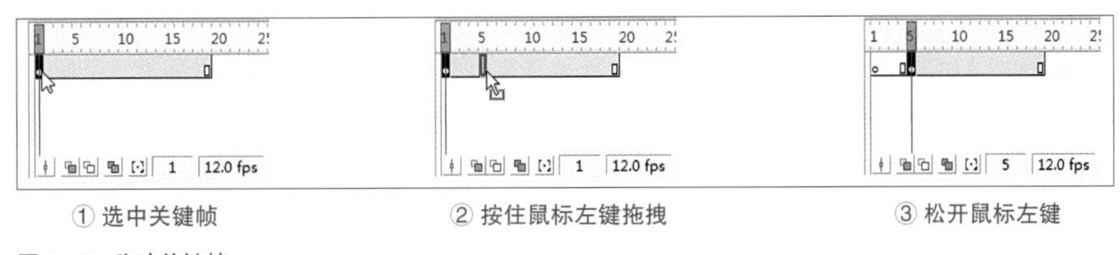

图 2–48 移动关键帧

复制帧

复制关键帧与移动关键帧类似，只是多了一个按钮的操作，那就是使用键盘上的 Alt 键。想要复制某个关键帧，只需要单击该关键帧，然后按住键盘上的 Alt 键和鼠标左键，此时会发现鼠标旁边多了一个“+”号，代表复制功能激活。拖拽关键帧，移动到需要的位置松开鼠标左键和 Alt 键即可。（如图 2—49）

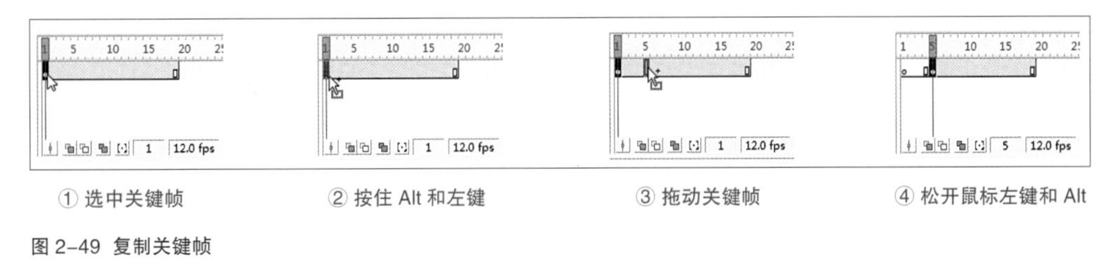

图 2–49 复制关键帧

清除帧

清除帧可分为三种情况，即清除帧、清除关键帧、删除帧。

清除帧的操作方式是鼠标右键点选所要清除的帧，然后在弹出的菜单栏中选择清除帧即可。清除关键帧的操作方式则是鼠标右键点选所需清除的关键帧，在菜单栏中选择清除关键帧。删除帧的操作方式同理，只是在菜单栏中选择删除帧。

值得注意的是，很多初学者很容易混淆“清除关键帧”和“清除帧”这两个命令，因为对普通帧和关键帧这两个概念混淆不清，初学者要通过反复的操作及使用，方能理解这两个概念。

2.4 图层

无论是影视动画，还是传统动画，或是现在的Flash动画，图层都是一个重要的角色。它使动画制作起来更加方便有序，一个图层就好比传统二维动画中的一张透明画纸，通过不同图层的叠加，最终形成了完整的动画画面。(如图2–50)

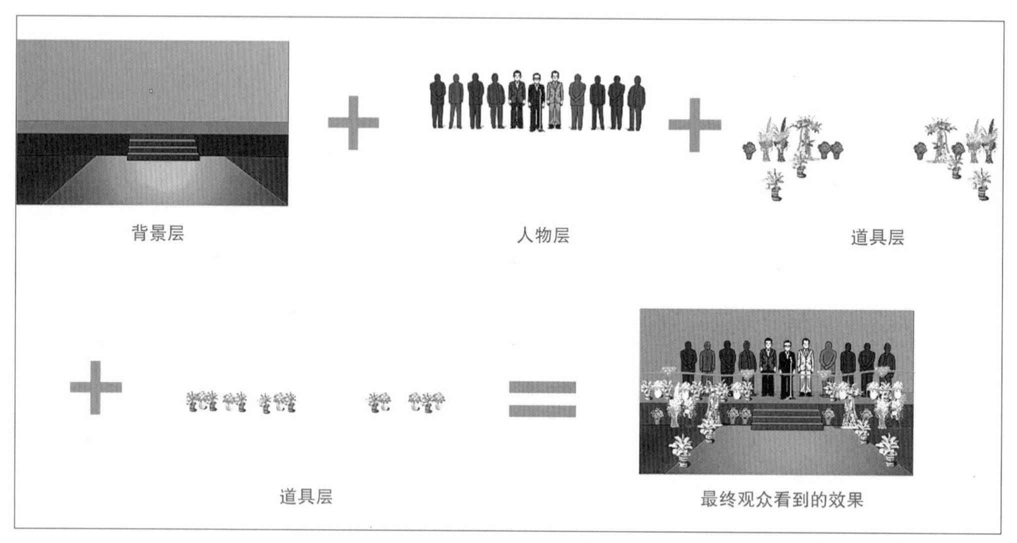

图2–50 合成效果展示

图层是所有合成软件之中的基础，了解了图层概念，在制作动画过程中会更加便利。

2.4.1 创建图层

从某种意义上来说，制作动画其实一个图层足以，但这仅仅适合简单的Flash小动画。如果要制作大型的商业动画，一个图层很难完成工作。一些初学者开始接触Flash时，会担心图层增多会不会影响导出文件的大小，其实，Flash创建多少图层都不会增加导出的SWF文件大小，但是究竟能创建多少图层，取决于制作者电脑内存的容量。

Flash在新建的初始文档下，会有一个默认的图层，且图层属性为一般图层。在Flash中还有不同属性的图层，我们可以右击图层（如图2–51），在弹出的快捷菜单中选择“属性”命令，这时会弹出图层属性对话框图，可以看到这个对话框中可以修改当前图层的名字、类型等属性。Flash中共有6种类型的图层，分为一般层、引导层、被引导、遮罩层、被遮罩层、文件夹。不同类型的图层有不同的作用。

创建一般图层

一般图层是在动画制作中最常用到的，创建一般图层的方法是单击图层窗口左下角的插入图层按钮，即可在当前图层的上面添加一个新的图层。（如图 2—52）

图2-51 图层属性对话框

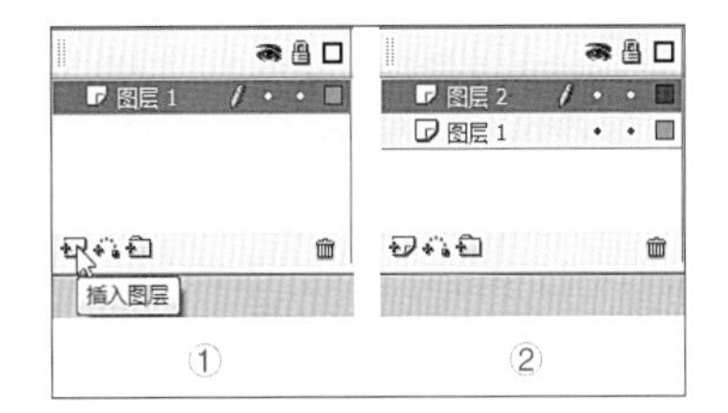

图2-52 创建一般图层

创建引导层

引导层在动画制作中有两种用法，一种是用引导层创建沿自定义路径进行运行的动画，另一种是作为修改图层，把修改意见及相关制作意见放在引导层上。因为引导层在导出成片的时候，该层上面的信息是不会被看到的。（如图 2—53）

创建引导层有两种方法，在图层上单击引导层按钮或者在当前图层上右击，在弹出的菜单中选择“添加引导层”命令（如图 2—54）。创建完引导层之后，下方的层即为被引导层。引导层动画将在后面的章节中介绍。

值得注意的是，只有上面两种创建的方法才能制作出运动轨迹动画，而在右键中的“引导层”按钮只是单独地把原来的一般图层改为了引导层，而没有被引导层（如图 2—53）。

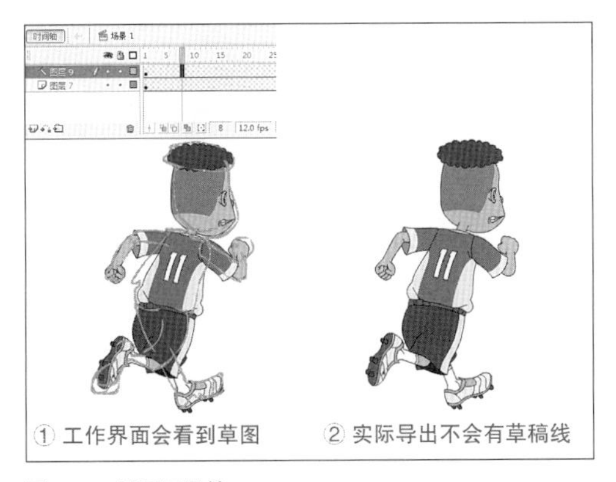

图 2-53 引导层属性

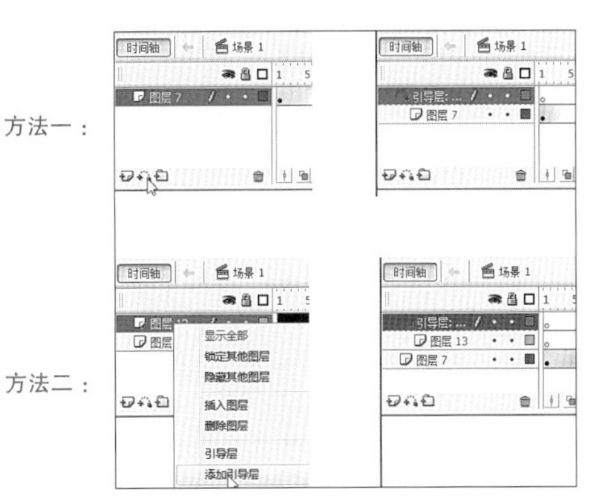

图 2-54 创建引导层

创建遮罩层

应用遮罩需要至少两个图层，即一个遮罩层，一个被遮罩层。

Flash 初始文档下提供了一个层，用户可以将任意一幅电脑上的图片放入到该层中。导入的方法是选择系统菜单中的“文件”→“导入”→“导入到舞台”或按快捷键 Ctrl+R，然后再新建一个图层，并在上面利用“椭圆工具”绘制一个圆图。这个时候选择图层 2，单击鼠标右键，从弹出的菜单中选择“遮罩层”命令，实现遮罩效果。（如图 2—55）

可以看到，图层 1 中的图像只显示了一个圆形遮住的部分，没有遮住的部分看不到，同时两个层也随即锁定。

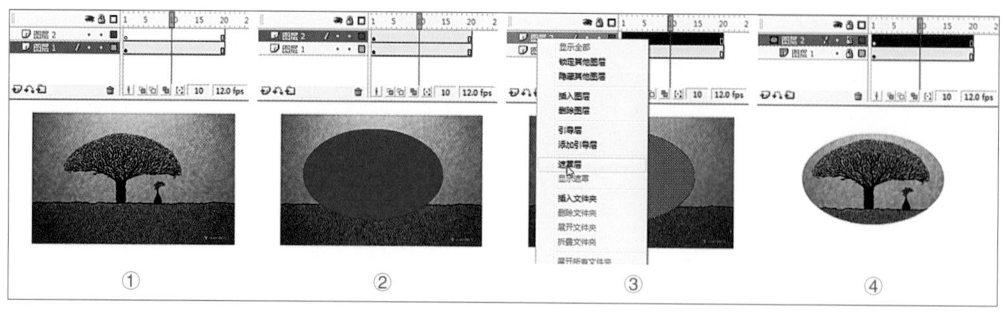

图 2–55 遮罩层操作

这里可以得出一个结论，在遮罩动画中，要被显示的东西应放在下面一层，即被遮罩层，而怎么去显示被遮罩层就取决于上面的遮罩层，所以遮罩层可以绘制成各种千奇百怪的形状，并且它不受颜色的控制。

另外要修改遮罩层只需要把锁定按钮解锁即可，修改完再点击“锁定”按钮就可以再次实现遮罩效果。

2.4.2 编辑图层

舞台上的内容需要修改对应的“帧”，而“帧”又在对应的图层上，所以要想修改内容，了解图层的编辑是必不可少的。

选择图层

在 Flash 制作中，需要编辑或者修改内容都需要先选择图层。选择图层的方法有以下几种：(1) 鼠标单击图层窗口；(2) 鼠标单击该层上的某一帧；(3) 鼠标点选舞台上该图层的元件。

要选择多个图层时，按住键盘 Shift 或者 Ctrl，同时点选需要选择的图层即可。

在学习软件的多数情况下，Shift 和 Ctrl 一直都是扮演着多选物体，以及同时选择多个不相连物体的组合键用法。比如选取电脑中的文件夹，按住 Ctrl 就可以多选几个文件夹进行编辑，或者使用 Shift 选取范围两端文件夹就可以选中范围内的所有文件夹。对于初学者来说，除了通过本书了解 Flash 的基本知识以外，对于电脑本身的知识也应该有所了解。

移动图层

之前说过一个图层好比一张透明的画纸，每层绘制的图画叠加在一起就可以成为一个完整的画面，因此图层之间的移动会影响到最终显示的画面，从而改变观看的结果。

移动图层的方法是：选择要移动的图层，按住鼠标左键不放，向上或者向下拖动至想要的位置，松开鼠标左键即可。(如图 2–56)

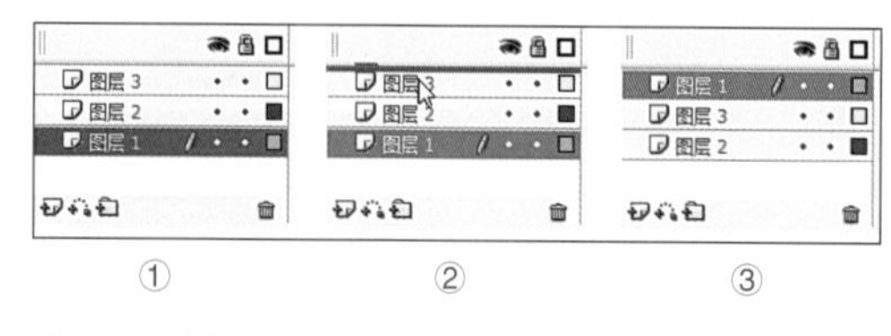

图 2–56 移动图层

图 2–57 删除图层

删除图层

要删除某一个图层，要先选择该图层，然后点选时间轴上的"删除图层"按钮即可删除图层。（如图 2–57）

重命名图层

在默认情况下，新建的图层都会按照创建出来的顺序来命名，比如图层 1、图层 2、图层 3 等。

重命名图层：双击该图层中图层的名称，输入新的名称后点击键盘上的 Enter 键即可。另一种方法是右击图层，在弹出的对话框中选择属性，在名称那一栏即可修改图层的名字。

2.4.3 控制图层

Flash 中图层状态可分为三类，即隐藏、锁定和轮廓线。在制作中经常会用到"隐藏"和"锁定"按钮，方便我们选择需要操作的对象。

隐藏 / 显示所有图层

这个图标非常直观，它代表着可视。当把某一图层眼睛图标对应的区域（如图 2–58），关掉之后，该图层上面的信息将不会显示，但是该图层上的信息依然存在，只是暂时看不到而已。如果单击时间轴上的眼睛按钮 ，把所有图层上面对应的眼睛开关关掉，所有图层上的信息将全部隐藏起来，相反，在隐藏状态下单击眼睛按钮又会全部显示出来（如图 2–59）。

这个功能在制作中使用频繁，通常用于修改被前图层遮挡住的物体，例如图 2–60 中的角色，制作者想选中球后面的那只脚，但是因为球作为前图层挡在了脚的前面，使得制作者框选起来非常麻烦。这个时候只需要找到球这一图层，把该图层的眼睛按钮给关掉，那么舞台上将暂时看不到球这个物体，就可以对下一图层中的脚进行调节了。

值得一提的是，初学者以为在关掉某一图层的眼睛按钮之后导出的 Flash 影片也会看不到该层上的信息，实际上导出的信息仍然是可以看到的，因为显示 / 隐藏按钮的作用只限制在工作面板中，如果想完全隐藏掉某个图层上的信息，除了删除这个图层以外，还可以将该图层转变为引导层。

图 2–58 图层隐藏 / 显示按钮区域

图 2–59 显示 / 隐藏按钮状态

图 2–60 隐藏单个图层

为了防止制作好的图层内容被意外修改或者移动，可以使用锁定按钮。锁定之后的图层是不能被编辑的，只有解除锁定状态之后才能恢复编辑。操作方法和隐藏 / 显示所有图层按钮一样。

显示所有图层的轮廓

显示轮廓可以把图层上的对象以轮廓线的方式显示出来，这样可以方便查看并编辑该图层下面的内容。另外轮廓线的显示颜色可以通过在图层上右键点击属性，然后在轮廓颜色那一栏进行修改。

2.5 元件、实例、库

元件是 Flash 动画制作中非常重要的一个部分，可以说大部分的 Flash 动画都是依靠元件来完成的，元件可以是图片或者一个完整的动画，实例可以比喻为元件的一个分身。一个物体元件只有一个，但是它可以在舞台上放置任意数量的实例，这一概念会在后面的例子中详细讲解。库是用来装元件的容器，它不但能装元件，在 Flash 制作中的所有原始文档也都装在库里面。

2.5.1 元件的概念

在 Flash 中使用元件无疑是减少文件尺寸的一个好办法，因为在动画制作中，元件只需要建立一次，但是无论使用多少次，都只按照一个元件所占的文件体积去计算图。所以应尽量把各种元素转化为元件，这样不仅可以大大减小文件体积，而且在以后的修改中也能带来方便。

Flash 中元件分为三大类：影片剪辑、按钮、图形。在初学者中不少人分不清楚影片剪辑和图形元件有什么区别，下面先从概念入手，逐一为大家讲解。

影片剪辑

影片剪辑又称 MC，是 Movie Clip 的缩写，它具有独立的时间轴和独立的坐标系，可以包含一切素材。用户可以为 MC 添加一些 AS 脚本或一些滤镜效果（如图 2-61）。影片剪辑的主要用途在于交互。

按钮

主要功能是用于交互，即按钮功能。按钮共有 4 种状态：弹起、指针经过、按下和点击（如图 2-62、图 2-63）。

弹起：是指按钮的默认状态。

指针经过：代表体验用户通过鼠标移动到按钮之上的状态，此时可以做很多动画加载到里面

图 2-61 MC 滤镜

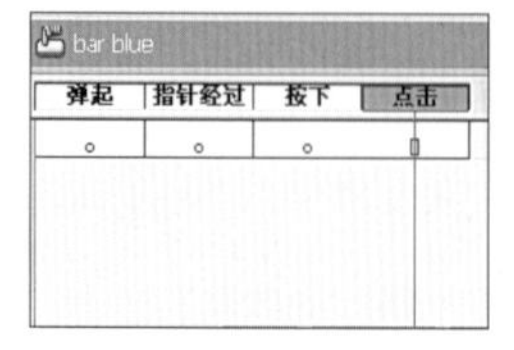

图 2-62 按钮元件界面

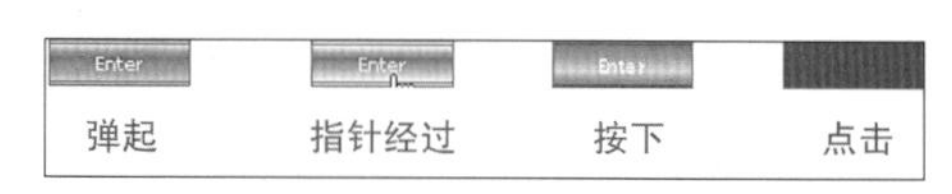

图 2-63 按钮 4 种状态

来让按钮实现更丰富的效果。

按下：指当用户左键点击之后实现的按钮效果。

点击：代表按钮的感应区域。

可以点击系统菜单中的“窗口”→“公用库”→“按钮”来调用一些Flash自带的按钮元件进行深入学习。

图形

图形元件和MC类似，不同的是它不能像MC那样可以加入滤镜，也不具备交互性；但是和MC相比，图形元件可以在Flash编辑状态上看到图形元件内的内容，而MC只能看到第一帧的内容（如图2–64）。MC只能通过导出成SWF之后才能看到MC里面的内容，另外用户还可以指定图形实例的播放方式，如循环播放、播放一次和单帧（如图2–65）。在制作循环动画的时候，循环播放方式是一个特别实用的工具。

图形元件是Flash动画制作之中经常用到的元件，如果用户只是从事Flash加工片制作，那么就一定要了解图形元件。

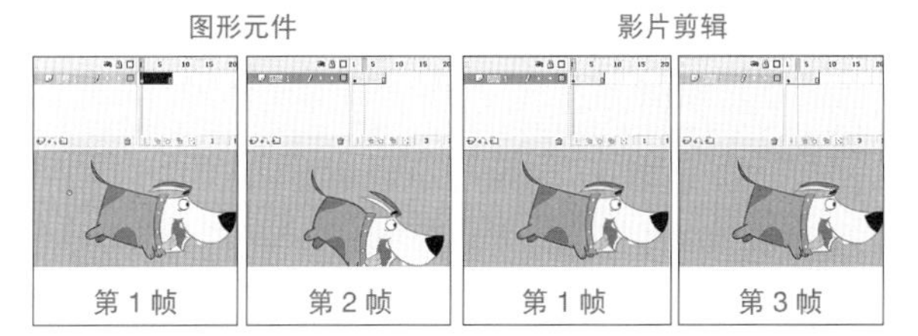

图2–64 图形/MC的显示

图2–65 图形元件播放方式

2.5.2 创建及转化元件

创建及转化元件一般有以下三种方法：（1）创建一个空元件，在元件内编辑和制作内容。（2）通过舞台上绘制的对象将其转化为元件。（3）将已有的时间轴动画转化成元件。下面将逐一讲解如何通过这三种方法来创建及转化元件。

新建元件

执行菜单“插入”→“新建元件”命令，或者使用快捷键Ctrl+F8（如图2–66）。这个时候弹出“创建新元件”对话框，在“名称”文本框中输入元件名称，在“类型”选项中选择元件类型。单击“确定”按钮，一个空的元件即创建成功，Flash也把空元件存入到了库中。可以看到时间轴上方除了默认文档显示的场景以外，还多出了一个元件的名字（如图2–67）。这就说明现在处于此元件之内。但是因为创建的时候是一个空白元件，所以现在元件内什么都没有，此时开始编辑这个元件，可以加入任意的元素到此元件内，例如一个圆形。绘制时，会发现工作区中有一个十字，代表该元件内部的XY轴，一般情况下都把十字放在绘制出来的元素的左上角，即XY值为0（如图2–68）。

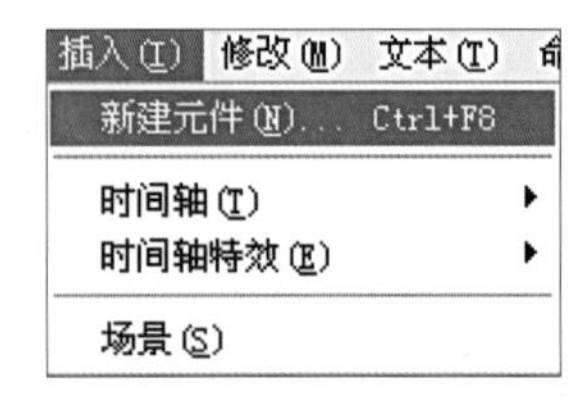

图 2-66 新建元件

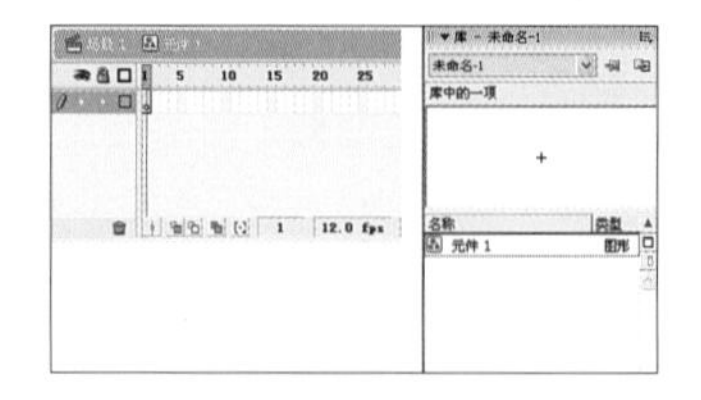

图 2-67 元件内部和库

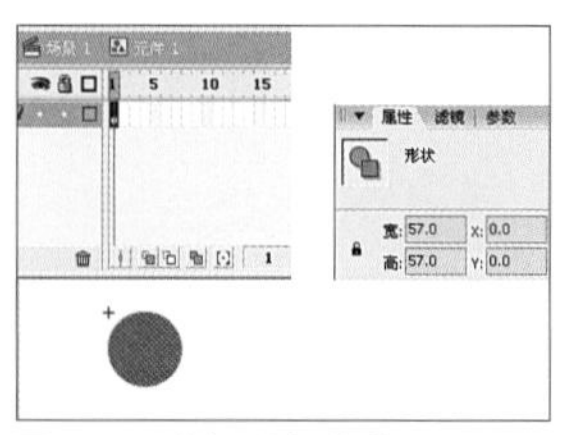

图 2-68 坐标系归“0”

转换元件

在舞台上选一个或多个对象，执行系统菜单“修改”→“转换为元件”命令，或使用快捷键 F8（如图 2-69）。这时弹出“转换为元件”对话框，在“名称”文本框中键入元件的名字，在“类型”选项中选择元件类型。单击“确定”按钮，完成转换图。这个时候原先在舞台上绘制的对象就已经转化成了元件，并且存入到库中。（如图 2-70）

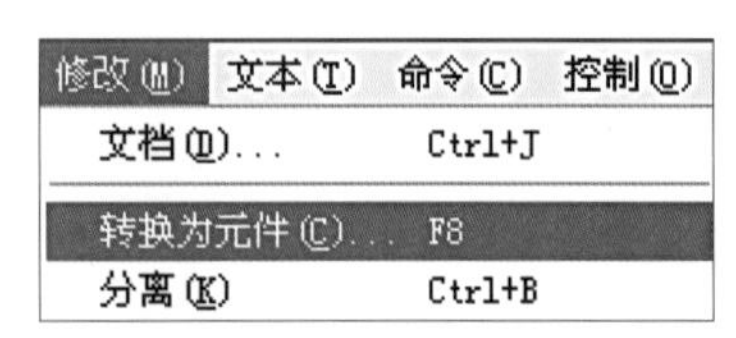

图 2-69 转换元件按钮

图 2-70 转换元件效果

如果想要对某个元件修改或者调整，需要双击舞台上的该实例，或者在库中找到相应的元件进行双击。

值得注意的是，元件内部被重新编辑过后，舞台上使用该元件的所有实例都将发生改变。

将已有的时间轴动画转变为元件

选择需要转变成元件的所有帧，之前提到过可以用 Shift 键进行多选，或者按住鼠标左键不放拉出一个选区（如图 2-71）。然后在时间轴上右击鼠标，在弹出的菜单中选择“复制帧”（如图 2-72）。通过快捷键 Ctrl+F8 新建一个空白的元件。进入该元件编辑界面，在图层 1 的第一帧右击鼠标，在弹出的菜单中选择“粘贴帧”命令（如图 2-73）。这样就将刚才复制的一帧动画粘贴进了元件中。

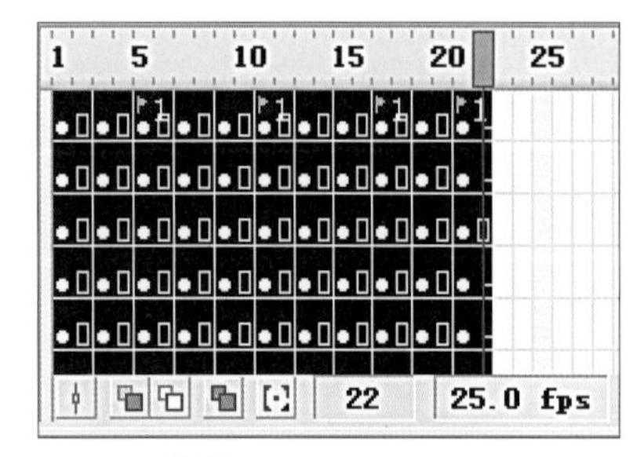

图 2-71 选择帧

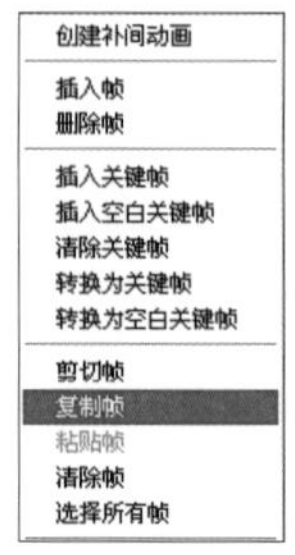

图 2-72 复制帧按钮

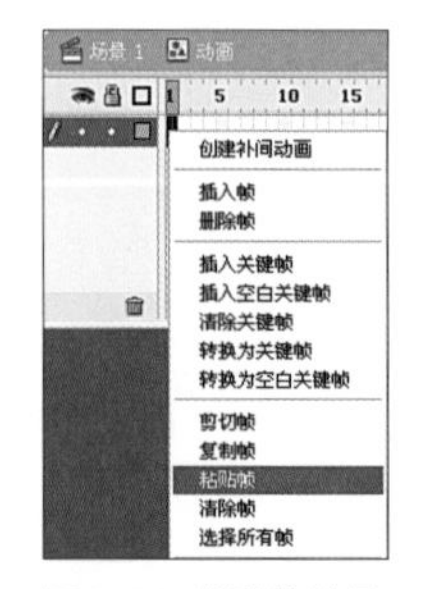

图 2-73 粘贴帧按钮

2.5.3 元件与实例

不少初学者总在元件与元件实例的概念产生混淆。其实可以这样来理解：库中的图形、影片剪辑、按钮都是元件，那么从“库”中拖入到舞台上的，就是这个元件的实例。元件只有一份，而实例可以复制成无数份（如图 2–74）。对实例来说，随意缩放或者透明度等操作都不会影响到元件本身；但是如果对元件本身进行了修改，也就是双击“库”中的元件或者双击舞台上的实例进入到元件内部修改，舞台上的所有实例都会被更改（如图 2–75）。

不仅是图形元件，影片剪辑也是一样。从库中调入多个影片剪辑的实例到场景中，分别加入投影、模糊、发光等效果，可以发现“库”中的影片剪辑本身依然没有变化，当然改变影片剪辑的亮度、色调、Alpha 也是一样。但如果进入到影片剪辑元件内部进行修改，舞台上每一个实例都将发生改变。

如何才能既修改元件内部的东西，又使舞台上的某个实例不发生变化呢？只需要选中一个实例，点击系统菜单中的“修改”→“元件”→“直接复制元件”进行元件的复制，其他的实例还是沿用原来修改过的元件即可。（如图 2–76）

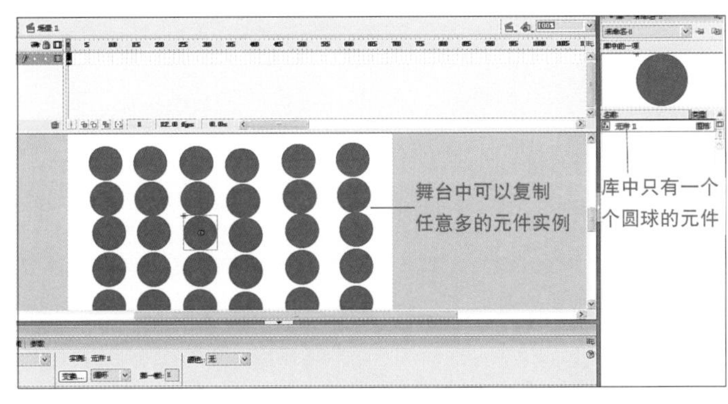

图 2–74 实例复制

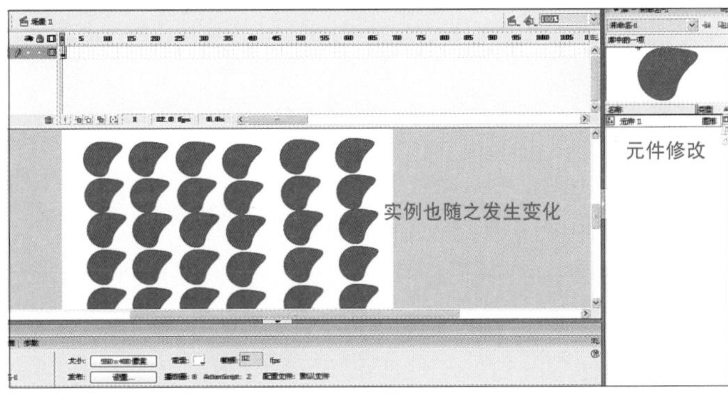

图 2–75 实例随元件改变而改变

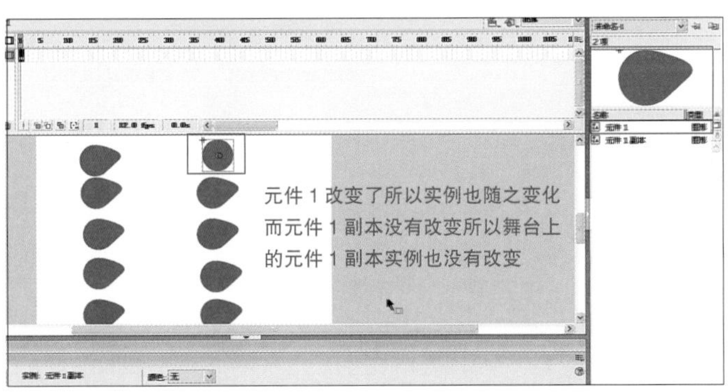

图 2–76 两个元件的实例变化

2.5.4 认识库

Flash 中的库就好比一个大的仓库，它储存着 Flash 文件中用到的所有东西。包括元件、音频文件、位图等。合成动画时，只需要把这些元件从库中拿出来，放入到相应的地方即可。库面板包括标题栏、预览窗口、文件列表及库文件管理工具等（如图 2–77），下面将一一介绍。

库面板

库面板在 Flash 初始的默认布局时会显示在右侧，如果没有显示则可以使用系统菜单栏下的“窗口”→“库”将其调出。

标题栏：显示当前文档的文件名。标题栏的右边有一个下拉菜单按钮（如图 2–78），单击可以弹出相应的选择菜单并执行相关命令。

文档下拉列表：当用户打开多个 Flash 文档的时候，可以使用下拉列表在多个文档的库中进行切换，方便用户在一个库面板下查看多个 Flash 文档的库资源（如图 2–79）。

单击右侧的固定库按钮图，可以固定当前库。单击新建库面板按钮图，可以新建一个库面板。

预览窗口：在列表栏中单击任意一个项目，都可在预览窗口中进行查看，如果选的是一个带动画的元件，则右上角会有一个播放按钮，点击它即可显示该元件内部的动画效果。

列表栏：列表栏内存储了舞台上使用的各种元件，并且罗列出了它们的属性。包括影片剪辑、图形和按钮，甚至包括声音文件和文件夹（如图 2–80）。

新建元件：这个按钮等同于快捷键 Ctrl+F8。

创建文件夹按钮：在制作一些大型商业动画的时候，制片商会提供大量的参考信息和制作资料放入到库中，为了方便管理，会按照类型归类整理放好。所以在归类的时候就需要文件夹的帮助。

创建文件夹时，可以看到文件夹名称处光标闪动，在这个地方输入新的名字即可制图。名字确定之后按键盘上的回车键即可。这时只需在列表栏中选择相应的文件按住鼠标左键不放，然后拖动到文件夹名字处，松开鼠标即可完成（如图 2–81）。

属性按钮：用来查看和修改库中元件的属性。

删除按钮：用来删除库中的文件或文件夹。

图 2–77 库面板说明

图 2–80 列表栏

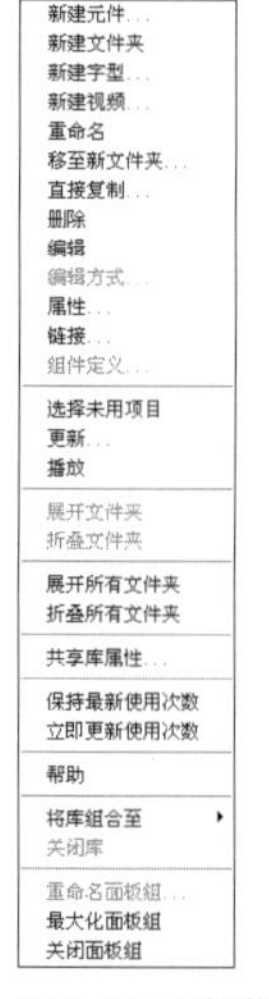

图 2–78 下拉菜单

图 2–79 文档下拉列表

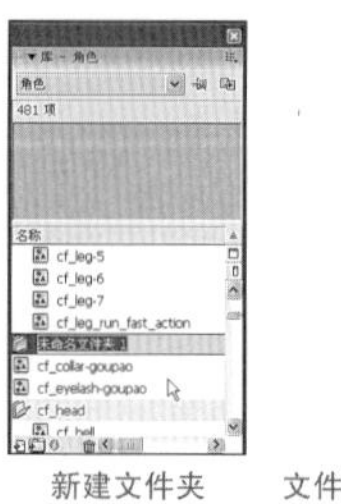

新建文件夹　　文件拖入到未命名文件夹中

图 2–81 新建文件夹及文件拖放

文件重命名

对库中的文件进行重命名有三种方法：(1) 双击库中的元件名。(2) 鼠标右键单击要重命名的元件，从菜单栏中选择“重命名”(如图 2–82)。(3) 选中元件，在下方点选属性按钮。

元件复制

在 Flash 制作中，在原有元件上复制并进行修改可以大大提高工作效率。例如要设计三个人物，但实际要求上三个人物大同小异。这个时候只需要制作一个人物，然后对这个人物元件进行复制并稍稍修改即可完成后面两个人物的制作 (如图 2–83)。

在库面板中选中要复制的元件，通过鼠标右键点击，从弹出的菜单中选择“直接复制”命令，弹出“直接复制元件”对话框，在“名称”文本输入框中键入新的元件名称 (如图 2–84)。单击“确认”按钮，即可得到一个内容相同的新元件。双击该元件图标 (不是元件名) 进入到元件内部，对其进行修改即可。

图 2–82 重命名按钮

图 2–84 直接复制元件对话框

图 2–83 角色预览

打开外部库

在制作 Flash 动画的过程中，若想使用已经制作好的动画元件，可以直接使用系统菜单命令中的打开外部库。

执行系统菜单“文件”→“导入”→“打开外部库”命令 (如图 2–85)，选择已经制作好的 Flash 文件即可。

但是，一般情况下这样会比较麻烦，在后面的章节中，会介绍另外一种使用外部元件的方法，更加直观、便捷。

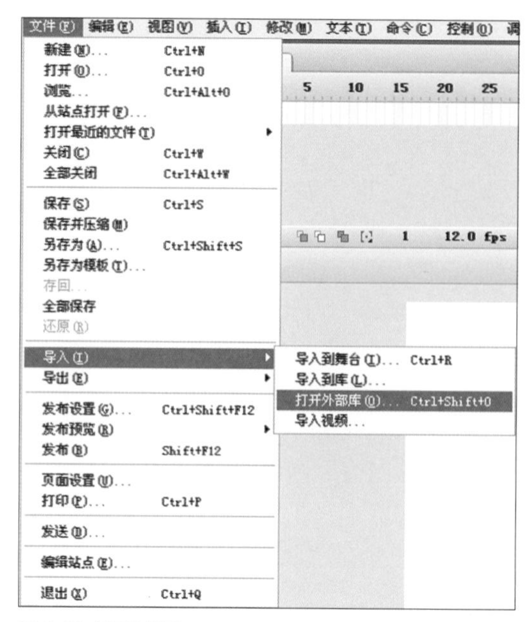

图 2-85 打开外部库

本章小结

Flash 的界面大致分为 6 个部分，其中最为常用的是工具栏和舞台。舞台的作用是展示制作物体，工具栏的作用是设计物体。

时间轴窗口是整个动画中最重要的地方之一，动画的时间调整和最终的时长输出都在此处进行调整。

洋葱皮工具是动画师的一个利器，它能够帮助动画师完成许多工作，善于使用洋葱皮会给动画制作带来很多便捷。

图层几乎是绝大多数合成软件中都会存在的一个部分，它可以帮助制作人员规整信息，使制作人员更加有序地完成任务。

练习

1. 了解洋葱皮和多帧编辑功能。

3 Flash动画的基本类型

目标

了解补间动画的制作方法。
了解遮罩动画及引导线动画的制作方法。
认识简单的动画特效。

引言

Flash 动画按照类型划分，可分为补间动画和逐帧动画。补间动画又可以分为动画补间和形状补间。在 Flash 加工片的制作中，动画补间和逐帧动画是最为常用的。在一般的要求不高的动画片中，单纯的动画补间运用相对更多；而在高质量、高要求的加工片中，把动画补间和逐帧动画结合起来综合运用，就能发挥 Flash 强大的动画功能。

本章介绍 Flash 中的几种动画形式，其中包括逐帧动画、动画补间动画、形状补间动画、引导线动画、遮罩动画等。每一种动画形式都举了一到两个例子进行深入讲解。在制作每一帧动画之前，从最基本的原理开始分析，引导学生养成制作前先思考的习惯，层层拔高，提高制作水平。

3.1 逐帧动画

3.1.1 定义

逐帧动画就好比传统的手绘动画，即使制作者不会 Flash 的补间动画，也完全可以利用 Flash 的时间轴，一帧一帧地制作动画，当然前提条件是制作者的手头功夫到位，并且也有足够多的时间。

逐帧动画虽然在制作时间上比补间动画要长，但从某种程度来说效果会强于补间动画，所以在一般情况下制作人员会对比较简单的位移动作使用补间动画，而具有透视变化的物体则用逐帧动画去完成。如图 3–1、图 3–2，人物的下身使用逐帧动画完成，上半身则用补间动画完成。

图 3–1 逐帧动画

图 3–2 补间动画

3.1.2 创建逐帧动画

逐帧动画的应用范围非常广，接下来再来制作一个例子，以便大家对逐帧动画加深了解。

（1）新建一个 Flash 文档，选择系统菜单中的“文件”→“保存”按钮，或使用快捷键 Ctrl+S 保存并且更改名字为“眨眼”，帧频设置为 25 帧／秒。

（2）使用矩形工具、椭圆工具、线条工具和选择工具分别绘制一个圆球、嘴巴以及阴影，并分别转换成图形元件（如图 3–3）。值得注意的是阴影的绘制是使用黑色，然后将其 Alpha 值降低到 50%，即半透明状。（如图 3–4）

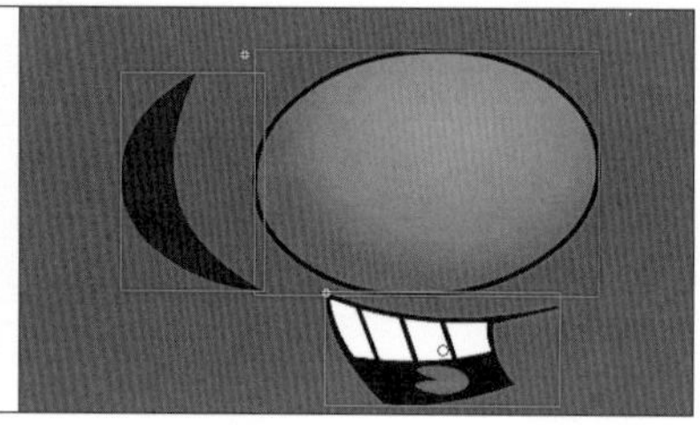

图 3–3 各部分转换成元件

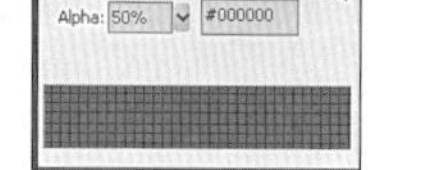

图 3–4 Alpha 值为 50%

（3）之后在原有的图层 1 之上新建一层图层 2，使用鼠标点击工具栏上的椭圆工具在舞台上绘制一个黑色的椭圆，绘制之前仍然禁止笔触颜色，只需要使用填充色，因为是用来制作球的眼睛，所以圆的尺寸不用太大（如图 3–5）。

（4）当绘制完一个椭圆之后，选中它按住键盘上的 Ctrl 键拖动它，即可复制另一个（如图 3–6）。选中复制的椭圆点选油漆桶工具，在填充色中改为白色，然后填涂黑色的椭圆将其改变为白色（如图 3–7）。

（5）这个时候将白色的椭圆利用任意变形工具变小一点，然后移动到黑色椭圆上（如图 3–8）。

图 3-5 椭圆工具绘制椭圆

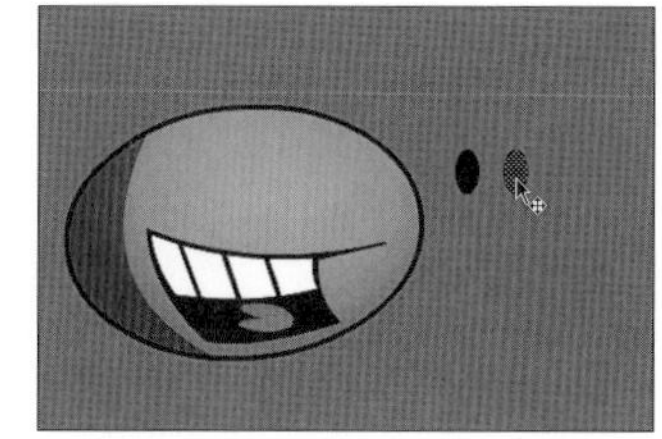

图 3-6 复制一个椭圆

图 3-7 颜料桶工具改变颜色

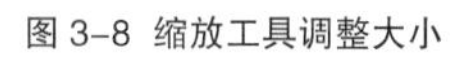

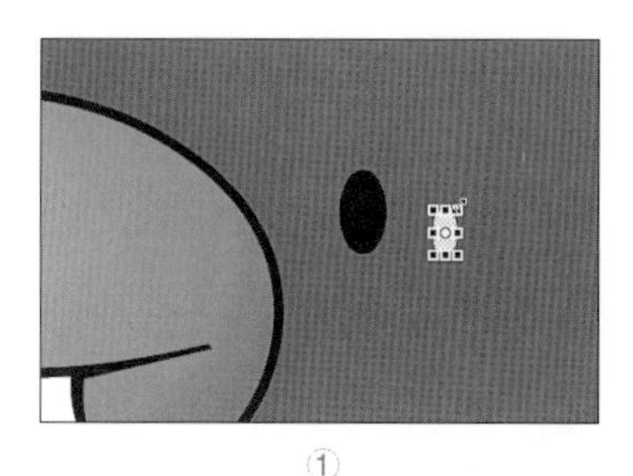

①

②

图 3-8 缩放工具调整大小

这里需要说明一下，在 Flash 中如两个属性为形状的图形放在一起，移开一个图形后，会发现它们之间相交的那一块会被另一块裁切掉，如图 3–9、图 3–10 所示，这是 Flash 中特有的属性。

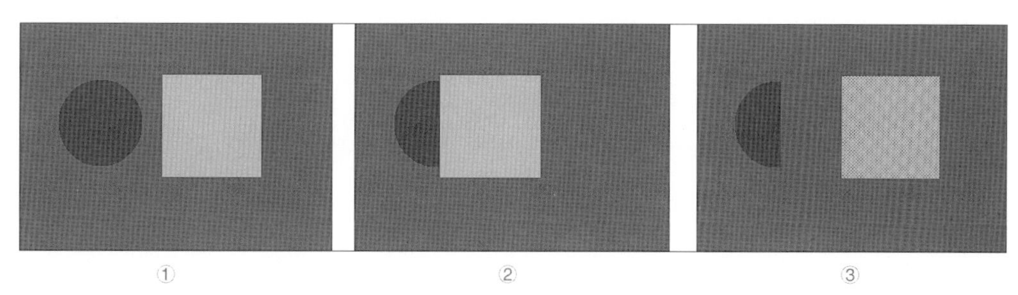

① ② ③

图 3-9 方块移动进行切割

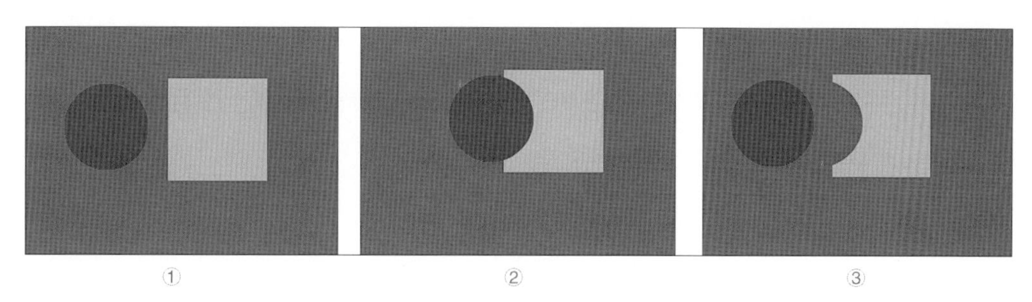

① ② ③

图 3-10 圆球移动进行切割

所以回到上面两个椭圆上来说，如果白色的小椭圆放在黑色的椭圆之上，那么当它再次移动开，则黑色的椭圆中间会被挖空（如图 3–11）。避免产生这种效果的方法是将两个物体都修改成组合。分别选中两个椭圆并对它们执行菜单“修改”→“组合”，快捷键是 Ctrl+G。这样两个物体分别成“组”后，放在一起就不会互相影响（如图 3–12）。

（6）为了便于操作，可以选中两个椭圆，然后再一次对齐进行组合，这样可以方便选择。（如图 3–13）

图 3–11 白色椭圆移开

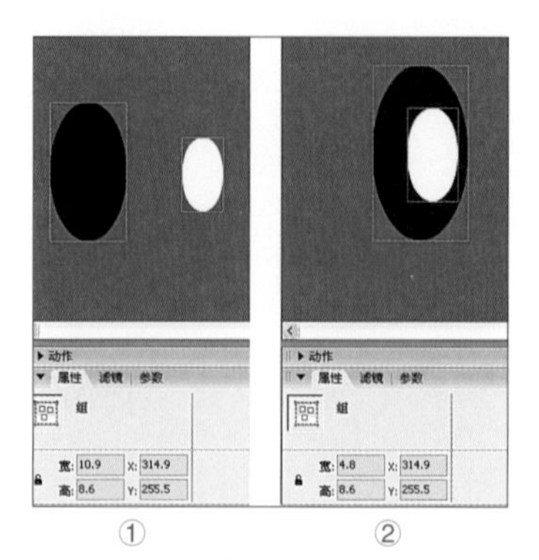

图 3–12 两个圆属性都是“组”

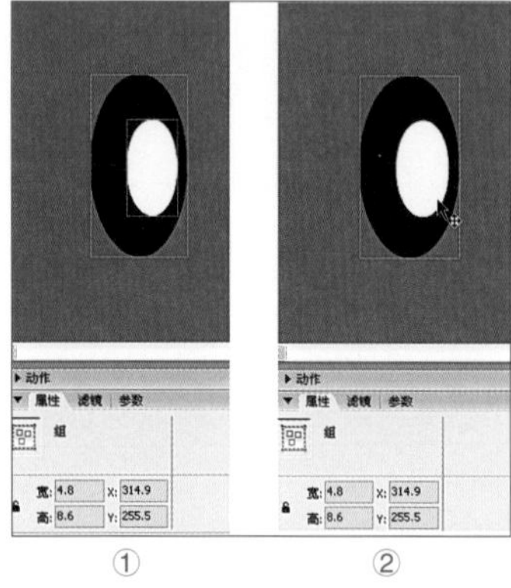

图 3–13 两个组件再次进行组合

图 3–14 复制并且缩小椭圆

（7）选中组合在一起的两个椭圆，按住 Ctrl 键，点击鼠标左键进行拖动，复制一个新的椭圆眼睛。遵循动画里面的近大远小原则，使用任意变形工具让复制出来的椭圆眼睛缩小一点。（如图 3–14）

（8）两个眼睛制作完成后，放入到之前制作好的圆球上面，开始制作逐帧眨眼动画。选中两个图层，在第 20 帧处插入普通帧（如图 3–15）。

（9）在图层 2 的第 7 帧、第 12 帧处各插入一个关键帧。回到第 7 帧处，选中两个眼睛，使用任意变形工具让眼睛压扁一点（如图 3–16）。

（10）在第 9 帧处右键单击，在弹出的命令栏中选择“插入空白关键帧”（如图 3–17），然后再在舞台中绘制一个闭眼的效果。

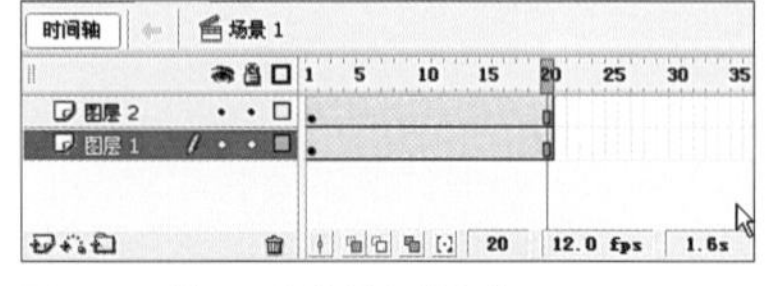

图 3–15 第 20 帧处插入普通帧

图 3–16 任意变形工具压扁眼睛

图 3–17 第 9 帧处插入空白关键帧

这里有个小技巧可以说明一下：由于插入的是空白关键帧，意味着这一帧上面没有信息。制作者需要绘制一个闭眼的图案，但是绘制的位置不太好把握。可以使用前面讲过的绘图纸外观工具，也就是洋葱皮工具，它可以辅助制作人员绘制闭眼图案，不会在位置上产生偏差。

(11) 在第 9 帧处点击打开洋葱皮工具可以看到前后帧的图案，使用线条工具，拉两条黑色短线，再使用选择工具使其产生一定的弧度（如图 3-18）。

(12) 完成后执行菜单栏“控制”→“播放”查看效果。

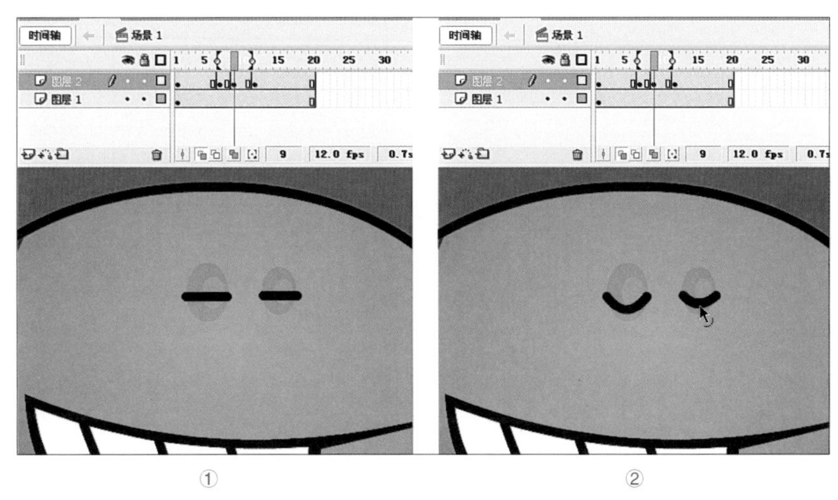

图 3-18 绘制眨眼

3.2 补间动画

补间动画是 Flash 动画中的核心部分，也是最大的亮点。掌握好补间动画的制作不但可以提高工作效率，还能够辅助制作者完成一些琐碎的制作。在 Flash CS4 以前的版本中，Flash 补间动画有两种，即形状补间和动画补间。CS4 以后把动画补间改变为传统补间动画，又添加了一种新型的补间动画，这里就不再展开说明。

3.2.1 补间的定义

之前说过逐帧动画虽然效果好，但是相对于补间动画来说制作时间要求也长一些。于是 Flash 提供了补间，简单的理解就是在一个动画的开始和结尾绘制内容，中间的过渡部分就由电脑计算自动完成，形成补间。补间的开始和结尾两个帧称为关键帧，中间由电脑计算出的内容称为过渡帧，用补间的方式制作出来的动画称为补间动画。

补间动画分为两种类型：(1) 动画补间，(2) 形状补间。(如图 3-19)

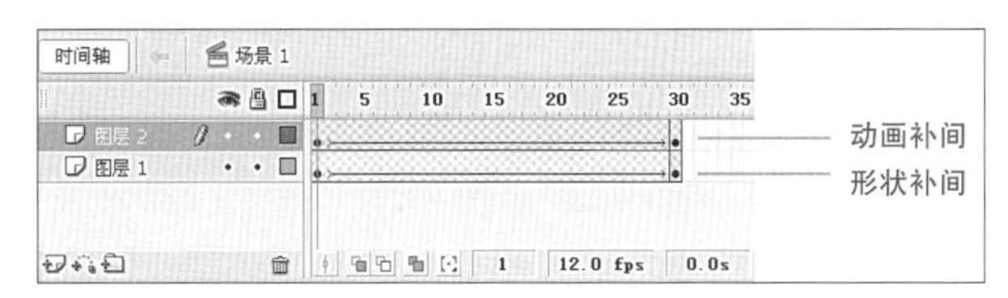

图 3-19 两种补间类型

3.2.2 补间动画的类型

动画补间

动画补间是在 Flash 中使用最频繁的一种补间形式，它是元件实例属性的变化，以前后两个关键帧之前的属性差作为变化的依据。

动画补间除了简单的属性变化，Flash 还为其提供了一些特殊的动画参数（如图 3–20）。

图 3-20 动画补间的属性面板

图 3-21 缓动对话框

缩放：允许缩放选项，指过渡帧是否显示缩放属性的变化。

缓动：用来设置不规则运动，在动画里面，如果动作匀速表现，长久观看后就会让人觉得乏味嗜睡，而观看迪斯尼动画大片时，观众就非常投入，除了剧情的吸引以外，迪斯尼片中的角色动作都不是匀速的，它们时而动作幅度很大，时而又非常细微。由于 Flash 补间动画是一个匀速的计算，所以很多时候动画师会在 Flash 中加入缓动效果，使得动画看上去不那么“平均”。（如图 3–21）

在制作一个加速或者减速运动的时候，需要用到缓动效果。用户可以直接输入参数值，也可以拖动滑块进行调节，其中负数为加速运动，正数为减速运动。也可以单击右侧的“编辑”按钮，在弹出的“定义缓入／缓出”对话框中进行自定义效果（如图 3–22）。

旋转：用于设置物体运动过渡中实例的旋转控制，按照功能分以下几种（如图 3–23）。“无”代表过渡帧无旋转；“自动”代表根据实例的旋转角度确定过渡帧的旋转，此项为默认设置，“顺时针”代表顺时针旋转，旋转次数由右边输入框中的数字决定；“逆时针”代表逆时针旋转，旋转次数同样由右边输入框中数字决定。

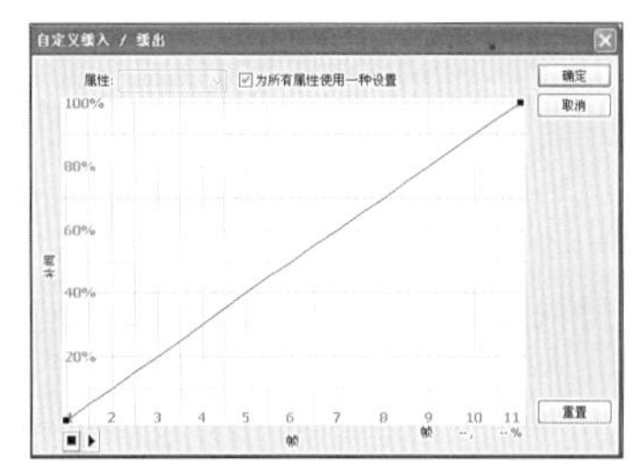

图 3-22 “定义缓入 / 缓出”对话框

图3-23 “旋转”选项

调整到路径：此功能一般用于导引线动画，如勾选此项，表示选择沿路径对齐；不勾选，则不按照路径的方向对齐（如图 3–24）。

同步：当运动补间动画的帧数与主场景动画的帧数无法整除时，选择同步选项确保实例在主场景中正常循环播放。

对齐：将运动过渡和引导线路径两端对齐。

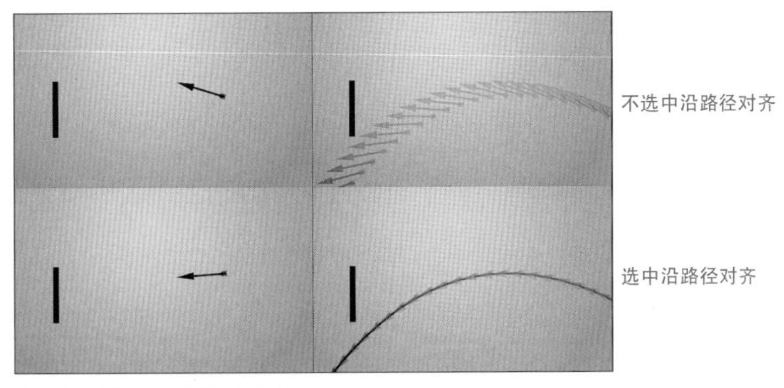

图 3-24 激活与未激活沿路径对齐

形状补间

形状补间是一种由形状转变为另一种形状的补间动画，过渡帧的内容是依靠两个关键帧上的形状进行计算得到的。

在 Flash 8 中形状补间需要在属性面板中添加，Flash CS3 以后在时间轴右键上添加了形状补间命令，在属性栏中，它的功能界面也与动画补间不同。(如图 3-25)

形状补间的混合模式有两种，即分布式和角形。这两个概念可以简单理解为：分布式即过渡相对平滑且无规则性，角形过渡则相对尖锐一些。

要想制作形状补间动画，那么制作的素材只能是形状属性，不能是组或元件。点选一个素材可以在属性栏中查看其属性（如图 3-26)。如果属性不为形状的素材需要制作形状补间动画，那么必须先使用分离功能。选中素材执行“菜单”→“修改”→“分离”命令，快捷键是 Ctrl+B。完成之后，看到属性栏变为形状之后就可以制作形状补间了。(如图 3-27)

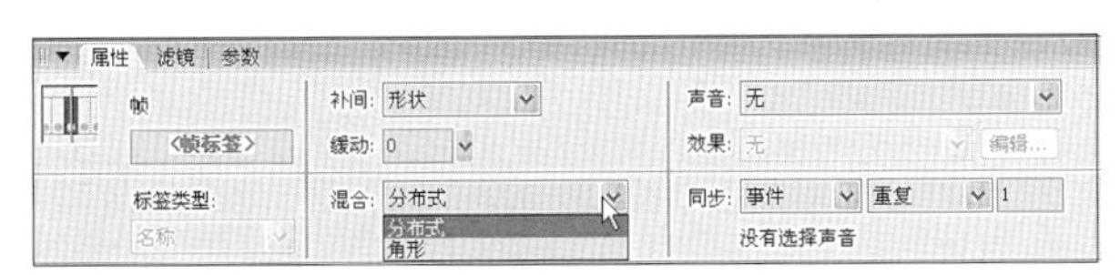

图 3-25 形状补间属性面板

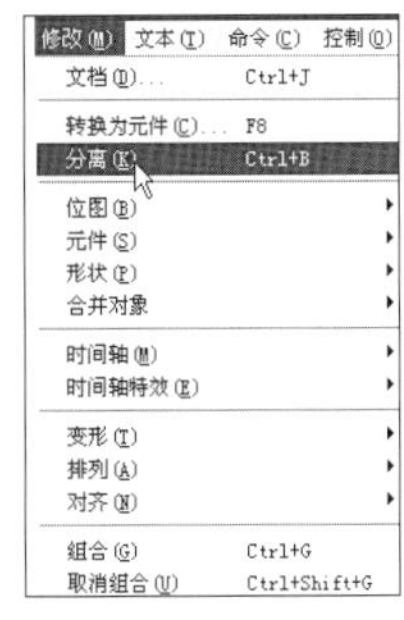

图 3-26 四种属性

图 3-27 分离命令

值得一提的是，使用文本工具制作出来的文字如要制作成形状补间，则需要分离两次，第一次是把所有的文本分离成单独的文本，第二次是把单独的文本分离成形状属性。(如图 3-28)

图 3-28 分离两次

图 3-29 控制变形

为了能更好的控制形状，可以使用控制点来约束变形的地方。在创建好形状变形动画后，执行菜单"修改"→"形状"→"添加形状提示"命令来增加控制点。（如图 3—29）

但通常情况下，动画制作中很少使用形状补间，因为它难以控制，变形难以把握。调整控制点的时间还不如逐帧去绘制来的方便。

补间动画可以实现物体的大小、位移、旋转等变化。两种补间动画在表现形式上各有自己的特色，动画补间制作的基本条件是素材必须是元件，而形状补间的制作素材必须为形状属性。

3.2.2 创建动画补间动画

之前说过动画补间需要元件来制作，而形状补间不需要。现在列出动画补间创作的三个基本条件：（1）最少需要两个关键帧。（2）同图层中且是同一个元件的实例。（3）中间有动画补间作为过渡。

下面以一个实例进行讲解，我们将掌握移动动画的制作，以及一些运动规律的技巧。本实例将展示一架火箭发射升空的动画效果。（如图 3—30）

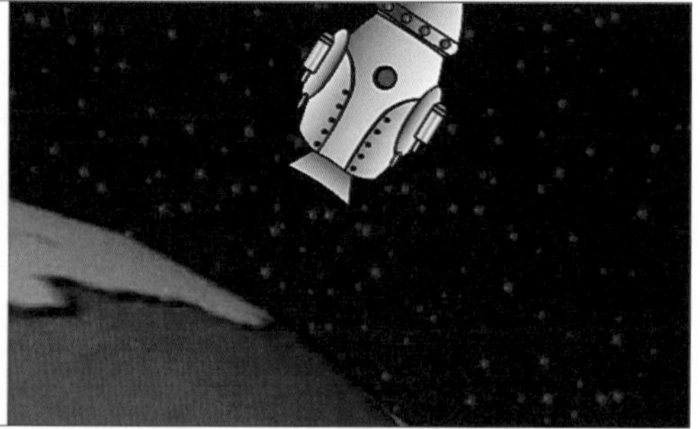
图 3-30 火箭升天

作为动画工作者，观察是每天生活的必须。制作之前，首先想一想火箭升空的场景。火箭肯定是一个庞然大物，当它准备升空的时候，是不是会产生一系列的连锁反应呢？比如会感到震动，那么作为摄影机中的画面，是不是画面也应该出现震动呢。同时，火箭即将升空时尾部就会出现大量气体喷出，另外在制作卡通动画中有一个基本法制——遇上则先下。把火箭理解成一个弹簧，当努力按压这个弹簧时，松开手。弹簧会以按压的反方向弹出。按压的强度越大，弹出的力量也越大。这些分析完之后，才是最基础的火箭从 A 点飞向 B 点的动画。

基础部分

本实例从最简单的动画开始，即单纯的从 A 点到 B 点动画，然后逐渐增加细节，让用户由浅入深地感受到动画的魅力所在。

具体操作步骤：

（1）在制作任何动画之前，都必须要设置画布大小以及帧频。新建一个 Flash 文档，帧频设置为 25 帧／秒（如图 3—31）。选择系统菜单中的"文件"→"保存"按钮，或使用快捷键 Ctrl+S 保存并且更改名字为"火箭动画"。

（2）设置完之后，就是火箭的绘制，在日常制作中都需要有参考对象。所以使用搜索引擎搜一些相关的参考图片是一个不错的选择，对于此例子只需要参照图 3–30 即可。

（3）图片搜集完之后就可以绘制自己的火箭了。在这里使用线条工具和选择工具进行绘制。值得一提的是火箭头部的线条并不是直线，关于选择线条工具绘制的方法可以参考本书第 18 页工具栏中对选择工具的讲解。使用线条工具（线条工具粗细程度选择 1.5 磅）绘制一条直线之后，使用选择工具把直线拉成曲线（如图 3–32）。和刚才的操作一样绘制右边一条线，这个地方要提醒的是在绘制第二条线时，最好开启贴紧至对象工具，这样可把两条线的头部连接到一起（如图 3–33）。

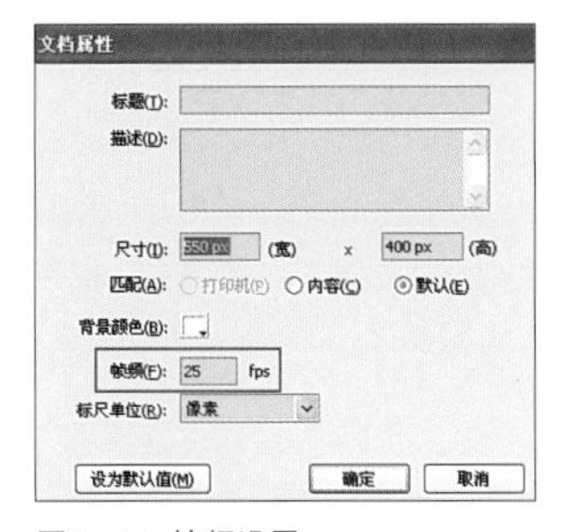

图 3–31 帧频设置

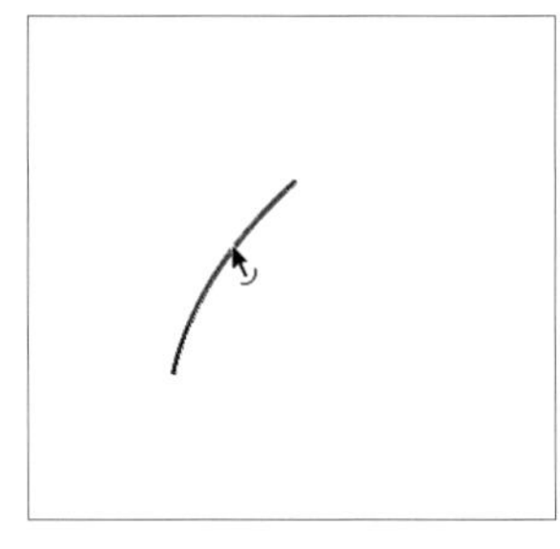
图 3–32 使用选择工具调整直线

图 3–33 焊接另一条曲线

在使用线条工具拉一条直线，然后使用选择工具把线条的两端连接到图 3–33 中两条线的端点上。（如图 3–34）

之后绘制火箭头上面的圆形物体，此时可以选择椭圆工具，在点击完椭圆工具之后，会发现工具栏下面的颜色选项框有两个颜色区域。去掉填充色，只使用黑色笔触颜色（如图 3–35）。绘制一个圆的轮廓，为了不让绘制出来的东西吸附其他对象，这时可以关掉贴紧至对象工具。

椭圆只需要绘制一个，然后选中这个椭圆，按住键盘上的 Ctrl 键，按住鼠标左键拖动这个圆到下一个位置，松开鼠标，会发现复制了一个新的圆形，如此反复操作之后，在使用线条工具添加几条线，最终效果如图 3–36 所示。

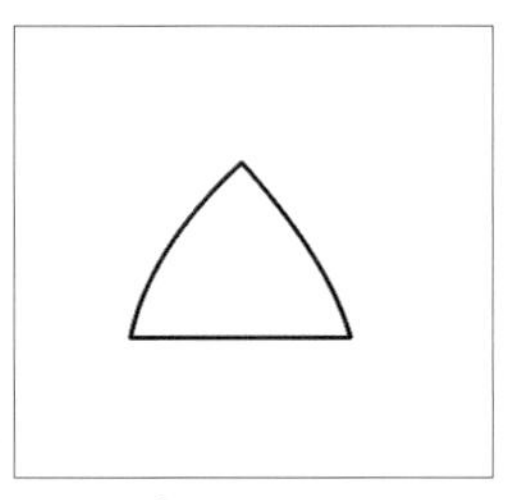
图 3–34 连接第三条线

图 3–35 颜色界面

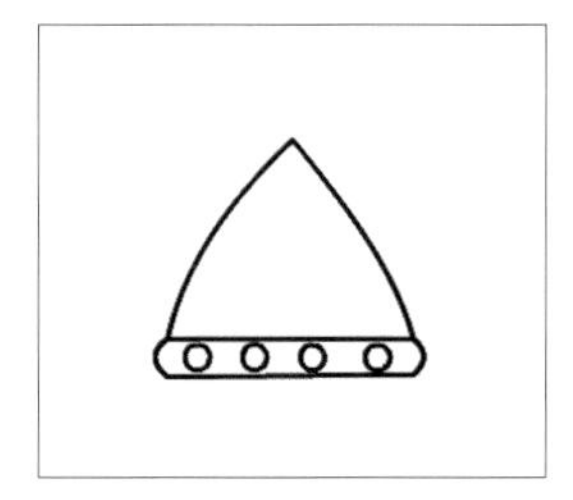
图 3–36 火箭的头部图案

后面的绘制重复使用上面的操作即可实现。熟练掌握 Flash 中线条的属性可以加快绘制的过程，另外在制作中会反复地切换贴紧至对象按钮，有时需要它进行连接，有时又不需要它的吸附功能，之后的效果图见图 3–37。

之前介绍过线条的属性可以进行切割处理，当了解了这个特性之后，灵活运用这个特性可以使得我们更快完成物体的绘制。例如绘制火箭身上的喷气筒，可以先绘制好上面需要的外观，如图 3–38，然后逐一的组合起来，最后通过这个特性把不需要的线条删除即可，把制作好的喷气筒复制一份执行系统菜单中的“修改”→“变形”→“水平翻转”放在火箭的另一边（如图 3–39）。

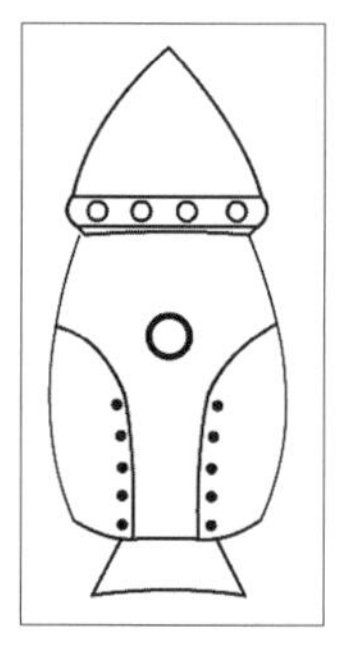

图 3-37 效果图

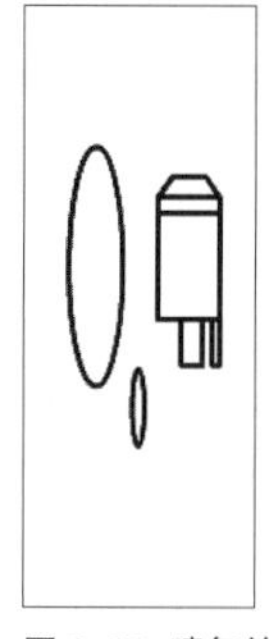

图 3-38 喷气筒

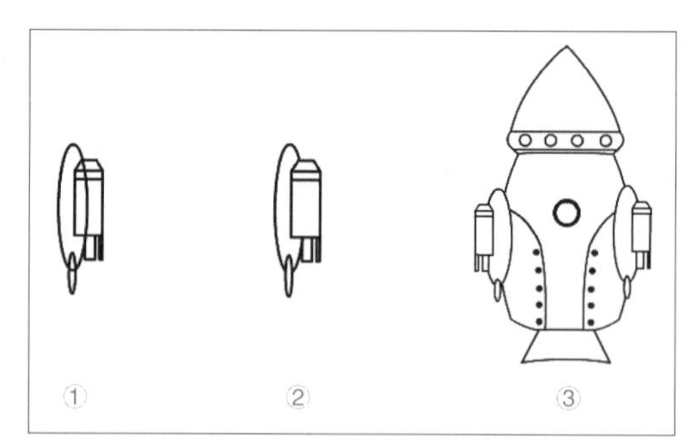

图 3-39 喷气筒组合

绘制完成之后根据自己的喜好选择油漆桶工具，对其进行上色。若点选一个空白区域无法上色的时候，可能是因为区域未封口所致。一般出现这种情况时，可以选择油漆桶下面的空隙大小按钮，将其调整到最大（如图 3-40）。如果填充某一块区域导致其他地方也一起填充了（如图 3-41），这还是由于线条未封闭所致，使用缩放工具放大舞台仔细查找。另外，要使线条封闭就应该打开“图贴紧至对象”按钮。

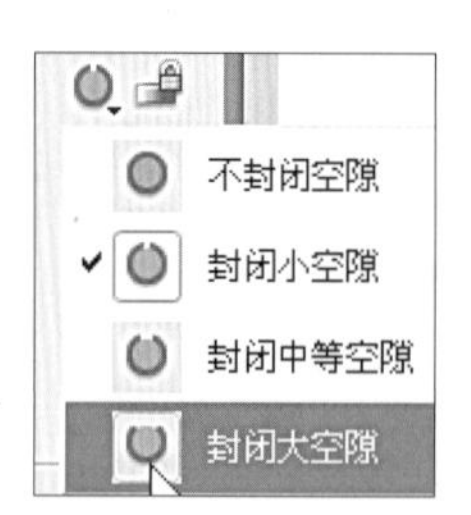

图 3-40 空隙放大工具界面

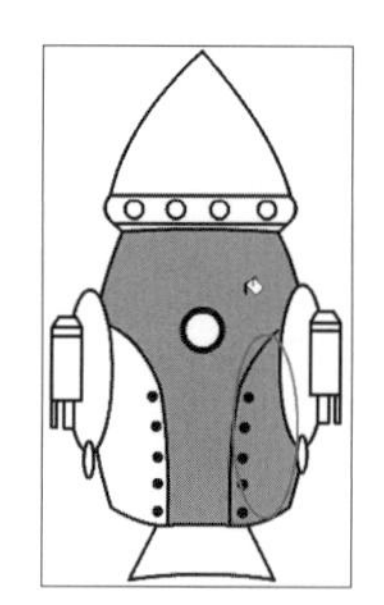

图 3-41 填充为封闭区域

（4）火箭制作完之后，给各个部分都执行系统菜单“修改”→“转化为元件”，将每个部位都转成图形元件（如图 3-42）。之后选中全部元件，再一次将这些元件转化为一个整体的图形元件，命名为火箭（如图 3-43）。然后单击时间轴上的插入图层按钮，建立一个新图层。把新建立的图层移动到最下面来作为背景层（如图 3-44）。然后执行菜单“文件”→“导入”→“导入到舞台”或使用快捷键 Ctrl+R 导入一幅背景放到刚才新建的那一个图层，调整一下火箭与背景的关系（如图 3-45）。

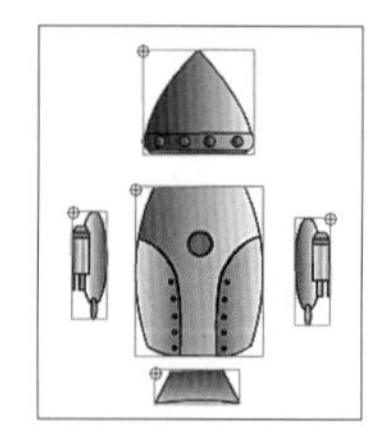

图 3-42 各个元件

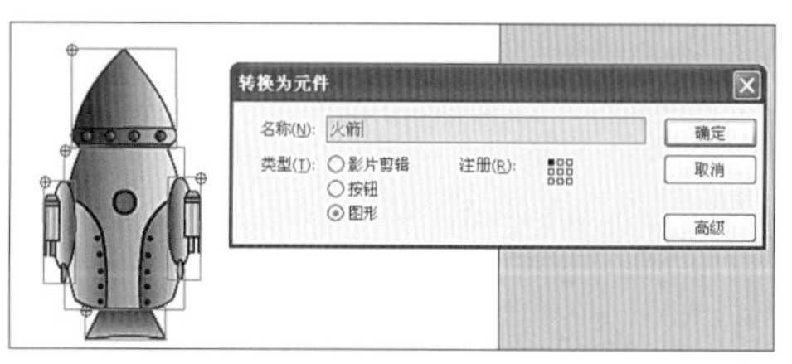

图 3-43 整体元件

图 3-44 图层 2 移至底层

（5）调整好位置之后在第 5 帧处按住鼠标左键不放，向下选中两层时间轴的第 5 帧。并使用快捷键 F6 插入帧（如图 3-46）。这时选中图层 1 上的第 5 帧，按 F5 插入一个关键帧，将这个关

图 3-45 导入背景

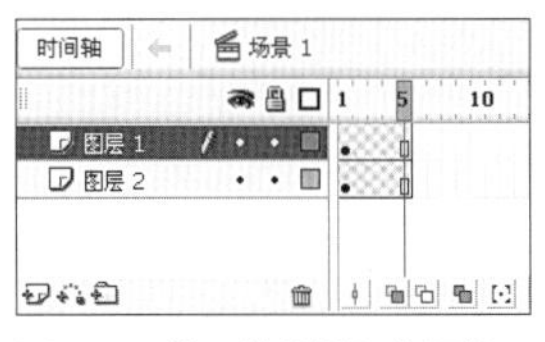

图 3-46 第 5 帧处插入普通帧

图 3-48 创建补间动画

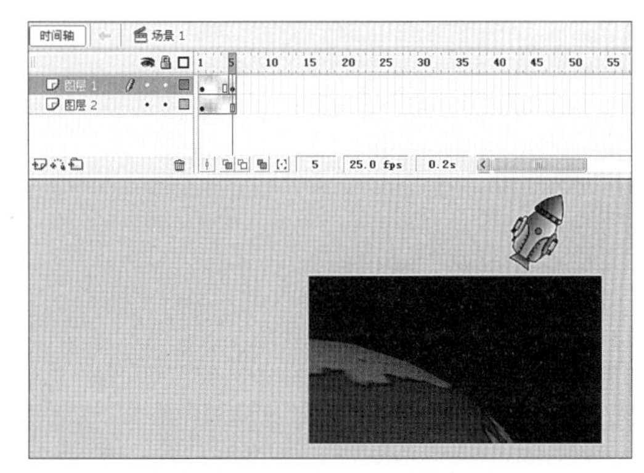

图 3-47 火箭移至舞台外

键帧上的火箭向运动轨迹方向移至舞台外（如图 3-47），此时鼠标移动到该图层的第 1 帧到第 5 帧之间右键单击，在弹出的命令菜单中选择“创建补间动画”（如图 3-48）。

（6）执行菜单“控制”→“播放”命令，或按 Enter 键，即可查看刚才制作的动画效果。

预览动画效果后觉得现在的火箭动画还是比较僵硬，只是单纯做到了动，回忆一下火箭起飞应具有的一些效果，再逐一加上去，使它看上去更合理一些。

进阶部分

（7）首先给火箭添加一个预备动作，即先向相反的方向挤压然后再喷射出去。那么原先设置的 5 帧肯定是不够的，所以必须得把时间轴上的帧延长一些。

鼠标在时间轴上按住左键不放，在第 25 帧处选择两图层的未用帧，然后使用快捷键 F6 插入帧。（如图 3-49）

（8）此时把图层 1 上的第 5 帧关键帧，逐渐移动到第 18 帧（如图 3-50）。鼠标右键单击，在弹出的对话框中选择“删除补间”命令来删除两个关键帧之间的补间（如图 3-51）。

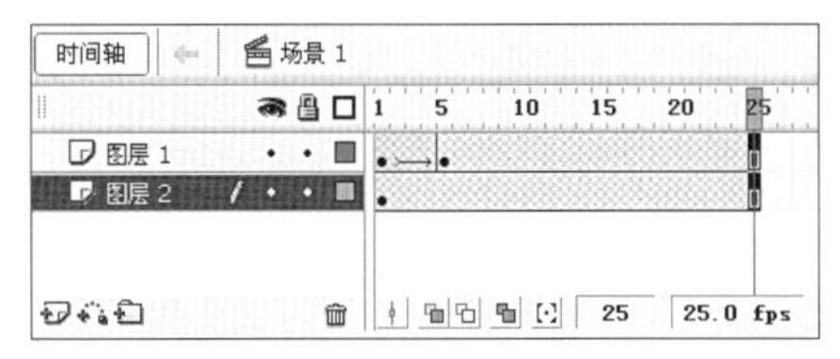

图 3-49 延长帧至第 25 帧

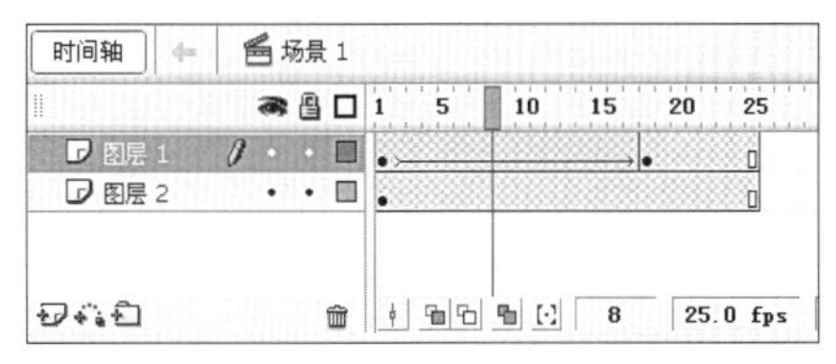

图 3-50 移动帧

①

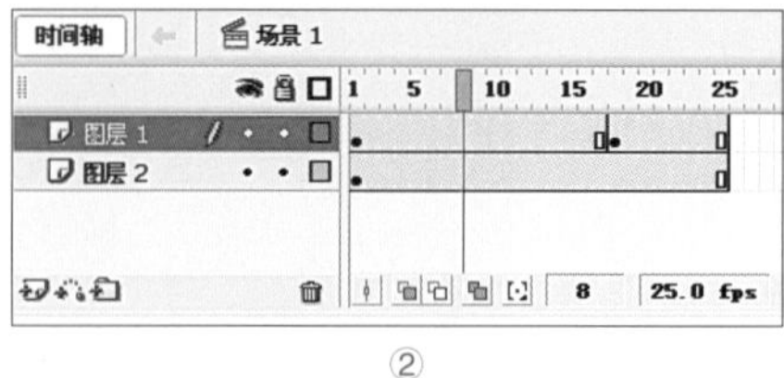

②

图 3-51 删除补间

把火箭飞出舞台的时间延长到了第 18 帧，比原先设定的 5 帧出画面长了一些，这样就可以给制作者有多余的时间在前面制作一个预备动作。

（9）分别在图层 1 的第 5 帧和第 15 帧处插入一个关键帧，回到第 5 帧使用任意变形工具，将火箭略微挤压一点（如图 3−52）。默认情况下使用此工具挤压，火箭的两头都会出现挤压变形，但在本例子中，只需要一个边进行挤压变形，所以在操作上应该按住键盘上的 Alt 键进行挤压（如图 3−53）。完成之后在第 1 帧和第 5 帧之间右键单击，在命令栏中选择“创建补间动画”。（如图 3−54）

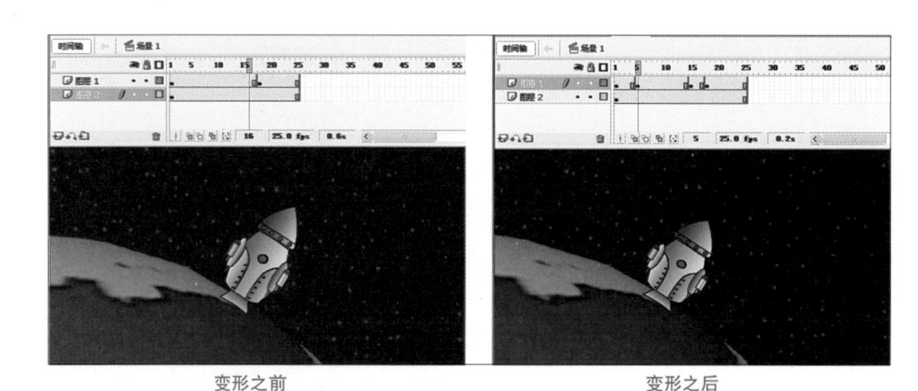

变形之前　　变形之后

图 3-52 任意变形工具压缩火箭

图 3-53 按住 Alt 压缩

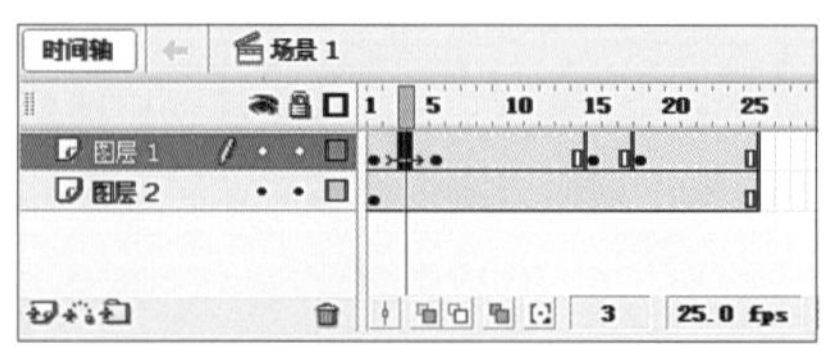

图 3-54 创建补间动画

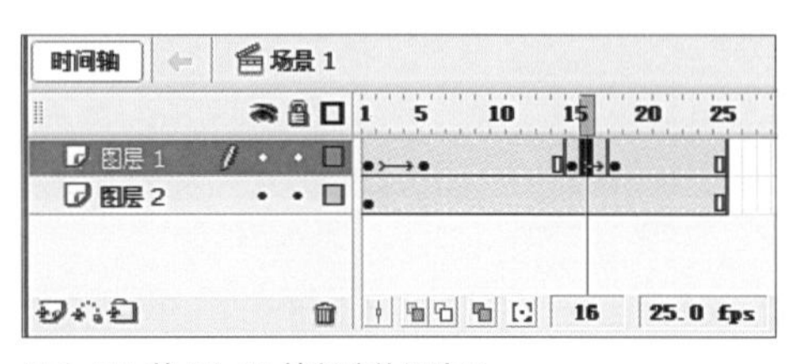

图 3-55 第 15-18 帧创建补间动画

图 3-56 第 13-15 帧创建补间动画

（10）完成之后在第 15 帧与第 18 帧之间同样添加一个补间动画（如图 3–55），这样火箭的预备动作就加好了，如果想更丰富一些，可以在图层 1 的第 13 帧再添加一个关键帧，并打上补间动画（如图 3–56）。执行菜单“控制”→“播放”命令查看动画效果。

高级部分

火箭的发射动作已经完全制作好了，后面加入镜头的抖动，使其更逼真。要制作镜头的抖动，我们需要把刚才制作好的火箭动画包裹到一个元件中，这样抖动的效果才会完美。

（11）选中所有的帧，点击鼠标右键，在弹出的菜单栏中选择“复制帧”（如图 3–57）。

（12）执行菜单“插入”→“新建元件”或使用快捷键 Ctrl+F8，元件名改为：火箭动画。在类型中选择图形元件，点击确定。（如图 3–58）

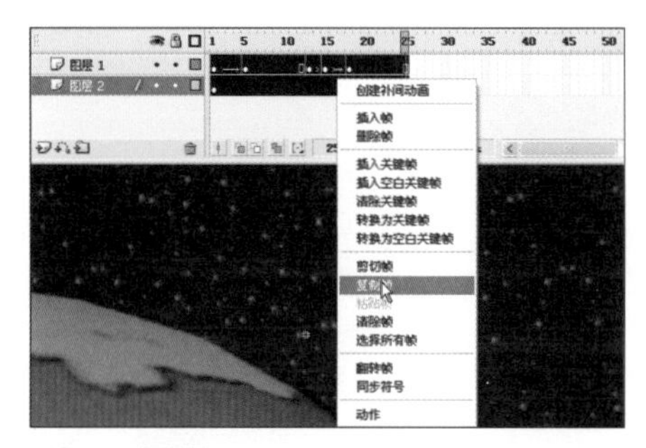

图 3–57 复制帧

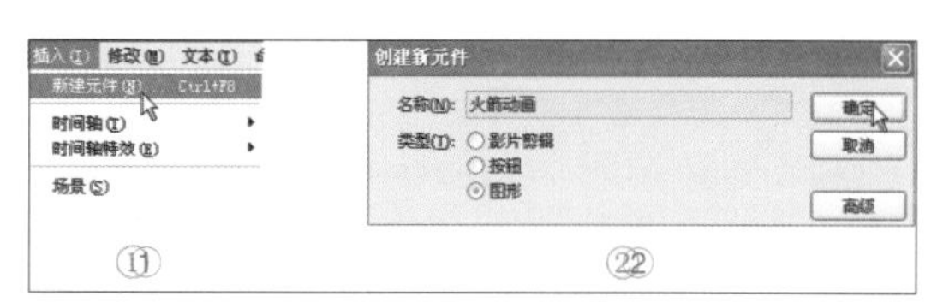

图 3–58 创建新元件

（13）在元件内的第一帧处点击鼠标右键，在弹出的菜单栏中选择“粘贴帧”。如图 3–59，点击时间轴上的“场景 1”按钮，回到主场景。

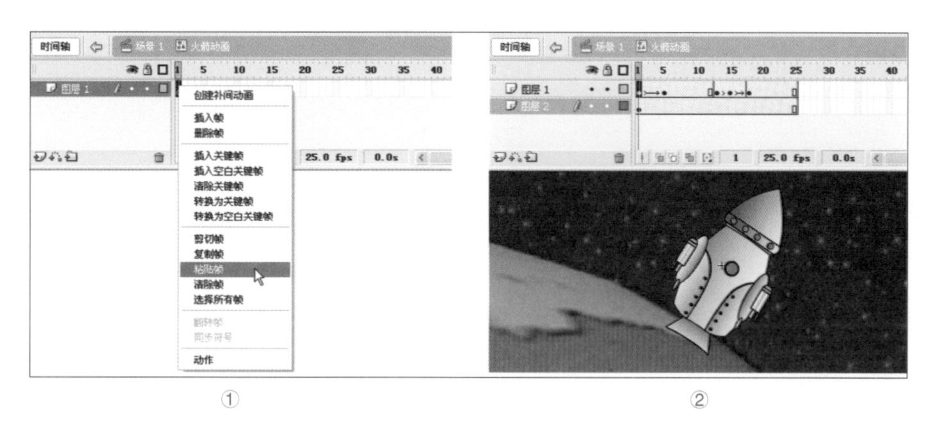

图 3–59 复制动画到元件内

（14）新建一个图层 3（如图 3–60）。在“库”中找到“火箭动画”这个元件。按住鼠标左键不放把它拖入到舞台（如图 3–61）。此时可以删除图层 1 和图层 2，只留下图层 3 即可（如图 3–62）。

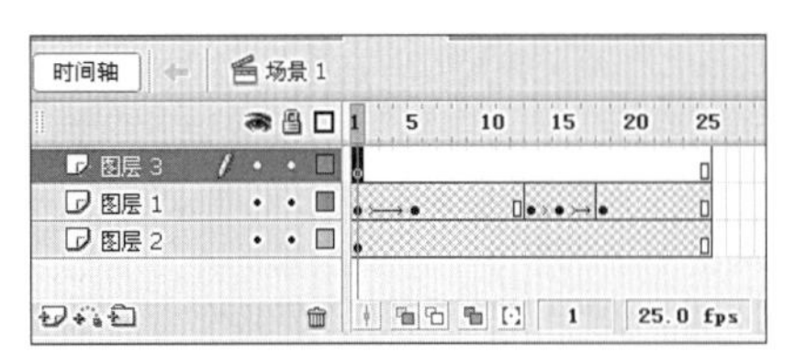

图 3-60 新建图层 3

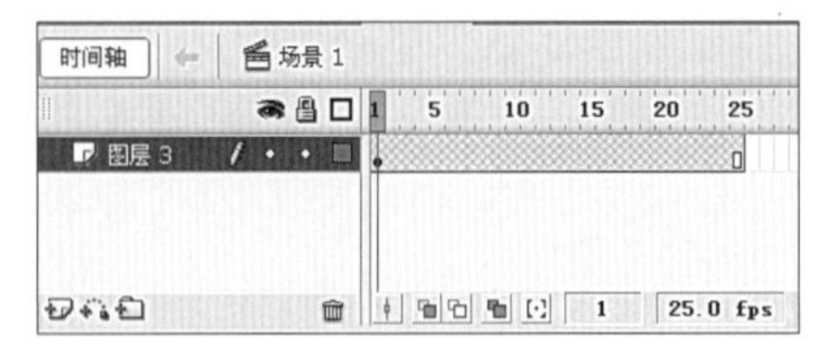

图 3-61 删除多余图层保留图层 3

图 3-62 动画元件拖入舞台

(15) 选中第 1 帧到第 10 帧，使用快捷键 F6 插入关键帧。这样第 1 帧到第 10 帧全部变成了关键帧（如图 3-63）。鼠标选择第 1 帧使用键盘上的←键向左移动两格，第 2 帧使用键盘上的→移动两格，第 3 帧、第 4 帧使用↑↓各移动两格，如此反复操作后面的关键帧来制作镜头的抖动感，完成之后使用回车键看看预览效果。或者点击系统菜单中的“视图”、“工作区”命令，快捷键为 Ctrl+Shift+W 来实现观看模式查看效果。

图 3-63 批量插入关键帧

3.2.3 创建形状补间动画

形状补间动画在动画制作中相对使用较少，所以下面的实例中，制作一个基础的形状补间动画，让大家对其进行一下了解即可。

(1) 新建一个 Flash 文档，选择系统菜单中的“文件”→“保存”按钮，或使用快捷键 Ctrl+S 保存并且更改名字为“方变圆动画”，帧频设置为 25 帧 / 秒。

(2) 再第 1 帧处使用矩形工具，为了方便查看效果，绘制矩形时禁用笔触色只保留填充色，填充颜色任意选择，然后在舞台的左上角绘制一个矩形（如图 3-64）。

(3) 在图层 1 的第 20 帧处使用快捷键 F7 插入一个空白关键帧，使用椭圆工具，在舞台的右上角绘制一个椭圆。绘制时，同样的禁用笔触颜色这一栏，填充色可以换一个与矩形不同的颜色。（如图 3-65）

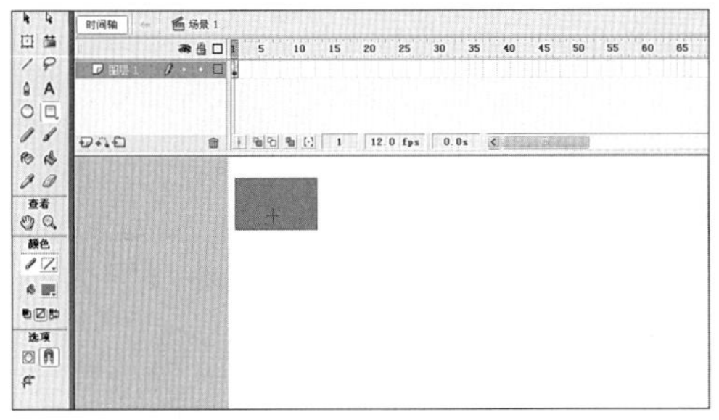

图 3-64 绘制矩形

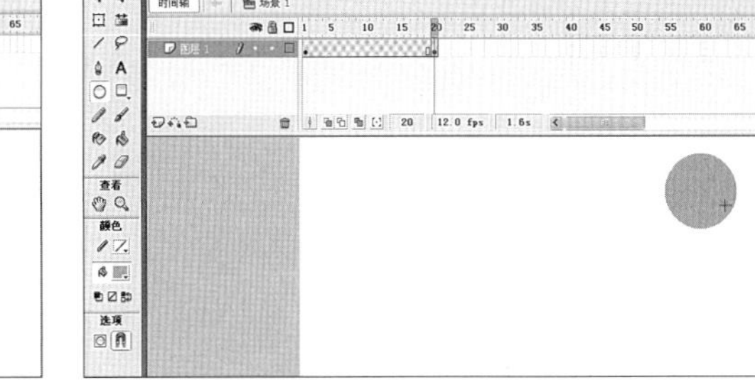

图 3-65 绘制椭圆

（4）鼠标点击第 1 帧和第 20 帧之间的任意一帧，在下方的属性栏上有一个窗口，点击里面的形状即可完成形状补间动画的制作。（如图 3-66）

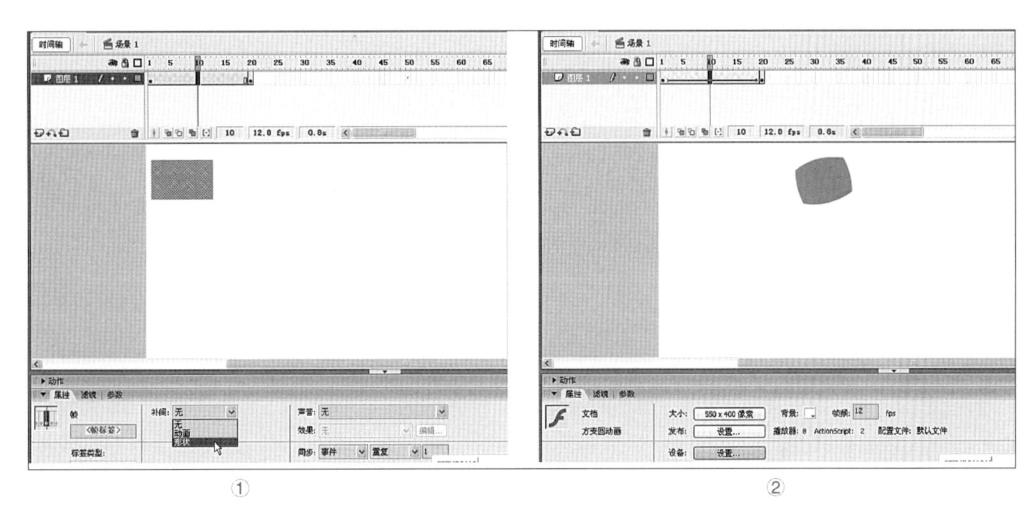

①　②

图 3-66 创建形状补间

（5）执行菜单"控制"→"播放"即可观看动画效果。

从这个例子可以看出，形状补间动画不需要元件，而且两个关键帧要求的物体在颜色上和形态上可以完全不一样，通过计算机的内部运输完成两个形状及颜色上的过渡。

3.3 引导线动画

引导线动画在制作动画加工片的时候使用频率不是太高，通常只是使用引导层来添加一些修改给制作者参考，但是在制作一般质量的 MV 或者一些特效时使用频率相对较高。

3.3.1 引导线动画特点

制作引导线动画至少需要两层：引导层和被引导层。且引导层必须位于被引导层之上。引导层用来放置引导线，被引导层用于放置沿引导线运动的元件实例。（如图 3-67）

绘制的引导线必须是开放的路径，即有两个端点：初始点与结束点。如要制作一个沿球形运动的动画，那么可以先使用椭圆工具绘制一个圆（只需要笔触颜色，不需要填充色），然后使用橡皮擦工具擦出一个小口。（如图 3-68）

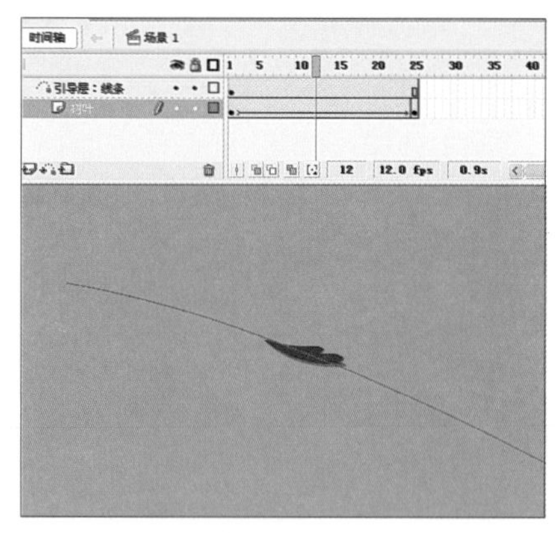

图 3-67 引导层和被引导层

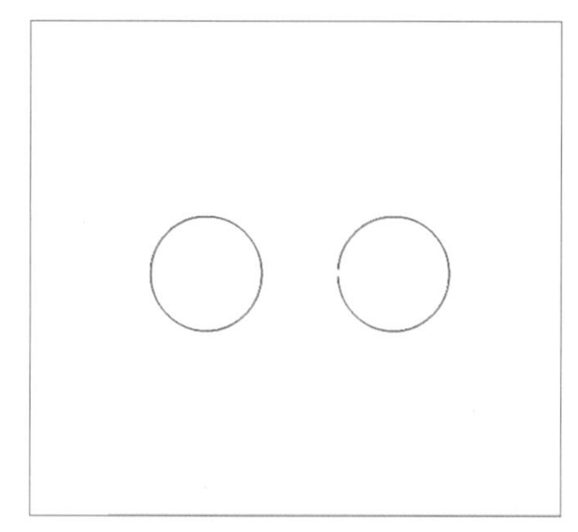

图 3-68 绘制环形路径

3.3.2 小球围绕图形运动

本例中将制作一个小球围绕地图进行运动（如图 3-69）。

如果之前已经掌握了小球围绕一个圆的运动理论，那么下面的例子制作起来就不会感觉到复杂了。

（1）新建一个 Flash 文档，选择系统菜单中的“文件”→“保存”按钮，或使用快捷键 Ctrl+S 保存并且更改名字为“引导线动画”，帧频设置为 25 帧／秒。这里舞台大小没有特殊要求，就以默认的大小 550×400 即可。

（2）用矩形工具（只需要填充色，不需要笔触颜色）绘制一个和舞台一样大的矩形作为背景，这里有两个知识点需要讲明：很多初学者运用“背景色”（如图 3-70）这个工具修改背景没有错误，但是如果要制作色彩丰富一点的背景色，例如使用填充变形工具进行线性或者放射状的颜色修改，这个工具就不能办到了。因为填充变形工具只支持在非纯色的填充色上进行修改，所以必须先绘制一个矩形来充当背景，然后把这个背景色利用填充变形工具修改成颜色丰富的背景。

另外，在绘制矩形的时候不需要一开始就绘制的那么准确，可以随意的拉一个矩形出来。然后选中该矩形，在其属性栏中改变它的宽高值，使其和舞台一样大即可（如图 3-71）。然后再把 XY 轴全部归“0”。这样就是一个和舞台画布一样大的矩形图案了。

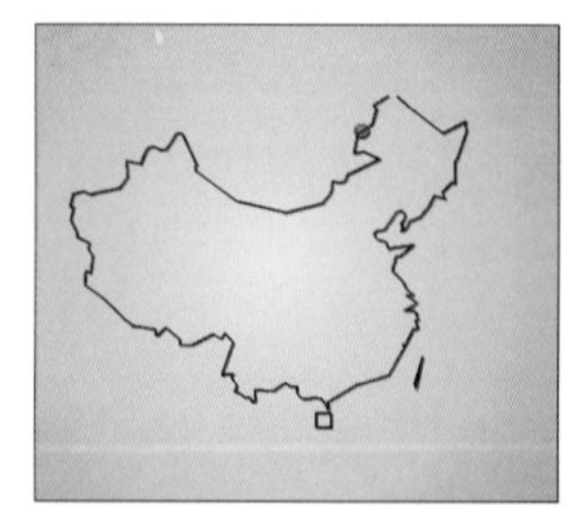

图 3-69 预览图片

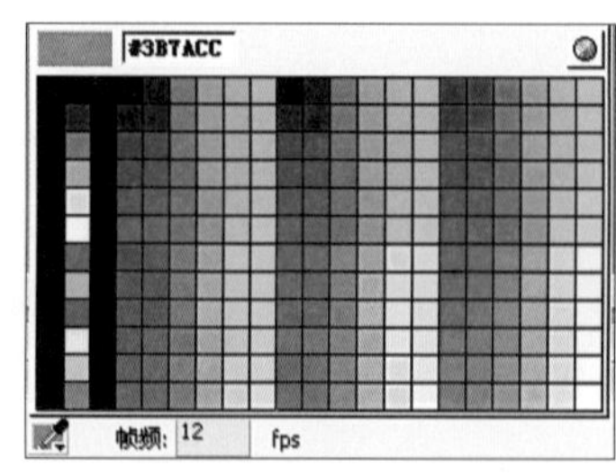

图 3-70 背景色选区

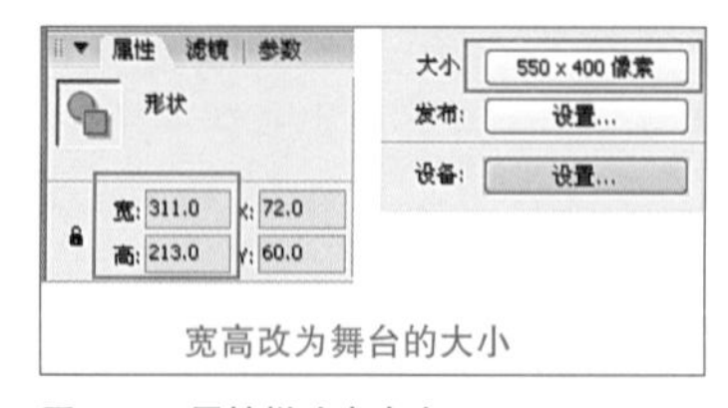

图 3-71 属性栏改变大小

（3）在整个界面布局的右边会看到“混色器”这一栏（如没有，请按 Shift+F9 调出）。选中改好的矩形，类型改为放射状（如图 3-72），此时画布上的矩形颜色也随之改变。如没有改变请检查是否修改的是填充色上的类型。

（4）在工具栏中选择填充变形工具，然后左键单击画布上的矩形颜色，会出来一个圆形的大框。（如图 3–73）

这里讲解一下填充变形工具，它在 Flash 制作中应用的较为频繁。填充变形工具有 5 个功能键：颜色星点改变、颜色星点移动、横向缩放、整体缩放和旋转。把鼠标靠近相关的图案，就会看到鼠标发生了改变，此时代表该功能已经激活并可以通过鼠标进行操作。

填充变形工具的颜色受此区域的颜色控制。如图 3–74 处于放射状类型，所以填充变形工具的中心点颜色归该图的左边颜色控制，填充变形工具的外轮廓归该图的右边颜色控制，之间的过渡效果即是填充变形工具的圆心到外轮廓的颜色。

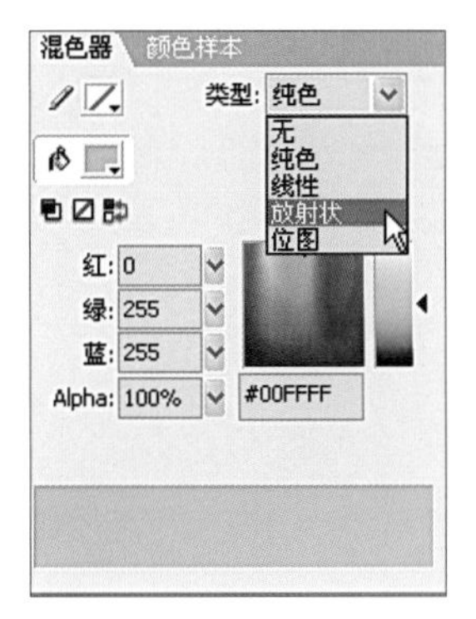

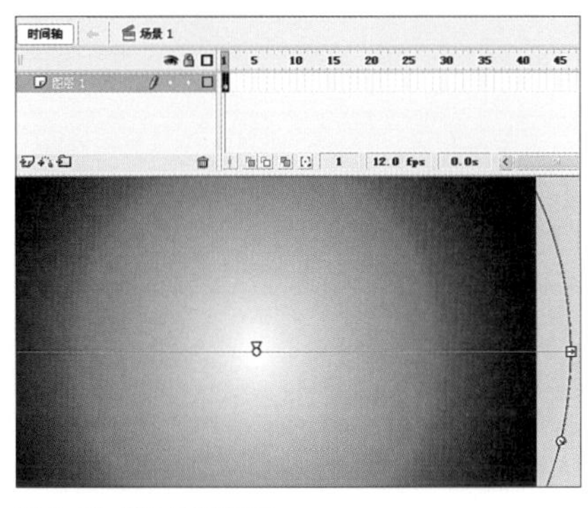

图 3–72 颜色类型　　图 3–73 填充变形工具　　图 3–74 放射状颜色控制区

（5）双击混色器上颜色调整区右侧的颜色按钮，选择颜色，在调出的面板中已经有部分颜色可供选择，如果没有理想的颜色还可以点击此按钮自行调配颜色（如图 3–75）。调整左右两侧的颜色。最终两边的颜色值为：左边红 216，绿 250，蓝 192；右边红 86，绿 210，蓝 2（如图 3–76）。

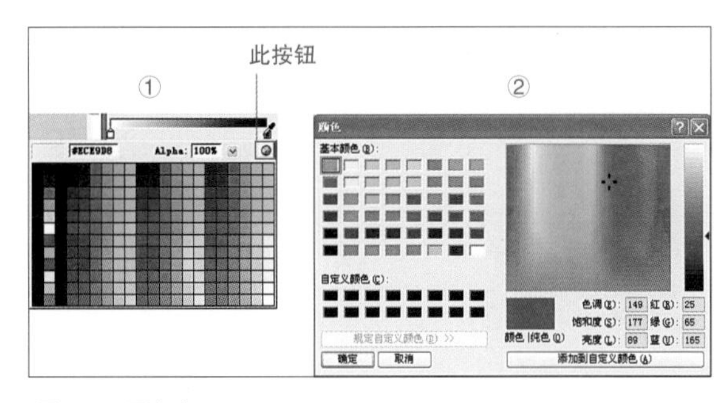

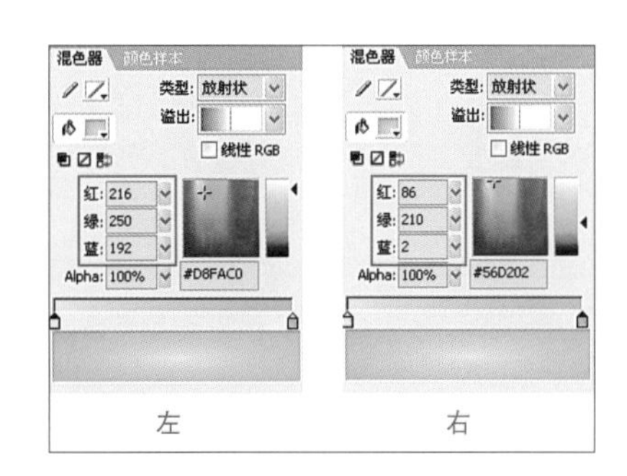

图 3–75 配色窗口　　图 3–76 颜色值

（6）新建一层图层 2，使用椭圆工具绘制一个圆，并使用快捷键 F8 转换为元件，类型选择为图形。

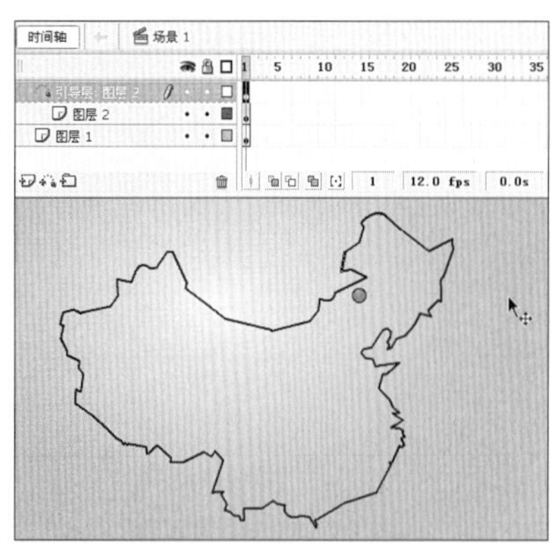

图 3-77 引导层上绘制图形

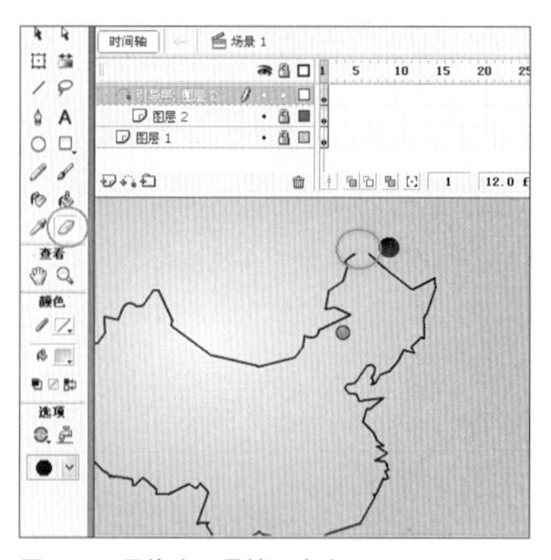

图 3-78 用橡皮工具擦一个小口

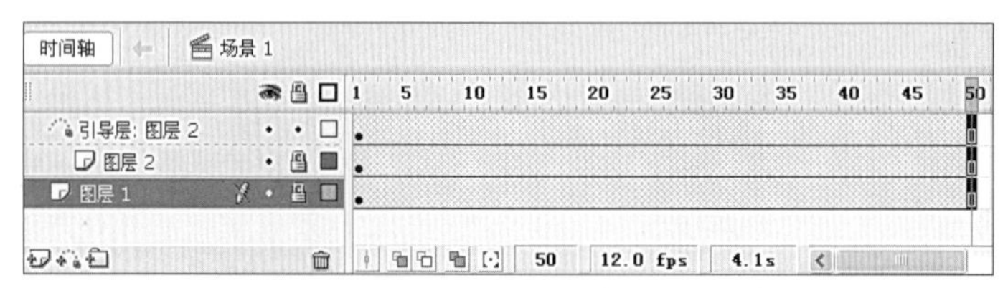

图 3-79 第50帧处插入普通帧

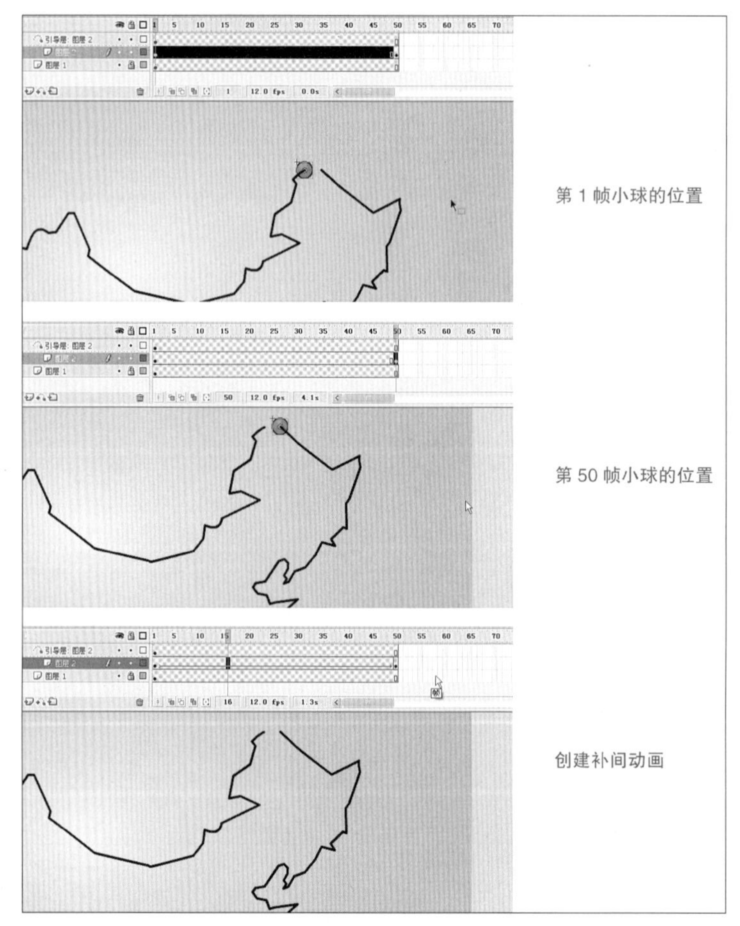

图 3-80 设置球的位置并创建补间动画

（7）在点击时间轴上的“添加运动引导层”按钮，使用线条工具和选择工具绘制一个图形，注意各线条端点闭合，推荐使用“贴紧至对象”工具。（如图 3–77）

（8）绘制完成后，锁定图层 1 和图层 2，使用橡皮擦工具对引导层上的图案擦一个小口。（如图 3–78）

（9）鼠标在第 50 帧处分别给这 3 个图层插入普通帧。（如图 3–79）

（10）在小球这层的第 50 帧处插入一个关键帧，并将第 50 帧的小球移动到地图的缺口一端，将第 1 帧的小球移动到缺口的另一端，并在第 1–50 帧之间右键单击选择“创建补间动画”按钮。（如图 3–80）

（11）执行菜单“控制”→“播放”按钮，观看效果。

在此实例当中，引导线一定要绘制在引导层上，否则将失去其引导的功能。在把实例放到引导线上时，应最好启用贴紧至对象工具按钮，这样可以方便操作。

3.4 遮罩动画

遮罩动画在 Flash 动画中的运用也很常见，例如后面将会讲到的加工片制作的模板实际上就是一个大的遮罩动画，遮罩动画对于新手来说是一个很难理解的动画形式，需要多练习。

3.4.1 遮罩动画的特点

制作遮罩动画和引导层动画一样，都是至少需要两层。在图层中，处在上层的是遮罩层，下层的是被遮罩层。可以理解为要看到的东西放在下层，用什么形状去看取决于上层。另外，遮罩功能一旦激活之后，遮罩层与被遮罩层都会成为锁定状态。这个时候两层的信息是不能被修改的，如需要修改则应该解除锁定状态之后再进行。

3.4.2 制作地图遮罩动画

使用之前制作好的地图文件，删掉导引线，来制作一个遮罩动画。

（1）新建一个 Flash 文档，选择系统菜单中的“文件”→“保存”按钮，或使用快捷键 Ctrl+S 保存并且更改名字为“遮罩动画”，帧频设置为 25 帧 / 秒。这里舞台大小没有特殊要求，以默认的大小 550 × 400 像素即可。

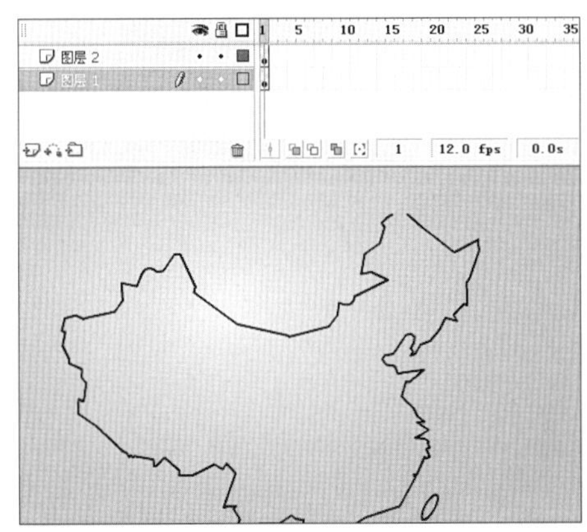

图 3–81 复制素材到各图层

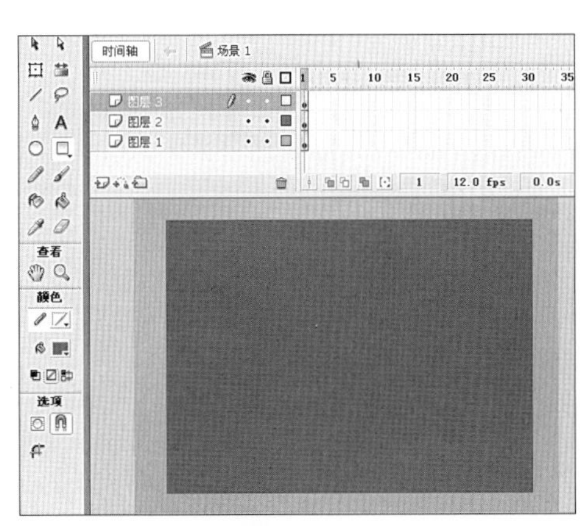

图 3–82 图层 3 上绘制矩形

（2）分别把之前制作的好的引导线动画中的背景和引导层上的图案复制到图层 1 和图层 2 中（即背景层和地图层，如图 3–81）。在图层 2 上新建一层图层 3，并使用矩形工具绘制一个能完全遮住地图的矩形（颜色可以自定义，如图 3–82）。

（3）将该矩形转换为图形元件，命名为遮罩。（如图 3–83）

（4）将 3 个图层全部延长到第 50 帧。（如图 3–84）

（5）在图层 3 上，第 40 帧处插入关键帧。

（6）回到该图层第 1 帧，使用任意变形工具压缩该矩形，并在第 1–40 帧之间右键单击“创建补间动画”按钮。（如图 3–85）

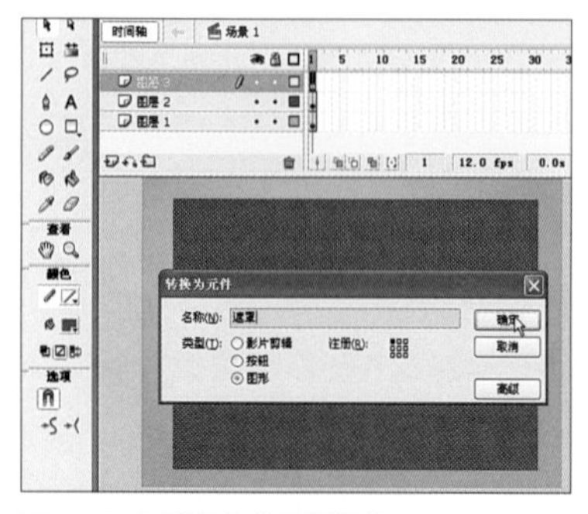

图 3–83 矩形转换为图形元件

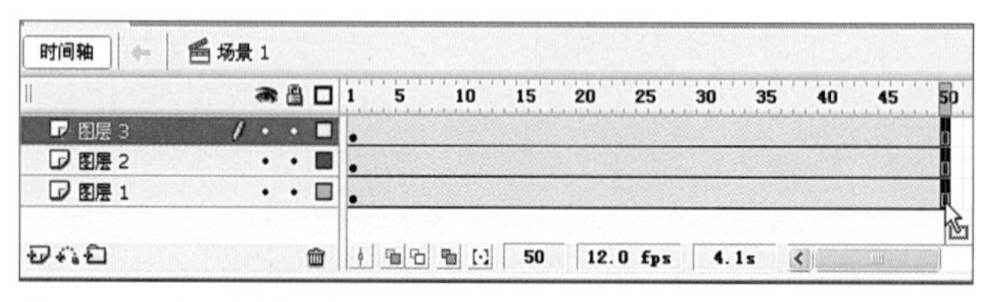

图 3–84 延长时间轴至第 50 帧

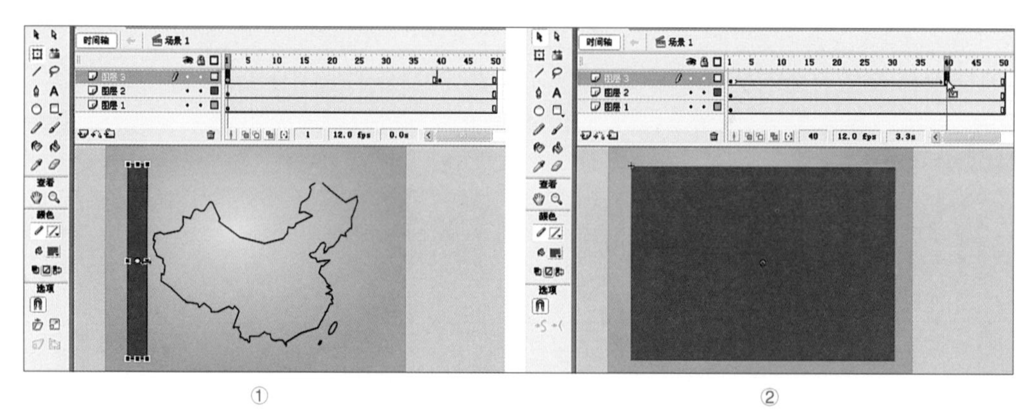

图 3–85 调整矩形并添加补间

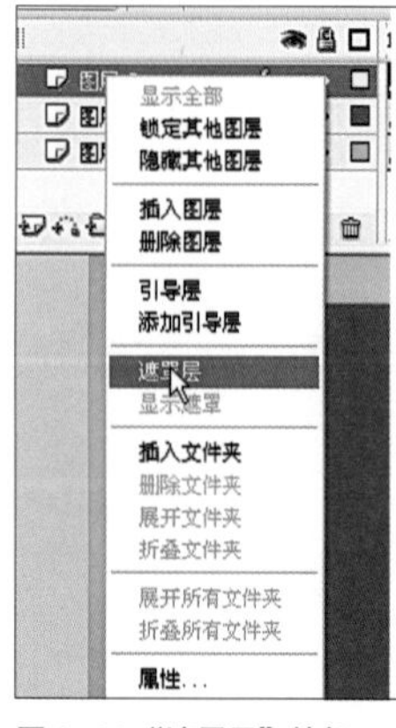

图 3–86“遮罩层”按钮

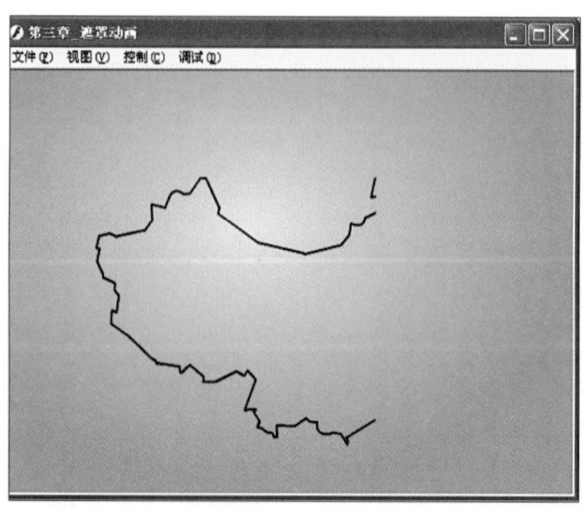

图 3–87 测试影片界面

(7) 在图层 3 处单击右键，选择“遮罩层”按钮。（如图 3—86）

(8) 执行菜单“控制”→“播放”按钮，或者使用“控制”→“测试影片”观看效果。（如图 3—87）

在这里用户可以想一想，为什么时间轴延长到第 50 帧，而动画却只设置到第 40 帧呢？如果把动画设置到第 50 帧处，当点击测试影片之后，一个动画演示完毕，当即就会跳回到第 1 帧。这样观众还没有看清楚就又从第 1 帧开始播放了，所以在制作动画演示的时候，最好后面留几帧作为停顿的时间。另外，在遮罩动画中不但遮罩层可以做动画，被遮罩层也可以来制作动画。

3.4.3 卡通角色从砖块后面出来

场景中默认有两层，一层是砖块，另一层是一个卡通人物。接下来就要运用遮罩效果制作一个卡通角色从砖块后面出来的 Flash 动画（如图 3—88）。

图 3—88 并不是用 Flash 软件本身的功能绘制的，它是通过传统手绘方式，然后使用扫描仪扫描处理之后转存到 Flash 中上色并制作动画的。这里可以给 Flash 新手们一个启示：手绘的东西一样可以在 Flash 里面制作动画，只需要把处理好的图片通过 Flash 菜单中的“文件”→“导入”→“导入到舞台”命令即可。当然导入进来之前还是需要在 Photoshop 之类的软件中对扫描的原始图片进行一下修整的（如图 3—89）。

将处理完之后的图片导入舞台。由于这个时候导入的图片还是位图，并不是矢量图，所以要

① ② ③

图 3-88 砖块与卡通人物的关系

原始扫描图 处理后的图片

图 3-89 图片处理前后

对位图进行一下修改。通过系统菜单中的“修改”→“位图”→“转换为矢量图”（如图 3—90）激活转换矢量图对话框（如图 3—91）。通常情况下默认的设置就可以了，但是如果需要导出的矢量图，尽量还原原图，则可以把颜色阀值和最小区域数值调小。导入进来的图片颜色细腻度和导出成矢量图所需的时间成正比，即越丰富的颜色图片所需的时间也越长，有时因为图片颜色过于复杂，可能使 Flash 程序出现崩溃现象。

下面将对该动画中的遮罩动画部分进行具体讲解。

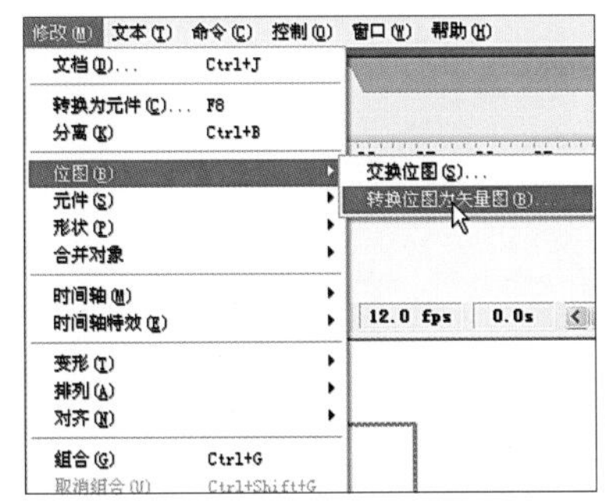

图 3-90 转换为矢量图命令

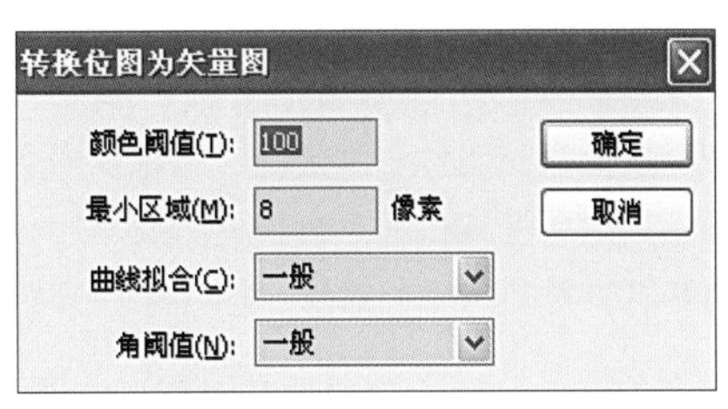

图 3-91 参数窗口

这个动画要求画面中的角色从一个砖墙后面出来，但是由于这个动画的风格设定，砖墙是半透明的，那么角色在出来的时候就会出现穿帮现象（如图 3–92）。为了避免这种现象的发生，制作者需要用到遮罩动画。

（1）在图层 9 的第 5 帧处插入关键帧，并且把角色拉到砖块上面（如图 3–93）。完成之后再在图层 9 上新建一层图层 10，再给该图层绘制一个矩形。值得注意的是，绘制之前心里要明白究竟哪个地方是要做遮罩的，绘制多了是会穿帮的（如图 3–94）。制作者只需要把矩形绘制到紧贴于砖块最上面即可。

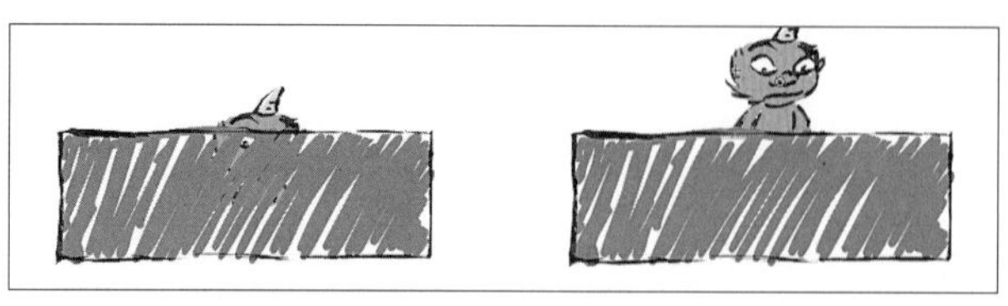

还未出来已经从缝隙中可以看到　　出来后

图 3–92 穿帮画面

（2）绘制完成之后，在图层 9 上的第 1–5 帧之间插入补间，然后在图层 10 上右键单击执行“遮罩层”命令（如图 3–95）。

图 3–93 第 5 帧处调整角色

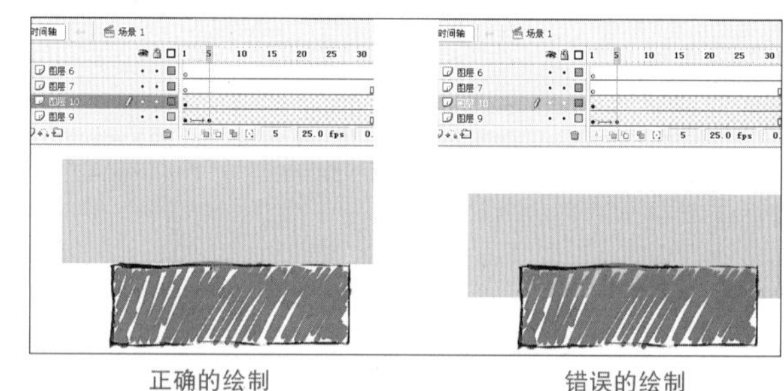

正确的绘制　　错误的绘制

图 3–94 绘制遮罩

图 3–95 激活遮罩层

（3）执行菜单“控制”→“播放”按钮，观看效果。

遮罩效果虽然已经达到，但是为了制作更好的动画效果，还可以在图层 9 上添加几个关键帧并结合任意变形工具，使得角色出来的时候更具有动画的感觉。

对于动画的修改就需要修改遮罩动画了，在真正的工作中，修改是无法避免的，但在激活遮罩开关以后，遮罩层与被遮罩层都处于锁定状态，此时如果解开任意一个图层的锁定状态（即遮罩层和被遮罩层），那么遮罩层的矩形形状就挡住了角色层以至于在修改的时候会不太方便。下面的步骤中说明如何修改。

（4）解除图层 9 的锁定状态，然后点选图层 10 的显示轮廓线按钮，这样就可以对图层 9 进行修改了，同时也不会因为图层 10 的遮罩窗口给修改带来麻烦。（如图 3–96）

（5）在角色层的第 9 帧和第 14 帧处插入关键帧。

这里需要给动画制作一点弹性，可以把角色看做是一个弹簧，那么角色从一个地方弹起来就是一个弹簧的拉长变细过程，当拉到极致之后由于没有力的作用，弹簧又会以反方向向下压扁和挤压，最后又恢复成原来的形状。这些东西理解了之后，来执行下面的步骤。

（6）选择图层 9 的第 5 帧，对动画角色使用任意变形工具使其略微拉长一点、变瘦一点（如图 3–97）。

（7）再到第 9 帧处，可以把动画角色向下移动一点并使用任意变形工具使其压扁一点，拉宽一些（如图 3—98）。

（8）最后，给所有关键帧中间添加动画补间，并重新激活遮罩（如图 3—99）。

（9）执行菜单“控制”→“播放”按钮，观看效果。

图 3–96 修改遮罩动画

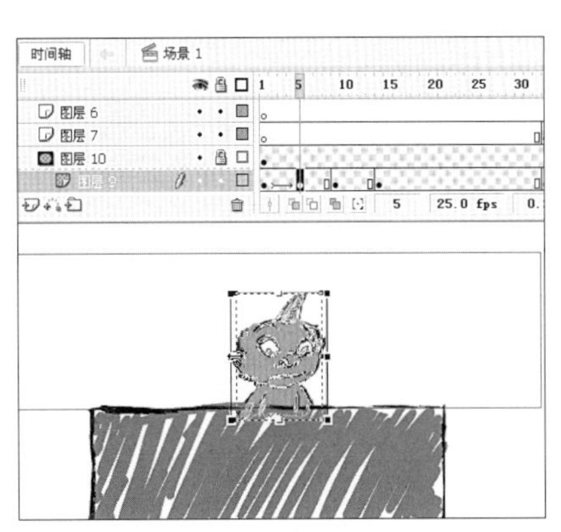

图 3–97 第 5 帧角色拉长变细

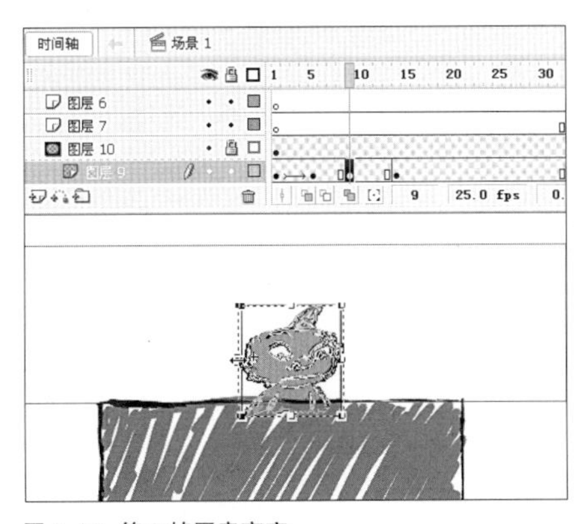

图 3–98 第 9 帧压扁变宽

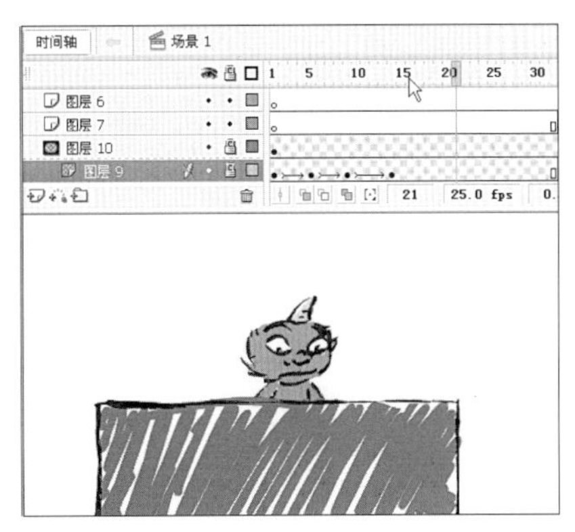

图 3–99 激活遮罩并添加补间

3.5 时间轴特效

Flash 包含预建的时间轴特效。使用时间轴特效，可以通过执行少量的步骤来创建复杂的动画。在 Flash 中，时间轴特效可以应用到很多对象中，包括元件、文本、位图等。

3.5.1 时间轴特效定义

在 Flash 中，可以通过执行系统菜单“插入”→“时间轴特效”命令来添加时间轴特效，如图 3—100 所示。时间轴特效分为“变形／转换”、“帮助”和“效果”三类，共包含 8 种效果。每种效果都以一种特定方式处理图形，并允许用户更改特效参数。

如果对添加的效果不满意，可以通过系统菜单“修改”→“时间轴特效”命令进行参数修改或删除效果。（如图 3—101）

在时间轴特效的功能中，很多效果都可以通过时间轴本身手动调整，调整起来更加直观，效果更加丰富，不需要受到参数本身的限制。在众多特效中，只有一种特效手动设置起来会比较麻烦，那就是模糊特效。下面通过制作一个实例来讲解运用时间轴特效制作模糊效果。

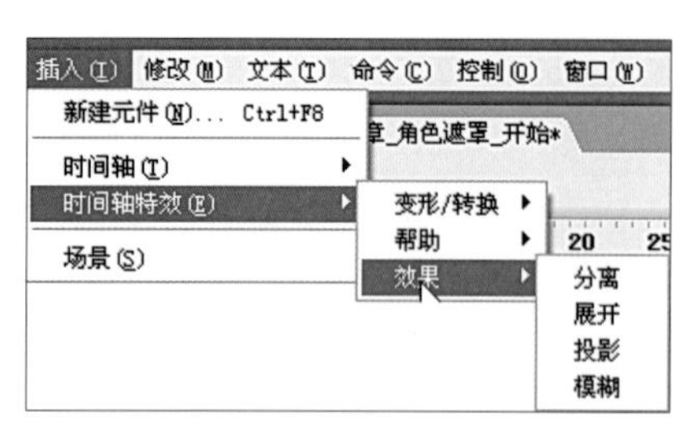

图 3-100 插入时间轴特效

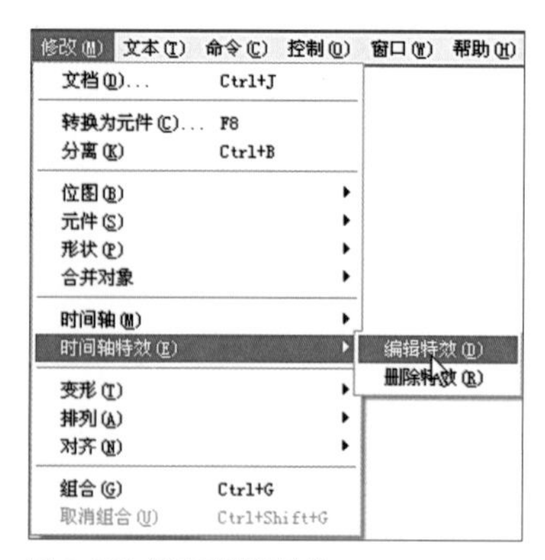

图 3-101 修改时间轴特效

3.5.2 创建模糊特效

（1）新建一个 Flash 文档，选择系统菜单中的“文件”→“保存”按钮，或使用快捷键 Ctrl+S 保存并更改命名为“模糊特效”，帧频设置为 25 帧／秒。

（2）在图层 1 上使用文本工具输入几个文字，如：Flash 动画模糊效果。用户可根据自己的喜好在属性栏修改字体类型和字体颜色，效果如图 3-102 所示。

（3）选中文字执行系统菜单“插入”→“时间轴特效”→“效果”→“模糊”命令。这时弹出模糊效果设置菜单，可以通过左边的参数进行调整。（如图 3-103）

（4）当用户调整完参数之后，如要观看调整后的效果需点击右上角的“更新预览”按钮。

图 3-102 利用文本工具输入文字

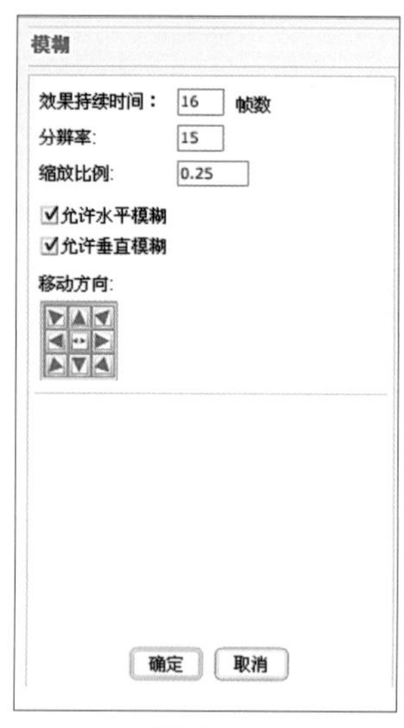

图 3-103 “模糊”对话框

（5）单击“确定”之后，执行菜单“控制”→“播放”按钮，观看效果。

当效果生成后会发现 Flash 会自动在时间轴中添加创建特效所需的帧，图层的名字也会随之改变，而且具有特效名称的文件夹也已添加至当前的文档“库”中，它包含了创建该特效所使用的元素。（如图 3-104）

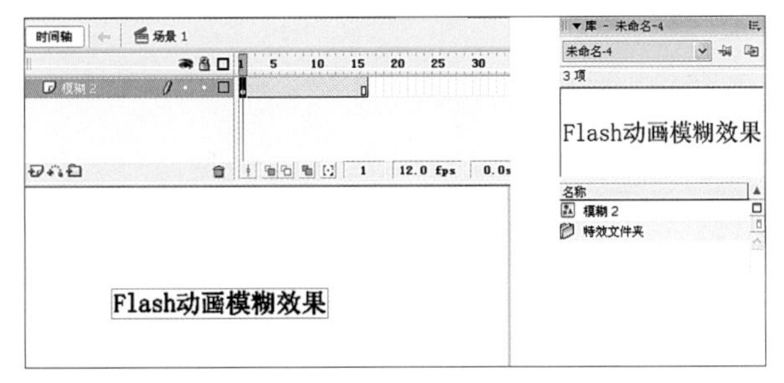

图 3-104 时间轴窗口及库面板

本章小结

Flash 动画分为逐帧动画和补间动画，在大部分应用中通常会把动画补间动画和逐帧动画相结合，很少会用到形状补间动画。

在 Flash 中，如果两个物体的属性都为形状，那么两个物体放在一起时就会互相裁切，这是一个重要的知识点，在动画制作中经常会使用到，希望使用者能够熟练掌握这个技巧并加以扩展。

遮罩动画对于软件基础薄弱的学生应该算是一个比较难的知识点，这里只要牢记遮罩动画的原理，并多做几次实例，就会有更深层次的认识。遮罩动画相对于引导线动画来说，在制作的时候使用频率更高，所以应好好掌握其制作原理。

练习

1. 按照书中例子制作补间动画，并可以加入烟雾制作。
2. 按照书中实例制作引导线动画。
3. 可根据书中遮罩动画的例子，自由发挥制作一个遮罩动画。

4 动画的基本运动规律

目标

了解基础的力学知识。
将基本物理知识融合在动画表现中。
掌握各种运动规律。

引言

运动规律是动画中的灵魂，动画最有趣的地方就在于此。动画师按照生活中既有的规律绘制动作，然后加以夸张变形，使得动画生动有趣、深入人心。

本章着重介绍力学方面的基础知识，包括：作用力与反作用力、动作的时间与间距、预备和缓冲以及直线运动和曲线运动。通过简单的实例动画，让观众逐渐了解动画的魅力所在。

4.1 作用力与反作用力

自然界中的一切物体都是因为受到了力的作用才会运动，而物体在运动时又会接触到新的力，例如阻力、摩擦力、重力等。这些力量都影响着物体的运动速度以及停止时间。动画片在某种程度上是以一定的物理常识作为参考基础的。把物理中的加速度、减速度、作用力与反作用力运用并设计到动画之中，并加以夸张，使画面中的动作源于生活，但又高于生活，这样就形成了动画片中独特的美感。

4.1.1 弹球的变形

弹球动画，历来是学习动画的一个非常重要也是非常经典的例子，它可以模拟成很多东西，关于它的动画表现有很多种方法。动画大师威廉姆斯曾经说过："想做动画吗？那么先从弹球开始，你会在上面发现很多有意思的东西。"

皮球从空中落下，由于自身的重力与地面的反作用力，使皮球在下落着地时产生弹跳运动。当皮球与地面接触时，由于受到撞击，弹球在弹跳过程中就会改变原有的形态。产生形态上的"压扁"和"拉伸"（如图 4–1）。

图 4-1 弹球的变形

其实任何物体受到任意大小的作用力时，都会产生变形。只是变形的程度不同。有的产生的弹力大，变形比较明显；有的产生的弹力小，变形不明显，人的肉眼可能察觉不到。

在动画制作中运用"压缩"和"拉伸"的手法，夸大这种形体改变的程度，以加强动作上的张力和弹性从而更好地表达受力对象的质感、重力以及趣味性。

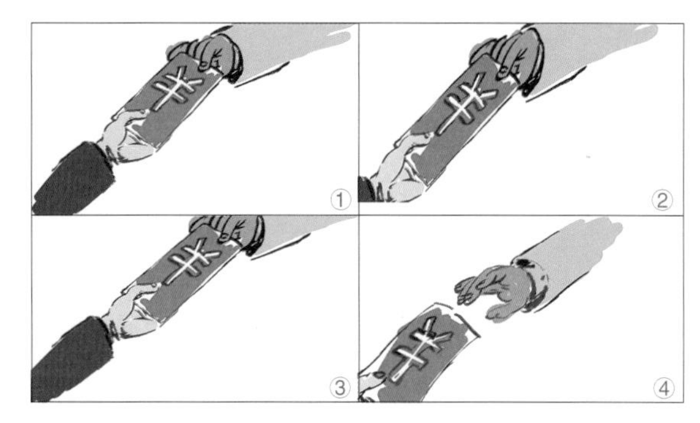

图 4-2 拉伸图片

将"拉伸"与"压缩"运动运用到动画的制作中，会使动画表演起来更加丰富，趣味性更浓，如图 4-2 所示，两个人为了手中的钱而相互拉扯。

Flash 软件中的任意变形工具，便是"压缩与拉伸"的技术实现方法。从等比例缩放，到局部调整，任意变形工具都能制作出非常好的效果（如图 4-3）。

任意变形工具应注意的问题：

（1）不是所有的物体都必须使用任意变形工具来制作动画，任意变形工具的使用一般用于具有卡通效果或者本身具有明显弹性特征的物体，例如弹球、橡胶内物体。

（2）任何动画效果的使用都有一定的限度，如果使用过度可能得到相反的效果，任意变形工具也同样。如果一个角色本来只有 1 米高，非要使用任意变形工具盲目拉长它的身体，效果往往是不好的（如图 4-4）。

图 4-3 Flash 软件变形功能

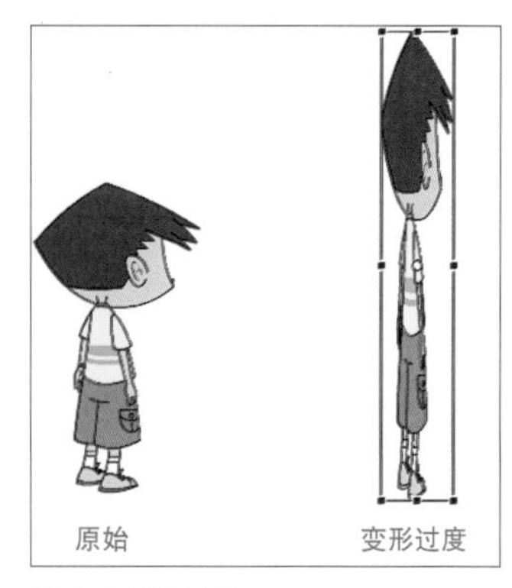

图 4-4 变形过度

4.1.2 惯性

牛顿第一定律中定义：任何物体在不受任何外力的作用下，总保持匀速直线运动状态或静止状态，直到有外力迫使它改变这种状态为止，这种性质就叫做惯性。

例如很多动画片中介绍的，一个卡通角色快速奔跑，突然发现前面是山崖，脚步突然停止，但是身子还是按照以前的速度向前运动，这就是惯性。又如在生活中，人们乘坐公共汽车，当公共汽车急刹车的时候，乘客会突然向汽车前方拥去，这也是惯性。

在动画中可以制作出我们眼前所看到的惯性，也可以体现看不到的惯性并且加以夸张，以运动规律为基础，充分发挥自己的想象力，运用动画片中夸张变形的手法取得更为强烈的效果。

例如一辆轿车在行驶过程中，突然刹车，轮胎会被迫停止转动，并与地面产生极大的摩擦力。但是由于汽车本身速度很快，车身会继续向前运动，从而挤压车胎，使其变形。车体本身也会产生挤压。因此，在动画制作中为了夸大紧急刹车带来的效果，可以夸张轮胎和车身变形的幅度（如图 4–5）。

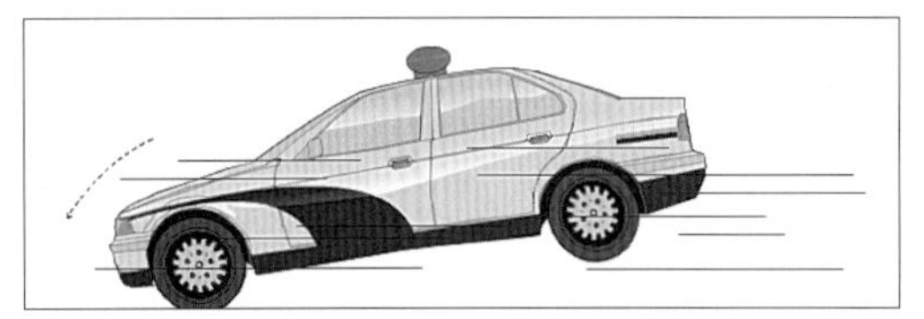

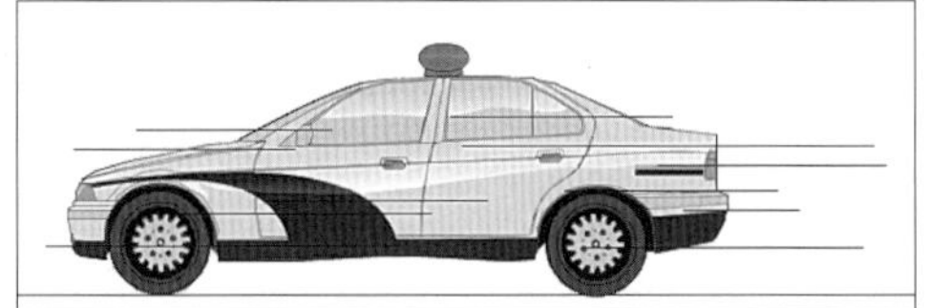

图 4–5 惯性示例

物体运动的速度越快，惯性也就越大，变形的幅度也会增大，反之亦然。需要注意的是：变形出现在一瞬间，因为惯性动作不会持续很久，所以通常在时间轴上不会使用太长的帧数去展示惯性，通常使用 5 至 7 帧，具体操作根据实际情况而定。

4.2 动作的时间与间距

时间与间距是影响动作效果的关键因素之一。哪些动作看上去很快，哪些动作看上去很慢，这些都是时间与间距决定的。可以说动画中的一切动作变化都是围绕着时间与间距在进行，所以动画制作者在制作每一个动作之前，都应考虑到这一点。

4.2.1 时间

这里所说的时间并不是指影片中的时间长度，而是每一个动作的时间，甚至更细微到每一个肢解动作的时间。例如一个人的走路动作中左脚向前迈一步需要的时间。

时间上经常使用的单位是“秒”，有时一些细微的动作探究起来会延伸到更小的单位：“帧”。例如下图中的一个角色行走的动作，一共使用 24 帧（如图 4–6）；而一个角色的眨眼动画只用了 11 帧（如图 4–7）。

需要制作的动作不同，那么动作所处的时间也会不一样。曾经有一个学生制作一个蝴蝶扇动翅膀的动画时设置了时间帧（如图 4–8），但是播放的时候他始终觉得不对，又不知道哪里不对。

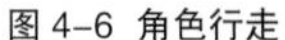
图 4-6 角色行走

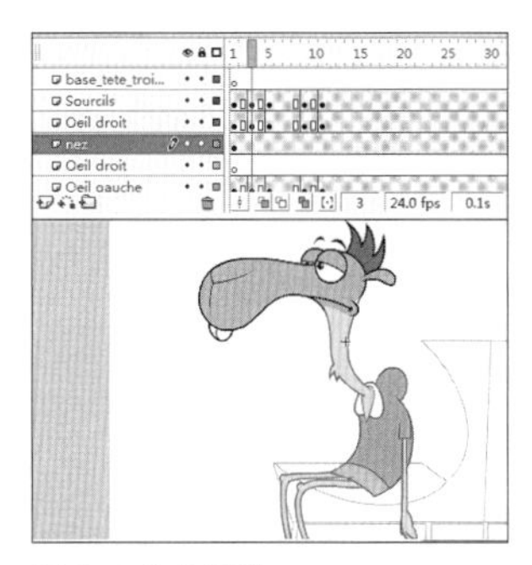

图 4-7 角色眨眼

图 4-8 错误的蝴蝶扇翅动画帧数设置

在制作动画的时候需要观察生活，在生活中观察蝴蝶扇动翅膀的速度时几乎只能看到翅膀向上扇动和向下扇动两帧。而那位学生就忽略了这一点，制作了好几个关键帧，结果动作看上去并不真实。

一般情况下蝴蝶扇动翅膀设置成这样即可满足多数情况下的使用（如图 4-9）。

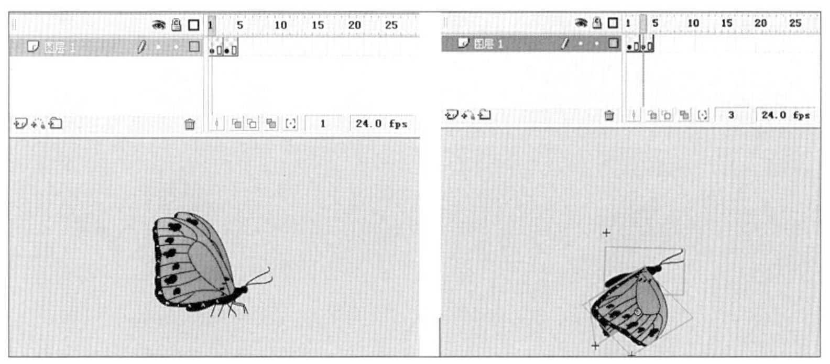

图 4-9 两个关键帧的蝴蝶扇翅动画

4.2.2 间距

间距就是物体中心运动时上一帧和下一帧之间的位置距离（如图 4-10）。

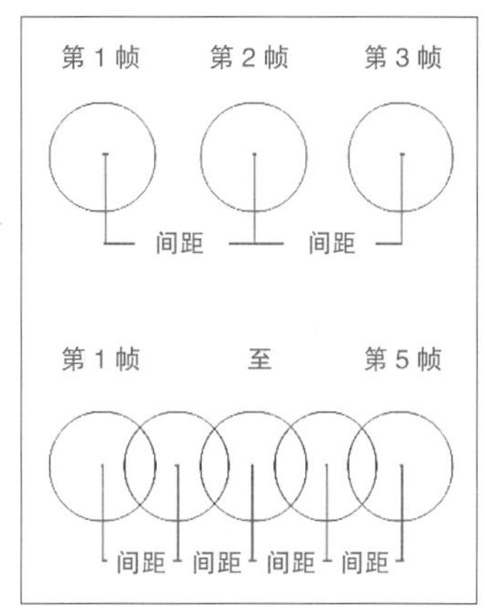

图 4-10 间距图

从间距可以看出一个物体运动轨迹的快慢以及是匀速运动还是变速运动。通常情况下如果间距很小，说明这个物体运动得比较慢；如果间距很大则说明这个物体运动得很快。如果间距是相等的，则说明这个物体在做匀速运动。

当然这只是一个大概的参考，间距与时间的关系是不可分开的，下面的操作中举了一个非常有趣的例子来证明时间与间距的关系。

（1）新建一个 Flash 文档，并把帧频设置为 25 帧 / 秒。

（2）使用椭圆工具绘制一个小球（只需要填充色，不需要笔触颜色，如图 4-11）。

（3）选中小球把小球转换为图形元件（如图 4-12）。

（4）在时间轴处新建两层，并且选中刚才制作好的小球实例，使用键盘 Ctrl+C 进行复制，然后选中刚才新建的两个新图层，分别在每个图层上使用 Ctrl+V 进行粘贴，并使用选择工具，

调整好小球的位置。(如图 4—13)

(5) 分别在 3 个图层的第 25 帧处选择帧，并使用鼠标右键插入关键帧，如图 4—14 所示。

(6) 在第 25 帧处使用选择工具选中 3 个小球，使用键盘 Shift+ →键把 3 个小球移动到舞台的右边（如图 4—15)。

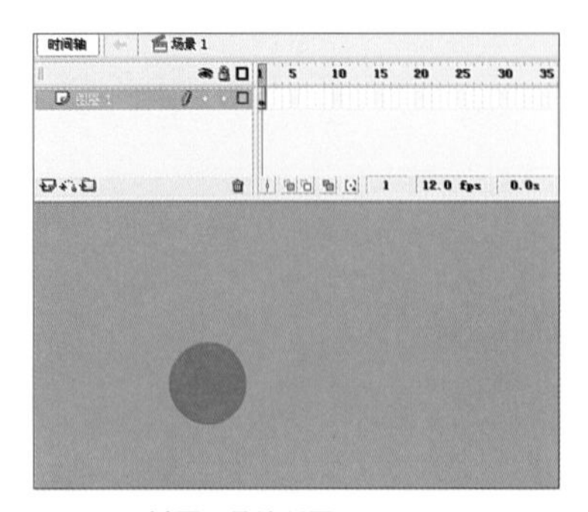

图 4-11 椭圆工具绘制圆

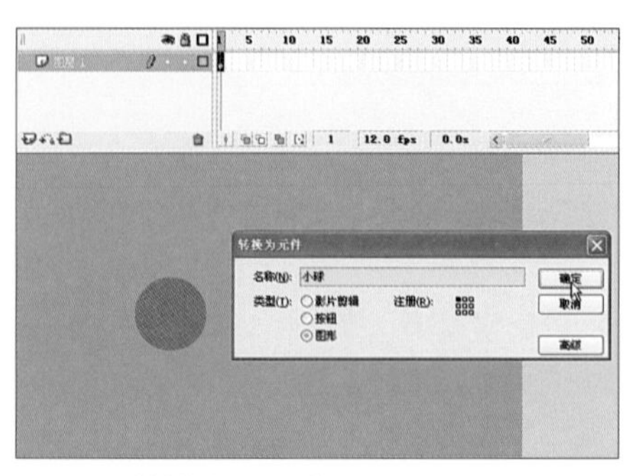

图 4-12 球转换为图形元件

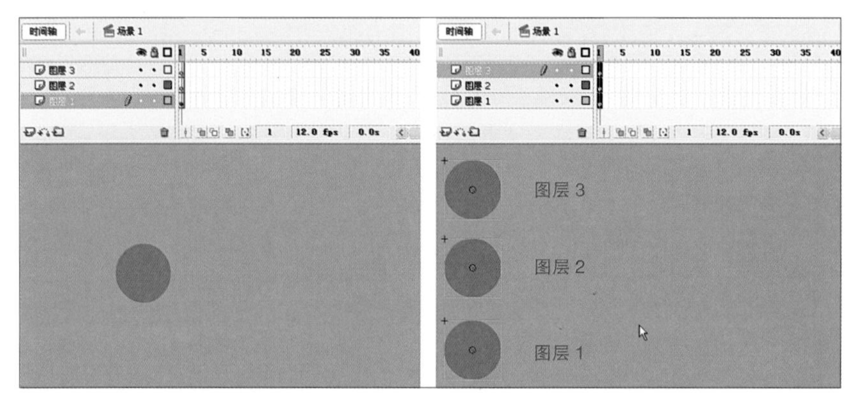

新建图层

球复制到各图层上

图 4-13 复制圆球到各图层

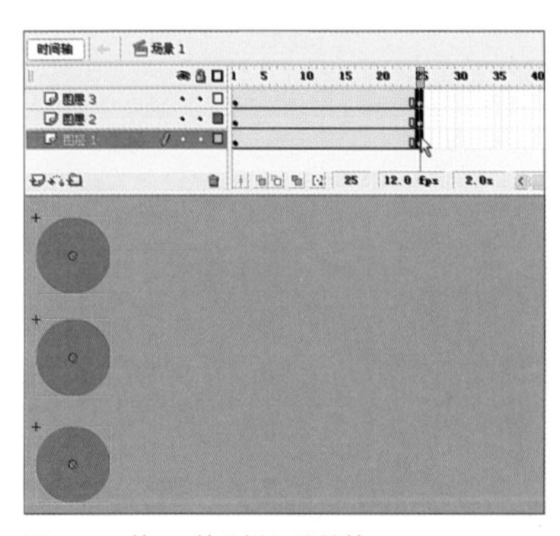

图 4-14 第 25 帧处插入关键帧

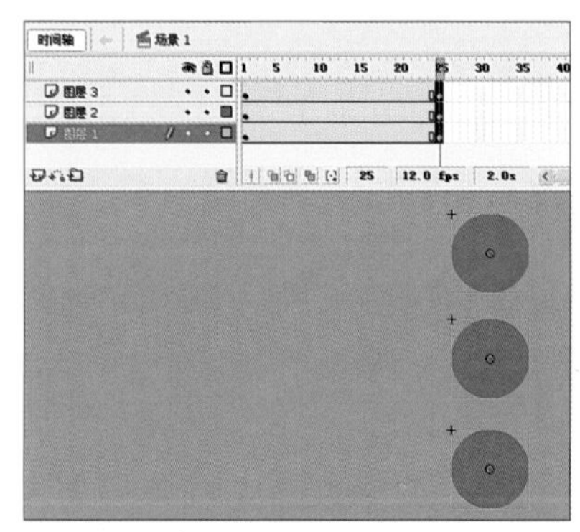

图 4-15 3 个球同时移动到右边

(7) 选中 3 个图层，创建补间动画（如图 4—16)。

现在播放看看，3 个小球在同一时间内，同时从舞台的左边移动到了舞台的右边。这个时候打开时间轴上的“绘图纸外观轮廓”按钮，并点选“修改绘图纸标记”下的“绘图纸全部”按钮（如图 4—17) 就会看到同一时间内 3 个图层的小球的间距都是一样的，而且每一图层中，小球的前后帧的间距也是一样的（如图 4–18）。这说明小球在做匀速运动，再稍微调整一下，会看到更加不一样的效果。

（8）暂时关掉“绘图纸外观”按钮，使用鼠标选中图层 2 上的补间，在属性栏中把缓动值改为 100（如图 4–19）。

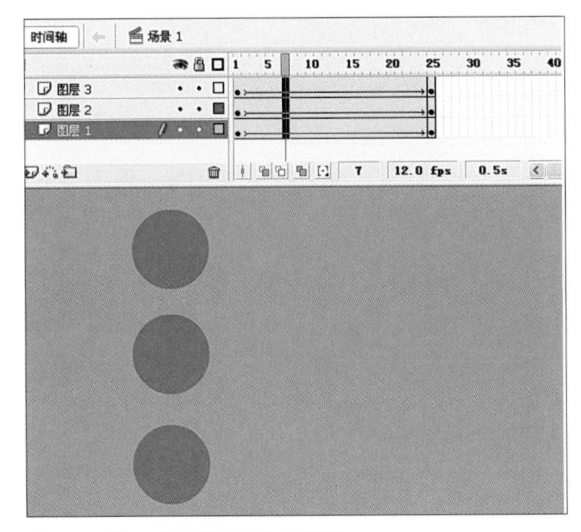

图 4–16 给 3 个图层创建补间动画

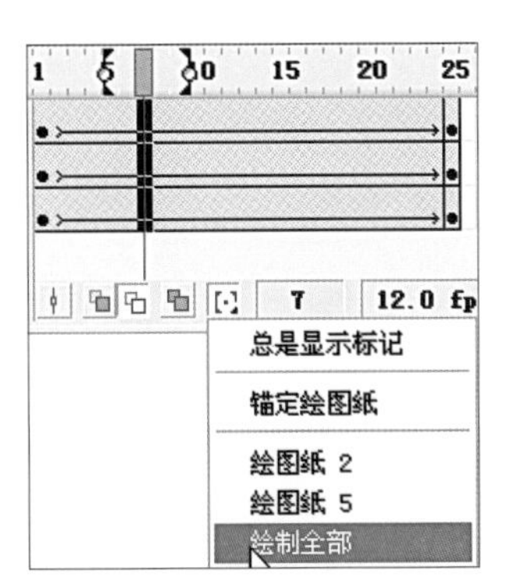

图 4–17 激活绘制全部

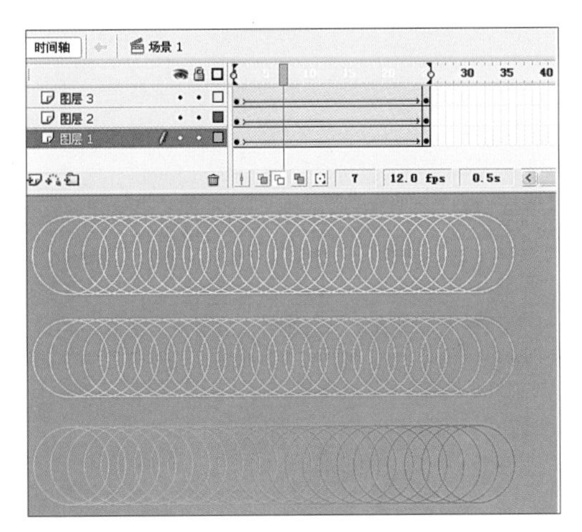

图 4–18 小球间距

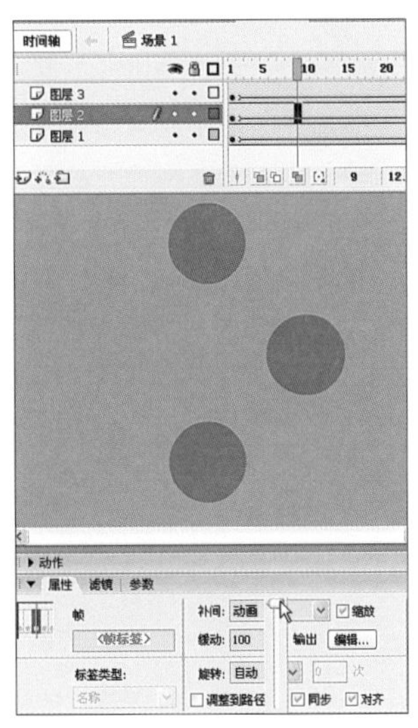

图 4–19 缓动设置为 100

（9）选中图层 3 上的补间，在属性栏中把缓动值改为“–100”。

（10）使用系统菜单中的“控制”→“播放”观看效果。

3 个小球同时启动，也同时完成到舞台右边的动作，但是 3 个小球在经过自己的路线时，间距是不一样的。可以打开“绘图纸外观”按钮进行观看（如图 4–20）。

图层 1 上的小球在间距上是等分的，在 1 秒钟内保持着匀速到达了舞台的右端。

图层 2 上的小球在做一个减速运动，因此它的间距一开始很大，而之后间距越来越小。

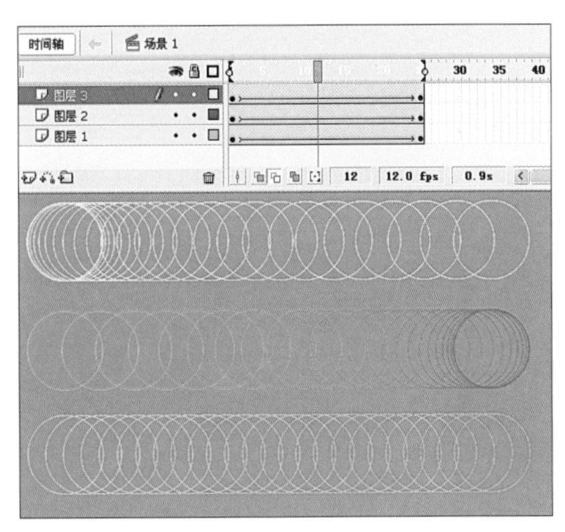

图 4–20 不同间距的小球

图层 3 上的小球在做加速运动，因此它的间距一开始很小，而之后间距越来越大。

不同的间距使得 3 个小球有了三种特性。通过时间与间距的不同表现方式，使得一个二维的平面物体富有了活力。在接下来的两个实例中，使用同一个元件，但制作出来的效果会让观众觉得是两种不同质量的物体。

弹球

在使用 Flash 制作这个动画之前，先来分析一下这个动画：一个从空中自由落下的弹球，最后停留在地面上。在这个过程中弹球是不是会重复地做着上下运动？当它每接触一次地面之后，弹起的高度还会和之前的高度一样吗？每次从弹起的高度落到地面的距离一样吗？每一次落地的时间一样吗？

如果这些问题在你的大脑里已经有了很清楚的答案，那么制作这个动画应该不成问题。在制作一些动作的时候，都需要动画师进行预演及观看参考动作。根据上面的问题，找一个球类物体做一次实验就会明白。

下面具体介绍 Flash 中制作方法，以及在制作完成后加入一些卡通的形变让它更具有弹性。

(1) 新建一个 Flash 文档，选择系统菜单中的“文件”→“保存”按钮，或使用快捷键 Ctrl+S 保存并且更改名字为“弹球”。并设置帧频为 25 帧／秒。

(2) 在图层 1 上绘制一个矩形，通过填充变形工具设置一个背景颜色。新建图层 2，使用椭圆工具绘制一个圆，这个地方只需要填充色，而不需要笔触颜色，颜色可以自由选择。然后将其转换为图形元件（如图 4–21）。

(3) 新建一层图层 3，使用线条工具拉出一条地平线（如图 4–22）。

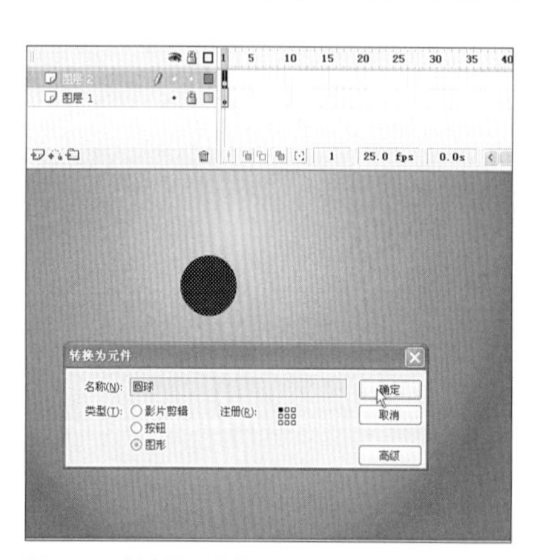

图 4–21 新建图形元件

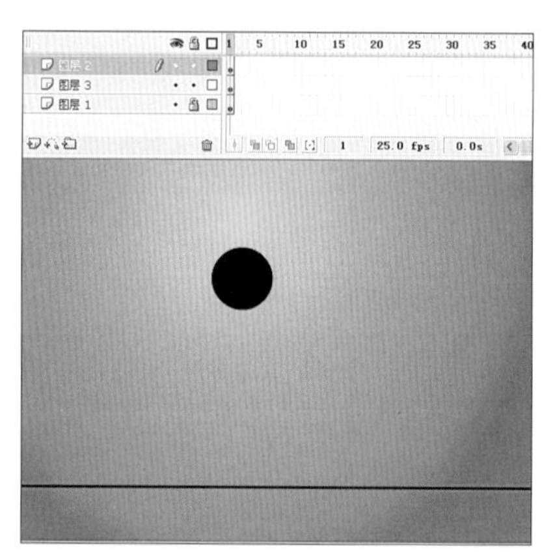
图 4–22 图层 3 上绘制地平线

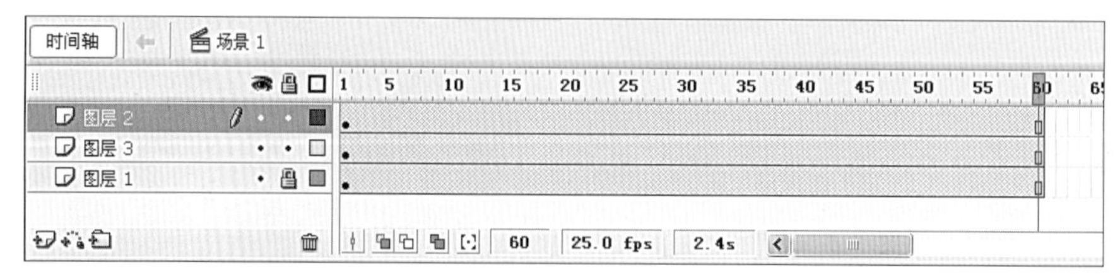

图4–23 3个图层第60帧处插入帧

(4) 在第 60 帧处分别给 3 个图层插入帧（如图 4–23）。

(5) 在图层 2 的第 7 帧处插入一个关键帧，之后选中圆，按住键盘上的 Shift 键让圆垂直往下移动贴近地平线（如图 4–24）。

（6）在第 13 帧处再次插入一个关键帧，并且调整圆的位置（如图 4–25）。

可以想象一下，一个小圆球从第 1 帧的高度开始下落，到第 7 帧的时候接触到地面，然后到第 13 帧的时候弹到最高点，而这个最高点肯定不会高过第 1 帧的高度，所以后面要做的就是继续插入关键帧，而每次插入小球弹起的关键帧时，都应该调整小球的高度低于之前小球弹起所设的关键帧的高度；这样球才会慢慢地停下并且静止于地面上，而且后面所插入的关键帧之间的间隔应该越来越短，因为球弹起的高度越来越低，球从空中到接触地面的时间就会缩短。

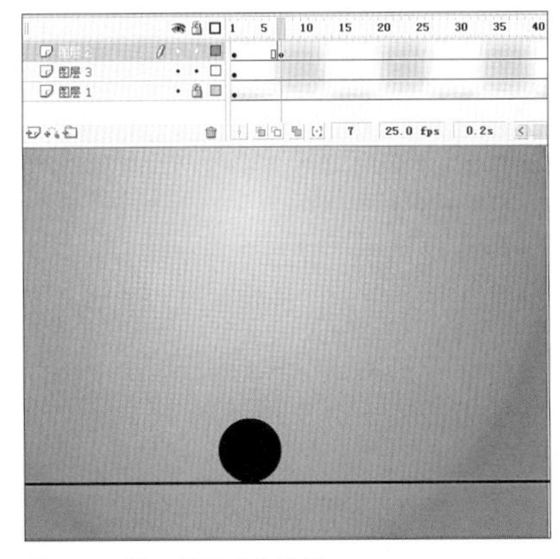

图 4–24 第 7 帧处球的位置

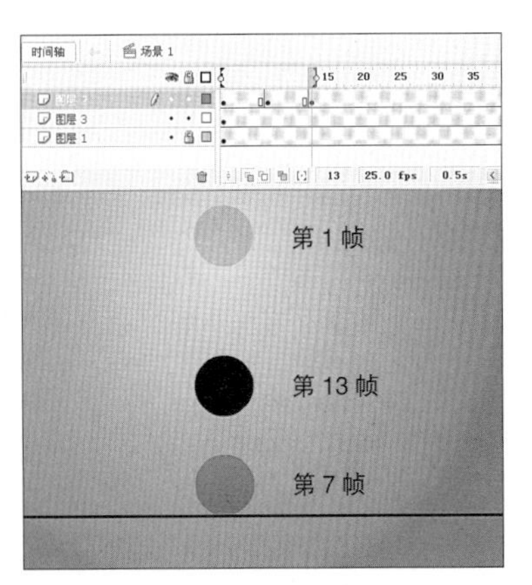

图 4–25 3 个关键帧上球的位置

分析完这些之后，继续完成下面的步骤。

（7）在第 18 帧处插入一个关键帧，让小球再次接触到地面。

做到这一步时，可以发现第 18 帧的小球应该和第 7 帧的小球位置一模一样。这里有一个技巧可以快速达到目的：选中时间轴上第 7 帧小球的关键帧，然后按住键盘上的 Alt 键使用鼠标左键按住不放，拖动到第 18 帧处松开鼠标左键及 Alt 键，这样就相当于把第 7 帧上的信息直接复制到了第 18 帧上（如图 4–26）。

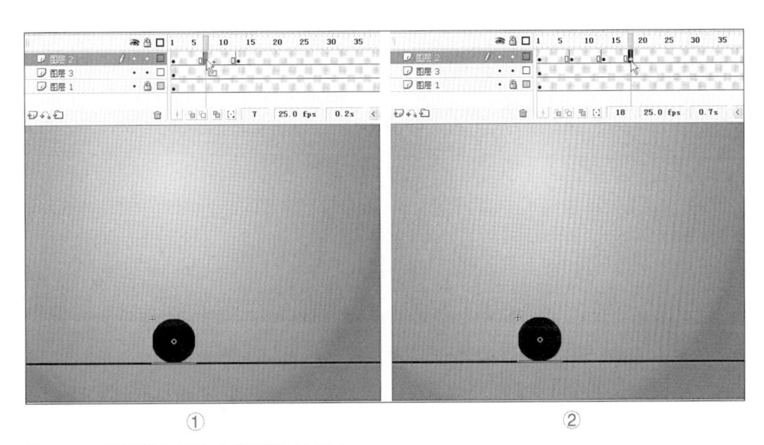

图 4–26 复制第 7 帧上内容到第 18 帧上

（8）在第 23 帧处插入关键帧，调整小球的高度，但要低于第 13 帧小球的高度（如图 4–27）。

（9）使用上面所说的复制帧的方法，按 Alt 键把第 18 帧上的关键帧复制到第 27 帧处。

（10）在第 31 帧处插入关键帧，调整小球的高度，但要低于第 23 帧小球的高度（如图 4–28）。

后面的步骤依此方法进行，完成后创建动画补间。具体可以参考下图设置关键帧及小球的位置（如图 4-29）。

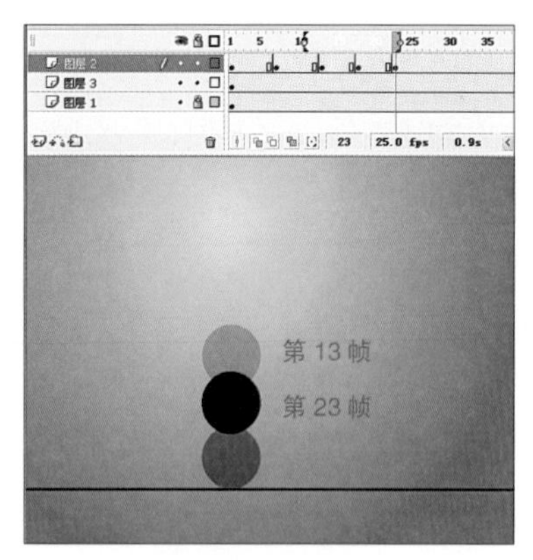

图 4-27 第 23 帧小球所在位置

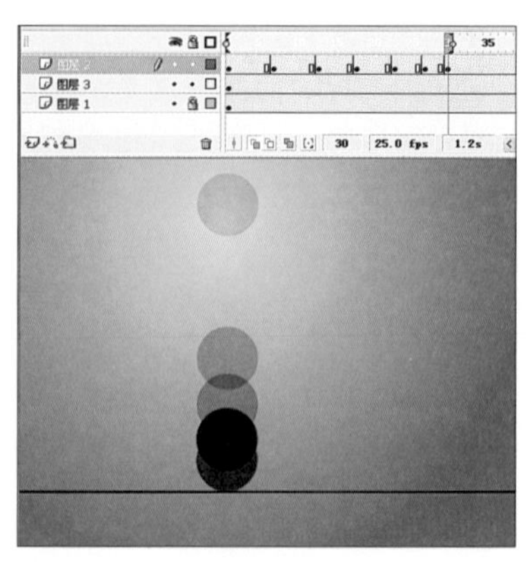

图 4-28 第 31 帧处小球的位置

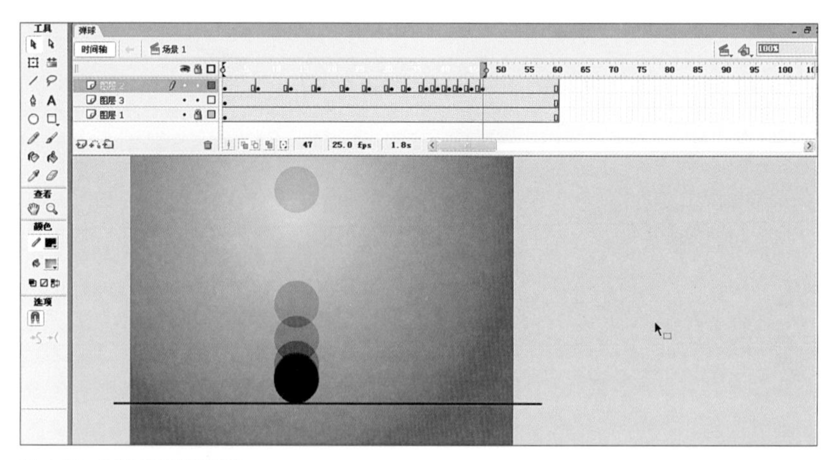

图 4-29 全部帧设置效果图

（11）执行系统菜单中的“控制”→“播放”，观看效果。

虽然动作和时间上都差不多，但是看上去还不够完美，感觉有一丝的僵硬。之所以这样是因为小球的补间动作全都在匀速运行，没有节奏感。可以试着回忆一下之前做过的 3 个小球同时移动的动画。

当球从高空落下的时候，球的间距应该是这样的（如图 4-30）：因为速度在不断地加快，所以球的间距会慢慢加大，而当小球从地面弹起的时候，是一个减速运动，那么球的间距会越来越小，速度也会越来越慢（如图 4-31），而现在小球的运动轨迹却是这样的（如图 4-32）。

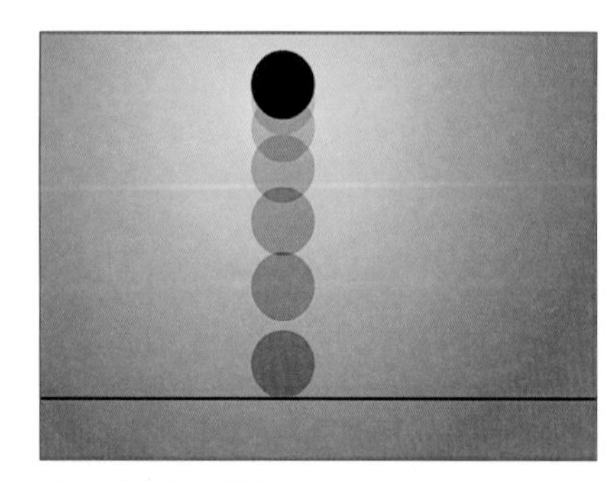

图 4-30 下落加速运动

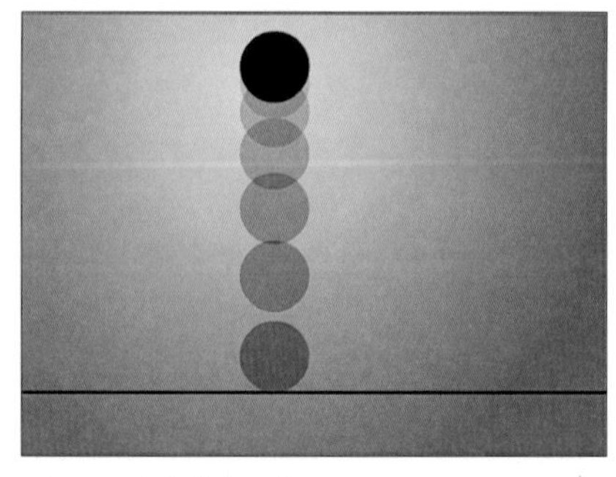

图 4-31 上升减速运动

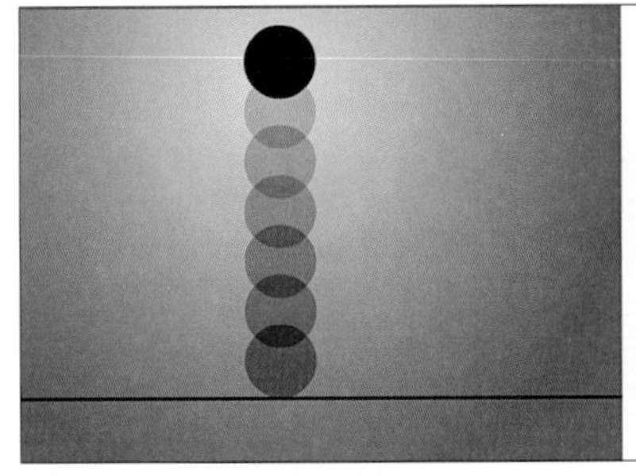

球落下的运动轨迹

球上升的运动轨迹

图4-32 小球的运动轨迹

了解这些之后，就可以利用Flash中的缓动功能来简单模拟一下这个效果。

（12）鼠标点选第1–7帧中间的补间，在属性栏中把缓动值改为“–80”（如图4–33）。后面的第13–18帧、第23–27帧、第31–34帧、第37–39帧、第41–43帧、第45–47帧，都按此方法进行。

（13）鼠标点选第7–13帧中间的补间，在属性栏中把缓动值改为“80”（如图4–34），后面的第13–23帧、第27–31帧、第34–37帧、第39–41帧、第43–45帧，都按此方法进行。

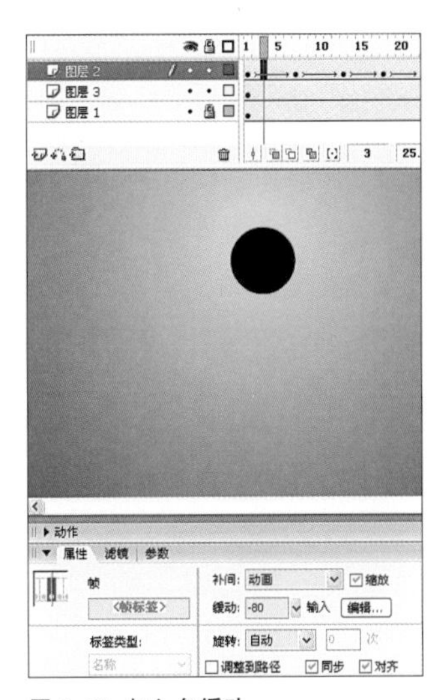

图4–33 加入负缓动

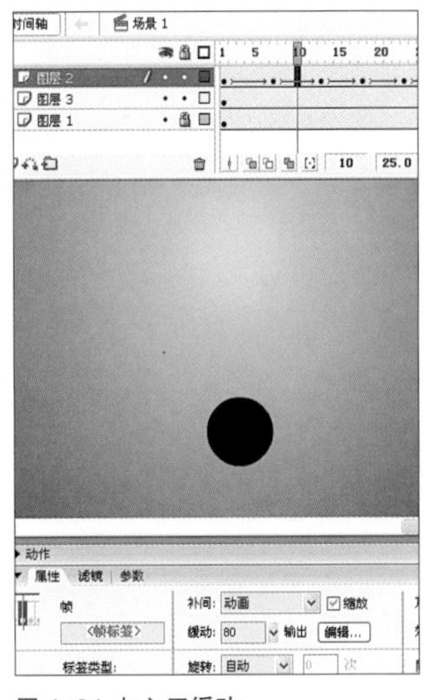

图4–34 加入正缓动

（14）完成之后，执行系统菜单中的“控制”→“播放”，观看效果。

加入了缓动之后，小球的弹跳运动明显有了一些活力。其实做到这一步，小球动画已经基本做完了。可以打开“绘图纸外观”按钮来显示动画中的一段区域。小球弹起和落地之间的间距在微妙地发生着变化。如果想突出卡通效果，可以再制作一点压扁和弹起效果，这样会更加具有活力感。

（15）在第7帧，也就是小球落地的那一帧处，在前面和后面各插入一个关键帧，也就是在第6帧和第8帧插入关键帧（如图4–35），但这样操作之后，先前设置的正缓动效果会归零，所以这样设置完之后，需要在第8–13帧之间重新调整一下缓动值（如图4–36）。

（16）再次选择第7帧，使用任意变形工具，按住键盘上的Alt键把小球向下压扁一点，然后再松开Alt键，把小球拉宽一些（如图4–37）。

在第 7 帧小球压扁的时候，很多初学者容易犯的一个错误就是只把小球往下挤压，而没有把小球拉宽（如图 4–37 ①）。

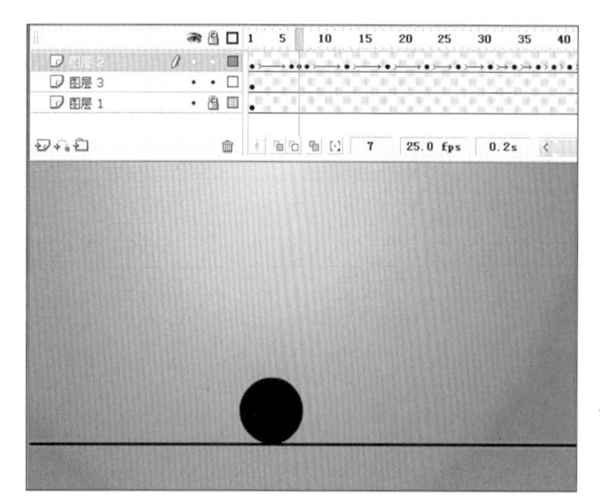

图 4–35 第 6 帧和第 8 帧上插入关键帧

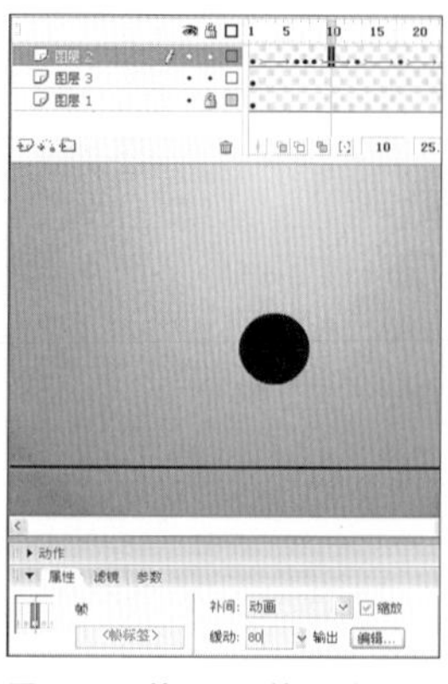

图 4–36 第 8–13 帧之前重新加入正缓动

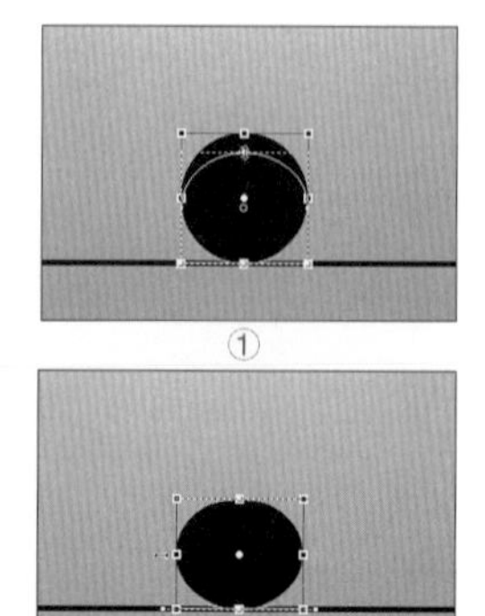

图 4–37 对第 7 帧小球使用任意变形工具

（17）第 7 帧这样制作完后，后面三处的球接触地面帧（第 18、27、34 帧左右）也都按照上面的步骤来完成。即接触地面帧的两边各插入关键帧，然后给其制作压扁变形并重新做正缓动，完整的效果，如图 4–38 所示。

严格地说，当小球第一次接触地面的时候，其变形程度应该是最大的，而后的每次变形程度都应该小于前一次，到最后几次小球落地的时候可以不用再做变形动画，因为力量在不断地减少，变形的强度也在不断减弱。

（18）完成之后，执行系统菜单中的“控制”→“播放”，观看效果。

制作效果完成之后，用户心中应该会存有一个问题：为什么要在球落地帧的左右各插入一个关键帧呢？如果不插入，直接更改球落地的那一帧又会出现什么情况？如果不在球落地帧左右插入关键帧，那么球的运动形状会如图 4–39 所示：球还没有落地之前就产生了变形，这明显是不对的，即使变形也应该是纵向而不是横向。在落地帧左右插入关键帧就是为了让球在落地之前还保持原有的形状运动。

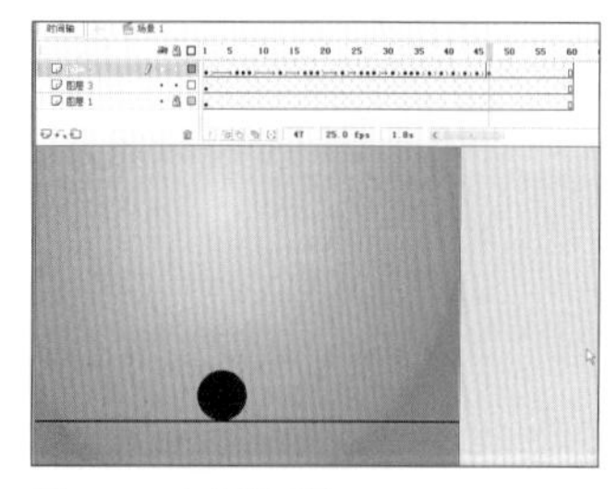

图 4–38 完整效果图

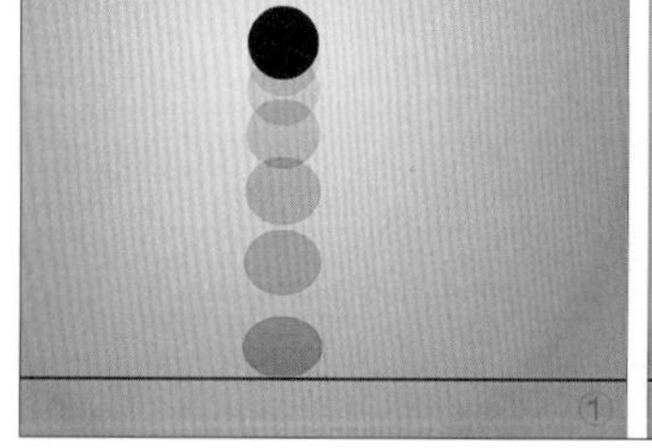

图 4–39 错误演示

基本的小球弹跳动画制作过程到此就结束了，当然，如果想继续完善这一动画制作还有很多种其他的方法，但是最基本的要素是通过时间与间距来调整。在下一个实例中，还是使用这个小球，制作一个物体下落，但是会让观众感觉到那是一个非常具有重量感的物体。

铁球

（1）新建一个 Flash 文档，选择系统菜单中的“文件”→“保存”按钮，或使用快捷键 Ctrl+S 保存并且更改名字为“铁球”。设置舞台大小为 390×500 像素，帧频为 25 帧／秒。

（2）打开之前做好的“弹球”Flash 文档，然后使用 Ctrl+C 进行复制，回到“铁球”Flash 文档，点击舞台使用快捷键 Ctrl+V 进行粘贴（如图 4-40）。这样球的元件就复制到了铁球 Flash 文档中了，背景及地平线也可以这样复制。

（3）选中图层 3 上的第 50 帧，插入关键帧以延长时间轴（如图 4-41）。

（4）单击图层 1 上的第 1 帧关键帧，按住鼠标左键不放，把该关键帧拖动到第 21 帧处，然后移动小球到舞台的最上方（如图 4-42）。

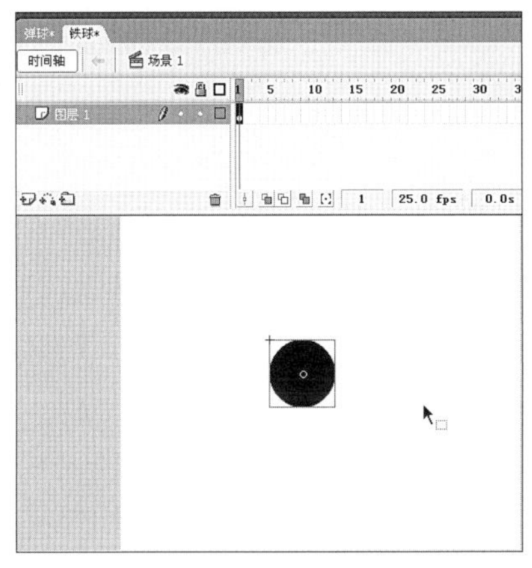

图 4-40 圆球复制

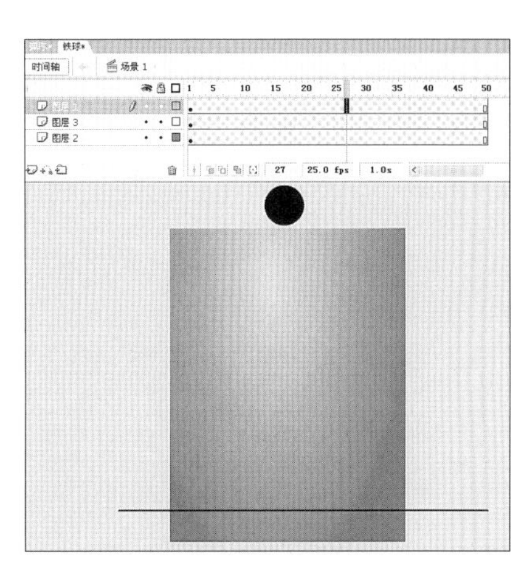

图 4-41 第 50 帧处插入关键帧

（5）在图层 1 的第 27 帧处插入关键帧，垂直移动小球贴近地平线（如图 4-43）。

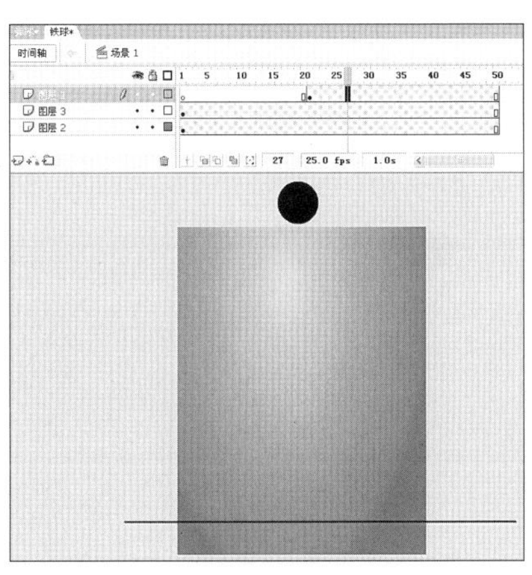

图 4-42 移动关键帧到第 21 帧

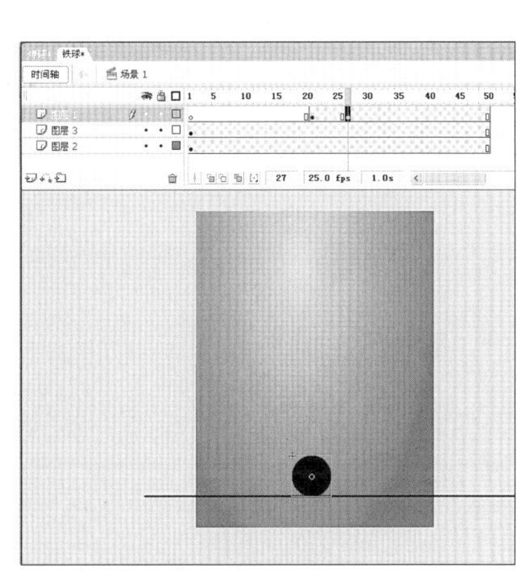

图 4-43 第 27 帧处小球移到地平线

（6）在图层 1 的第 30 帧处插入关键帧，使小球向右上方移动一点（如图 4-44）。

（7）在图层 1 的第 33 帧处插入关键帧，使小球向右下方移动并贴近地平线（如图 4-45）。

（8）在图层 1 的第 35 帧处插入关键帧，使小球向右上方移动一点，但这次的高度不应该超过第 30 帧小球的高度。

（9）在图层 1 的第 37 帧处插入关键帧，使小球向右下方移动并贴近地平线。

各个关键帧上的小球位置如图 4–46 所示。

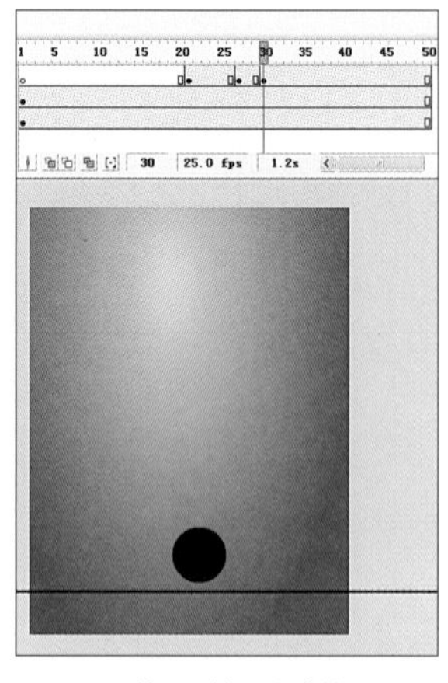

图 4–44　第 30 帧处小球的位置

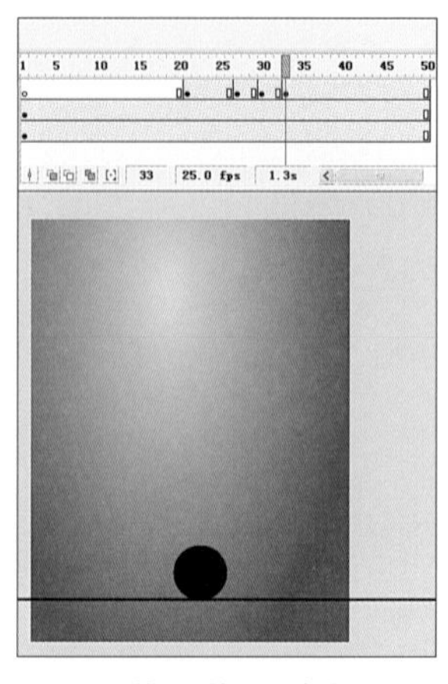

图 4–45　第 33 帧处小球的位置

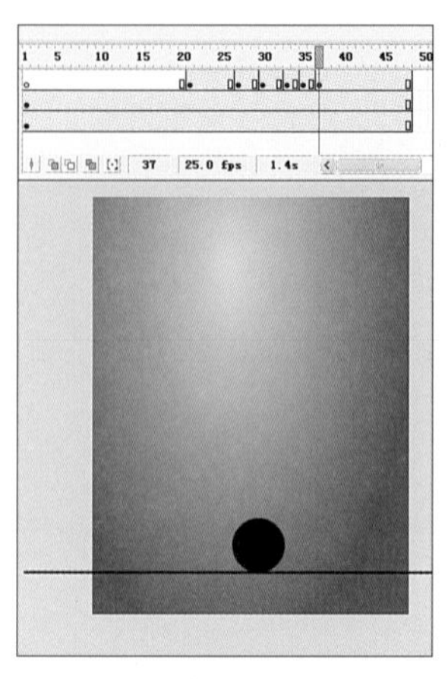

图 4–46　全部帧的效果图

（10）完成这些之后，给图层 1 的关键帧之间创建动画补间，并在第 21–27 帧的补间之间添加“–80”的缓动值。

（11）执行系统菜单中的“控制”→“播放”，观看效果。

这样做完后，确实可以感觉到是一个质量很重的物体在下落，因为弹性减小了不少，可以打开绘图纸外观轮廓按钮，查看它的间距（如图 4–47）。

由于小球下落的速度很快，而且下落完之后也没有其他的动作，使得这个动画有点单一。为了解决这个问题，让观众的观看感觉更真实，可以在前面的第 1–20 帧处加入一点小的效果，让时间延长一些，使观众对这个物体的下落有一个预先的判定，这就是为什么动画从第 21 帧开始的原因。

（12）在图层 3 上新建一层图层 4，把库中的圆球元件拖动进来，或者直接选择图层 1 上的小球，复制一份到图层 4 上（如图 4–48）。

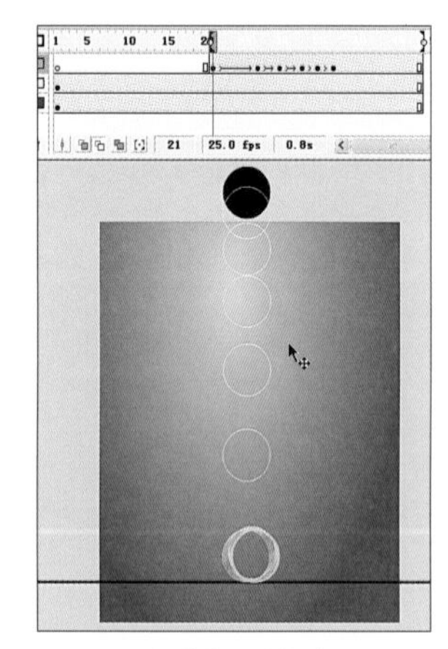

图 4–47　小球的运动轨迹

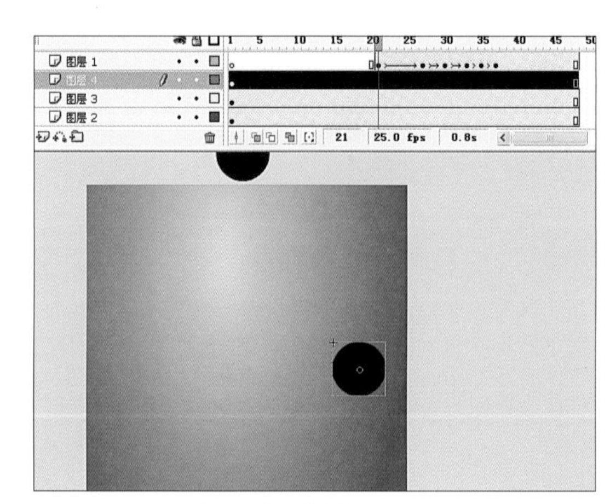

图 4–48　图层 4 上复制一个小球实例

（13）在图层 4 的第 27 帧处插入关键帧，并且选中图层 4 上的小球，使用任意变形工具按住键盘 Alt 键压扁小球，然后选中一边向右拉成图中形状，之后调整位置到小球的下面（如图 4–49）。

（14）完成之后，点选程序下面的属性栏中的“颜色”→“Alpha”，将右边的值改为“40%”，这样看上去就像球的一个投影了（如图 4–50）。

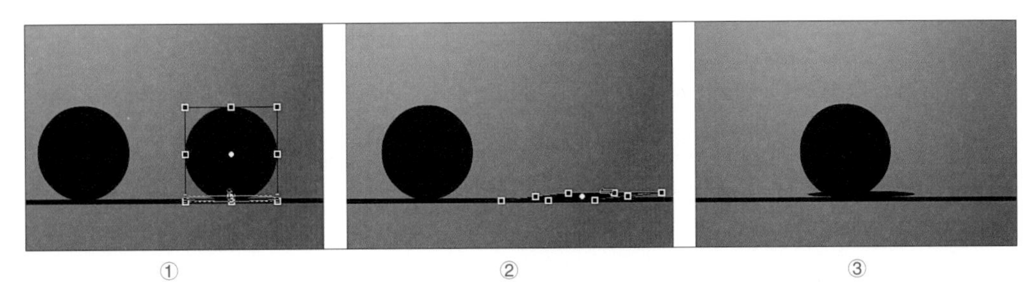

图 4–49 绘制球体阴影

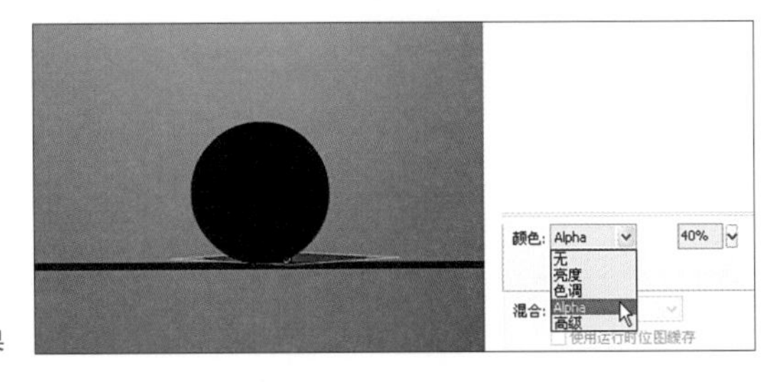

图 4–50 Alpha 界面和修改后效果

（15）选中图层 4 上第 27 帧处的关键帧，按住键盘 Alt 键，按住鼠标左键拖动到图层 4 的第 1 帧，这样就成功把第 27 帧上的信息复制到第 1 帧上（如图 4–51）。

（16）使用任意变形工具把图层上第 1 帧的影子缩小一点．然后改变属性栏中的 Alpha 值到“0”（如图 4–52）。

（17）给图层 4 上的第 1–27 帧处创建动画补间，并按键盘 Enter 观看效果。

小球落地之前地面上产生了一个影子并不断地放大，而且越来越清晰，这个效果已经达到了给观众留有预兆的感觉，说明有一个东西要掉下来了；但小球落地之后的动画也需要影子跟随，这样才会更加真实。

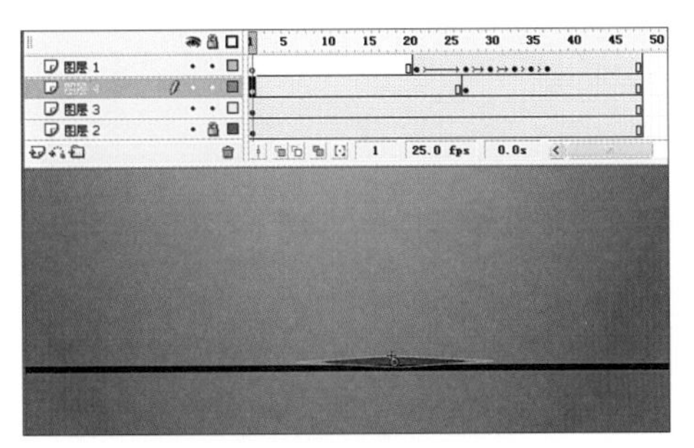

图 4–51 第 27 帧上的信息复制到第 1 帧上

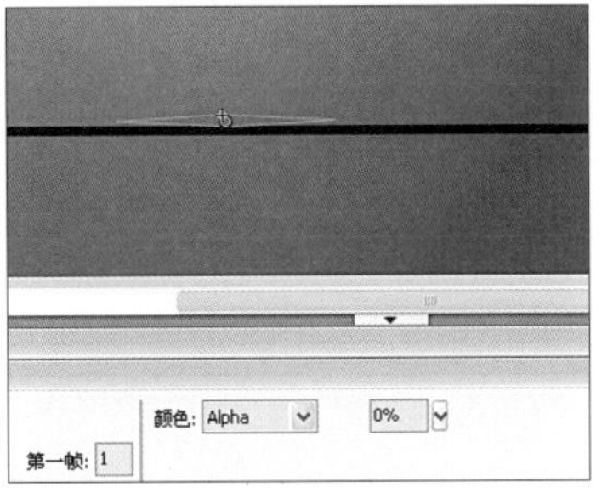

图 4–52 Alpha 值为“0”

继续制作，完成后面的动画。

（18）分别在图层 4 上的第 30、33、35、37 帧处插入关键帧，然后开始分别调整。因为在第 30 帧时，小球又再一次弹起，所以这时候的影子也应该略微显得模糊一些，调整 Alpha 值到 30% 即可。另外，弹起的时候，影子也应该相应地缩小，所以在第 30 帧时的调整应该是减小 Alpha 值，并缩小阴影，然后再调整一下位置（如图 4–53）。

之后到第 33 帧时，可以完全复制图层 3 中第 27 帧的关键帧信息，只需要修改一下影子的位置即可（如图 4–54）。

后面的两个关键帧可以按照上面所讲的方法制作并打上动画补间，完成后的效果如图 4–55 所示。

（19）完成之后执行系统菜单中的“控制”→“播放”，观看效果。

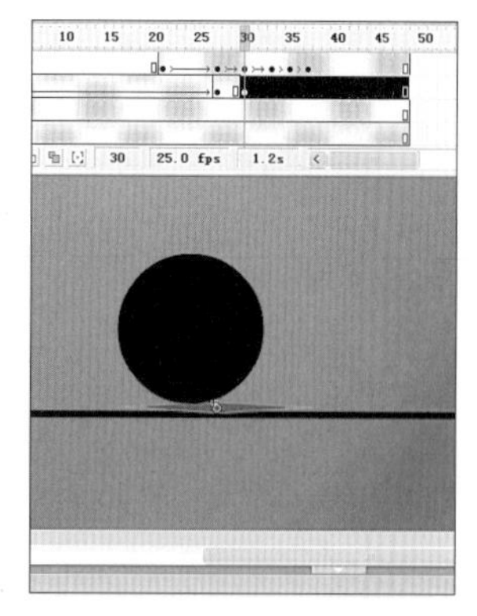

图 4–53 第 30 帧处小球的效果图

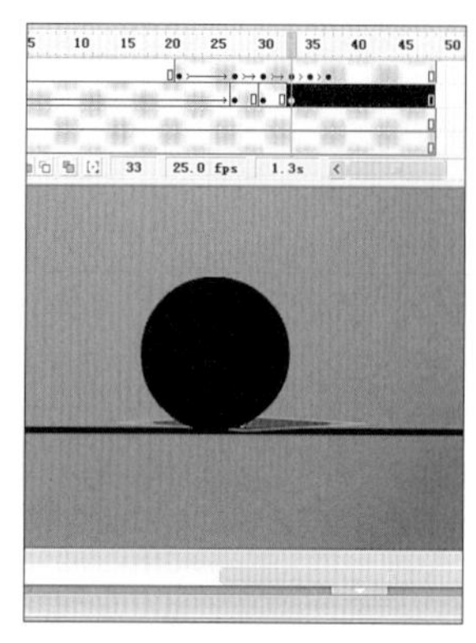

图 4–54 第 33 帧处小球的效果图

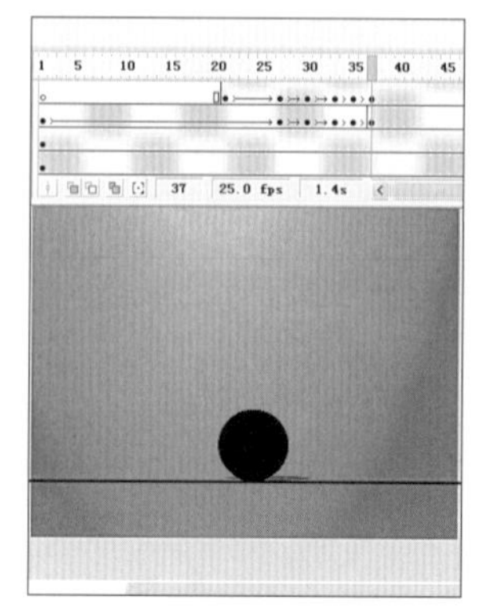

图 4–55 完成效果

两个例子的总结

制作好这两个例子后，可以用绘图纸外观按钮分别查看它们的部分间距，弹球在弹起和下落的时候间距变化很微妙，弹起时一开始间距大后面小，落下时一开始间距小后面大；而铁球在落下的时候间距也是越来越大，落地之后间距才开始越来越小。

同样是一个平面的球形物体，在质量上给人的感觉却不一样，这就是速度和间距在制造一种幻象。设计动作时，设计者要准确运用速度上的各种变化，使动作强弱分明，快慢有序，更有节奏感和感染力。

4.3 预备与缓冲动作

在制作某一个动作的时候往往需要一个预备动作作为前兆，例如在出拳攻击的时候，应该先往回收，然后再打出去，这样的拳头才有力度。动画中有一句经典的口头禅叫做“欲前则后，欲上先下”，就是讲的预备关系。

预备动作一般都和主要动作呈相反的方向进行，例如一个将要跳起的角色，则应该是先下蹲，然后再快速跳起（如图 4–56）。

动作幅度越大，则预备的时间越长，给观众反应的时间也就越长，所以预备动作通常都能把观众的注意力引导到画面预定的兴奋点上。

① ② ③

图 4–56 预备动作

缓冲是一种慢慢恢复到原始形态的动作。缓冲动作一般处在一个动作的结尾，比如一个足球运动员首先使用预备动作准备去踢球，然后运动员使用了很大的力量，以至于整个身体腾空起来，当其落地时，双脚为了减缓自身的重力以及地球的引力，会弯曲膝盖，减缓这个冲力，然后再恢复到原有的形态。（如图 4–57）

图 4–57 角色运动中的缓冲

4.4 直线运动与曲线运动

直线与曲线运动是动画中经常应用到的两种运动规律，也是动画人必须掌握的技法。一般来说，直线运动多应用于具有速度感，表现一个东西力度很大的地方，例如直拳攻击的时候就是使用的直线运动；而曲线运动则倾向于柔美、圆滑、飘忽的动作，例如芭蕾舞蹈、走路、人们说话时的手势动作等。仔细观察生活，会发现生活中大部分的动作都是曲线运动。

下面利用弓箭射靶为例来制作两种运动方式的 Flash 动画。

4.4.1 直线运动——射箭

（1）新建一个 Flash 文档，帧频设置为 25 帧 / 秒，选择系统菜单中的“文件”→“保存”按钮，或使用快捷键 Ctrl+S 更改名字为“直线运动”。

（2）在图层 1 上放置背景，图层 2 上使用矩形工具，拉出一个矩形（填充色为黑色，不需要笔触颜色），并放置于舞台中间靠左的位置（如图 4–58）。

（3）新建一层图层 3，按住键盘上的 Shift 键使用矩形工具（填充色为黑色，不需要笔触颜色），即可拉出一个正方形（如图 4–59）。

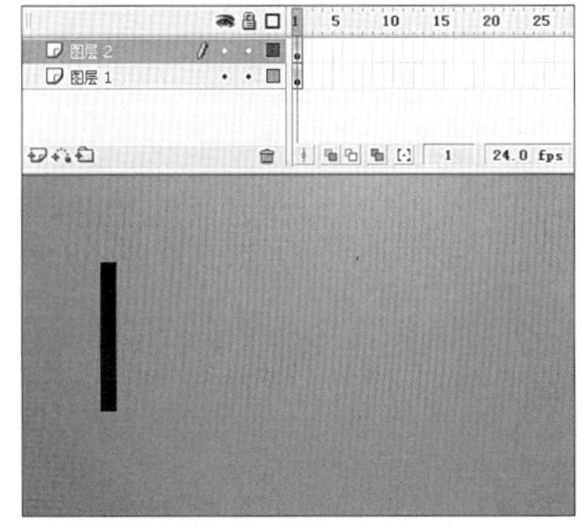

图 4–58 图层 2 上绘制矩形

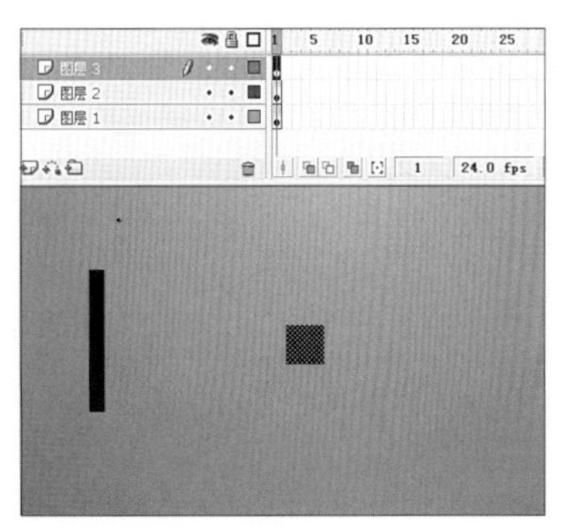

图 4–59 图层 3 上绘制正方形

在之前的章节中提到过，在软件中很多功能键都是配合键盘上的 Ctrl、Shift、Alt 这三个按键使用的，学生可以自己琢磨一下各个工具键配合这三个按键究竟是一些什么效果，这样在制作中可以减少工作时间，提高工作效率。

（4）使用工具栏中的选择工具，对正方形左下角进行操作。将鼠标移动到正方形左下角的顶点处，按住鼠标左键向上拉（如图 4–60）。

（5）将鼠标移动到正方形右上角的顶点处，按住鼠标左键向下拉（如图 4–61），完成之后，一个箭的前端就制作好了，然后再来制作箭的后半部分。

图 4–60 选择工具操作（1）

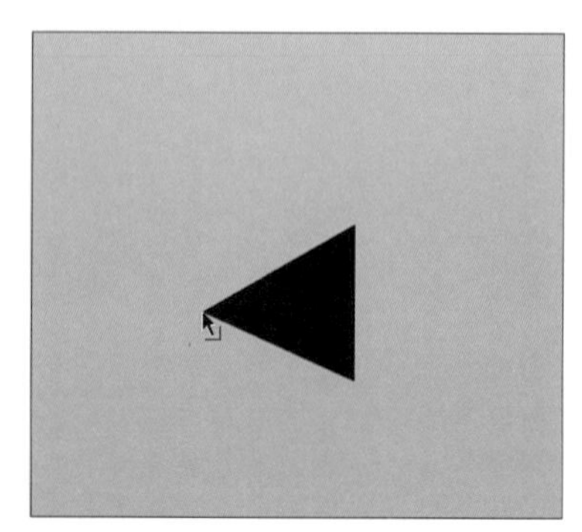
图 4–61 选择工具操作（2）

（6）使用矩形工具，在箭头后拉出一个矩形箭杆（如图 4–62）。

（7）依然在图层 3 使用矩形工具，拉出一个矩形，并结合选择工具拉出一个这样的图形（如图 4–63）。

（8）完成之后可以复制几个出来，使用选择工具选中它，按住键盘上的 Ctrl 键，同时按住鼠标左键不放，向右拖动即可复制一个，重复操作一次，效果如图 4–64 所示。

（9）选择制作好的三个矩形，然后集体复制一份，再使用系统菜单中的“修改”→“变形”→“垂直翻转”进行翻转（如图 4–65）。

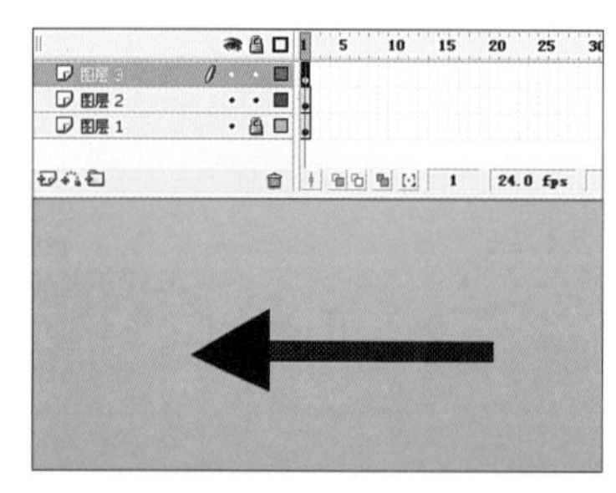
图 4–62 矩形工具绘制箭身

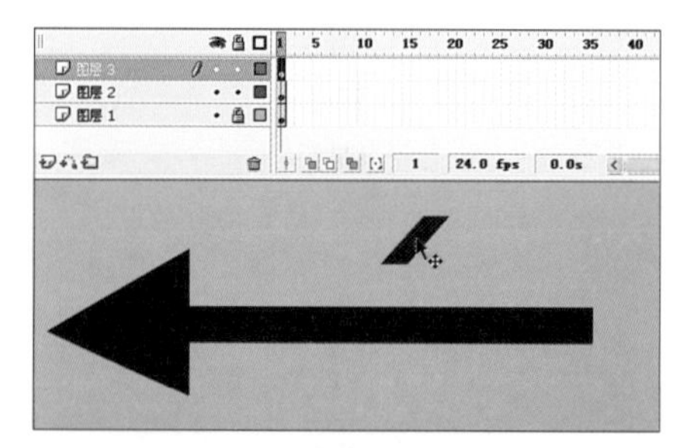
图 4–63 矩形工具绘制箭羽

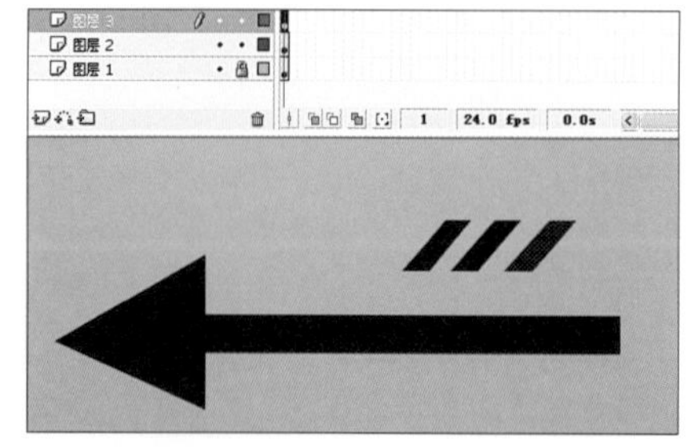
图 4–64 复制矩形

图 4–65 垂直翻转

（10）分别选中箭羽的两个部分向第 6 步中的矩形箭杆靠拢，并调整一下（如图 4–66）。

（11）此时一个简易的箭已制作完成，可以框选整个箭，然后使用键盘上的 F8 将其转换为图形元件。

（12）素材制作好后，就来制作动画，可以先分别选中 3 层，在第 35 帧处插入帧用以延长时间（如图 4–67）。

图 4–66 向箭杆靠拢

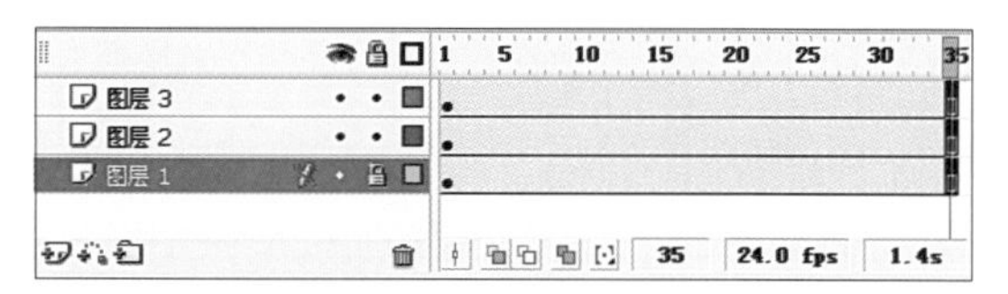

图 4–67 时间延长到第 35 帧

（14）在图层 3 上第 6 帧处插入关键帧，并且把箭移动到靶子上（如图 4–68）。

（15）选中第 1 帧上的弓箭，然后按住键盘上的 Shift 键，向右水平移动，一直移动出舞台外，并在第 1–6 帧处打上动画补间（如图 4–69）。

这样，弓箭的动画就制作好了，但播放时弓箭射过来有一点僵硬，缺乏动画的活力，可以在箭射向靶子后，尾部继续上下弹动几帧，丰富它的细节。

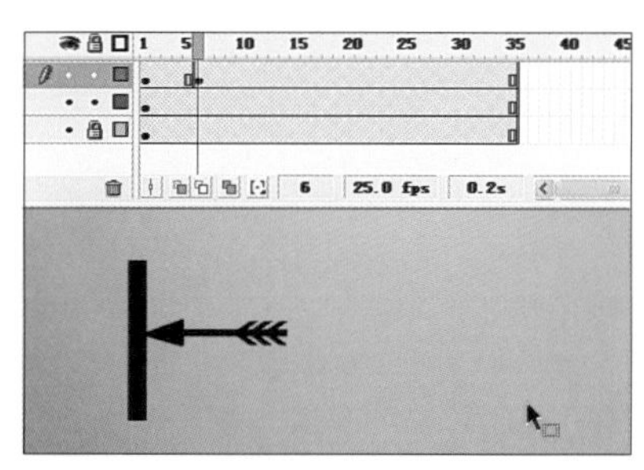

图 4–68 第 6 帧处得箭

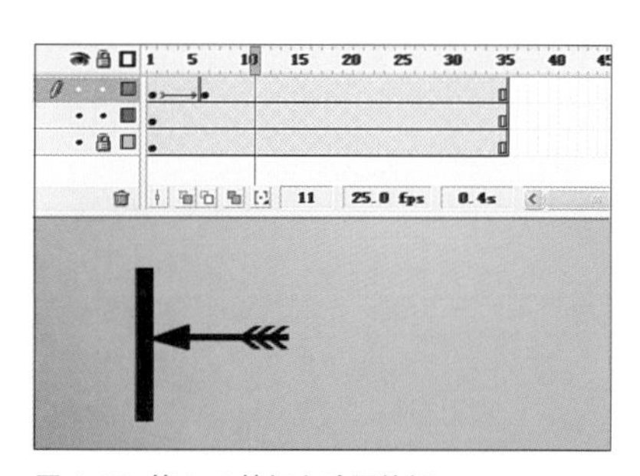

图 4–69 第 1–6 帧打上动画补间

（17）选中图层 3 上的第 7–11 帧，然后按键盘上的 F6 将其全部转成关键帧，如图 4–70 所示。

（18）选中图层 3 上的第 7 帧，使用任意变形工具，按住键盘上的 Alt 键，调整箭尾部，向上翘一点（如图 4–71）。

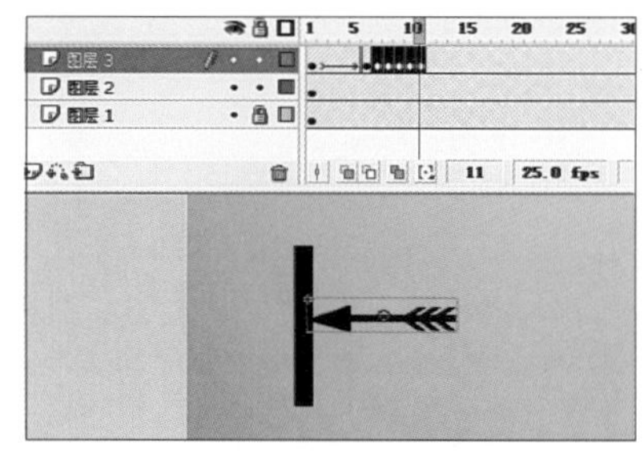

图 4–70 第 7–11 帧全部转成关键帧

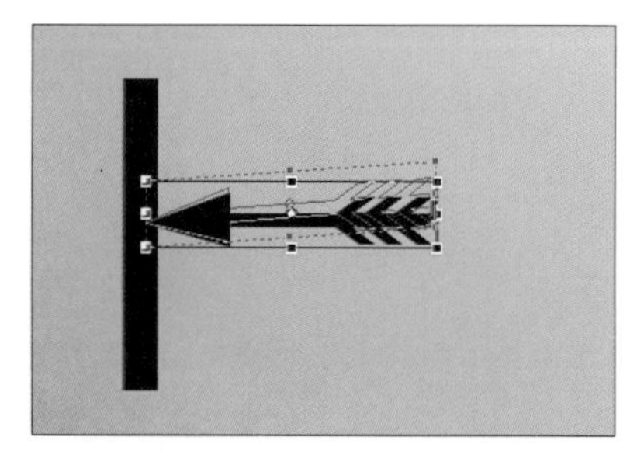

图 4–71 调整箭尾部

(19) 选中图层 2 上的第 8 帧，使用任意变形工具，按住键盘上的 Alt 键，调整弓箭尾部向下翘一点（如图 4–71）。

(20) 选中图层 2 上的第 9 帧，使用任意变形工具，按住键盘上的 Alt 键，调整弓箭尾部向上翘一点，但这次翘的程度不宜超过第 7 帧，因为力量在逐渐减少。

(21) 选中图层 2 上的第 10 帧，使用任意变形工具，按住键盘上的 Alt 键，调整弓箭尾部向下翘一点，同样的这次翘的程度不宜超过第 8 帧。

(22) 完成之后，使用系统菜单中的"控制"→"播放"观看效果，或者使用"控制"→"测试影片"同样可以观看到效果。

测试影片是系统自动生成一个后缀名为 SWF 的播放文件，它是 Flash 导出影片的一种常用格式，也可以使用系统菜单中"文件"→"导出"→"导出影片"中在保存类型那一项选择"Flash 影片"导出成 SWF 文件。

仔细观看上面的动画，在时间上，它的全部动作都只用了 0.5 秒，而在运行轨迹上是一条直线，给人以力度感及速度感。

4.4.2 曲线运动——射箭

(1) 新建一个 Flash 文档，帧频设置为 25 帧 / 秒，选择系统菜单中的"文件"→"保存"按钮，或使用快捷键 Ctrl+S 更改名字为"曲线运动"并且点击。

(2) 把刚才制作好的靶子、弓箭及背景分别复制到该文档的图层 1 至图层 3 上面（如图 4–72）。

(3) 选中图层 3，然后点击时间轴窗口处的"添加运动引导层"按钮，添加一个引导层（如图 4–73）。

(4) 在引导层上使用线条工具拉一条直线，然后再使用选择工具在线的中间按住鼠标左键不放拉成曲线（如图 4–74）。

(5) 分别在各层的第 50 帧处插入帧延长时间轴（如图 4–75）。

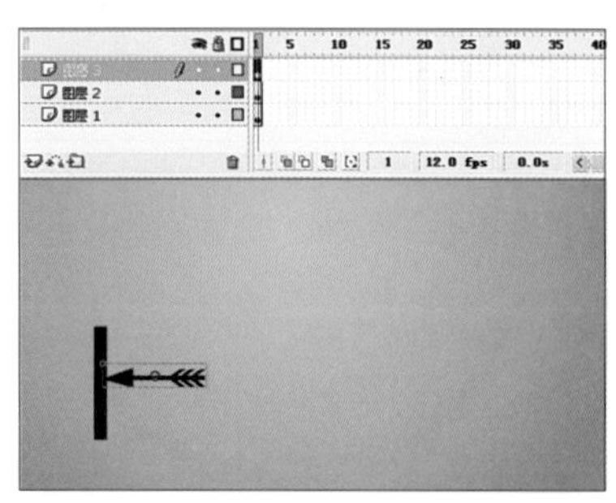

图 4–72 复制素材到各层

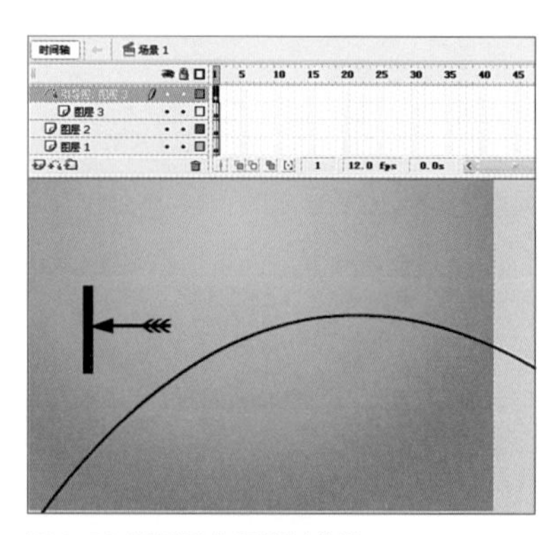

图 4–74 引导层上面绘制曲线

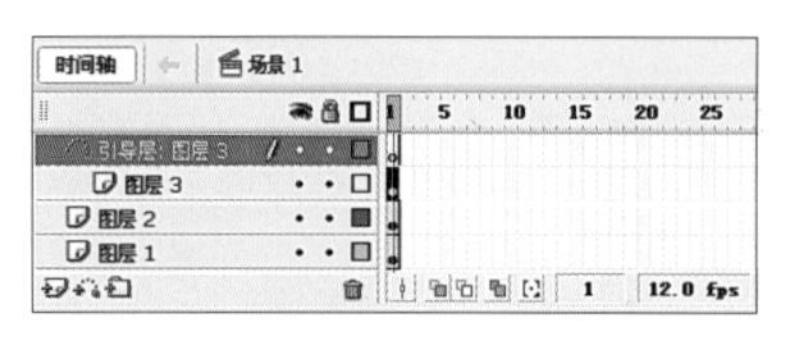

图 4–73 添加引导层

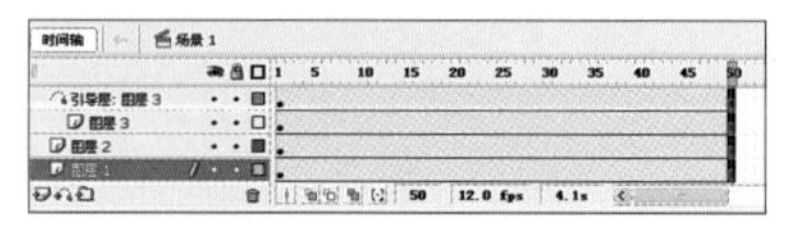
图 4–75 时间轴延长至第 50 帧

(6) 选图层 3 上的第 1 帧，将箭调整到舞台的外面，箭的中心点贴于引导线上（如图 4–76）。

(7) 在图层 3 上的第 30 帧处插入关键帧，并且把箭调整至舞台的左下方，箭的中心点贴于引导线上（如图 4–77）。

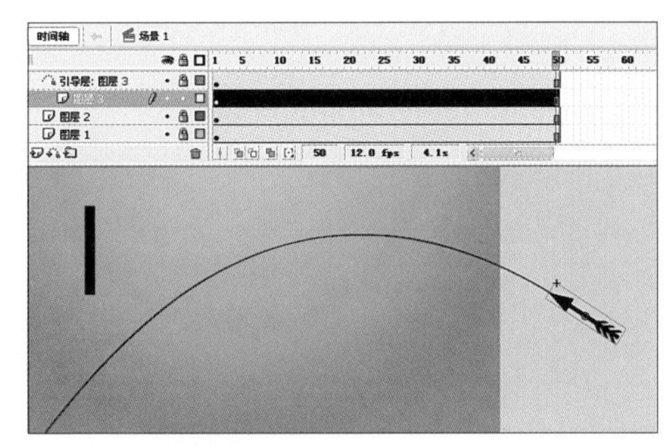

图4-76 第1帧箭放置的位置

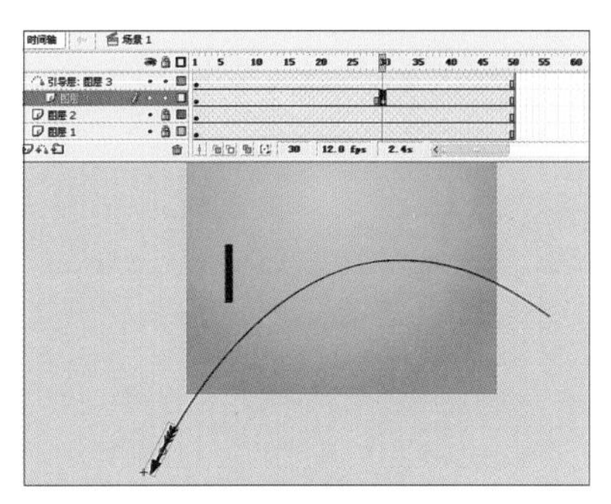

图 4-77 第 30 帧箭的位置

图 4-78 “调整到路径”按钮

（8）在图层 3 上的第 1—30 帧之间创建补间动画。

不要忘记点选补间，然后在属性面板中把“调整到路径”的开关打开，这样箭头的方向才会按照线条的方向前进（如图 4—78）。

（9）完成之后，使用系统菜单中的“控制”→“播放”观看效果，或者使用“控制”→“测试影片”同样可以观看到效果。

使用测试影片观看效果的时候，看不到之前在引导层上制作的引导线，因为它只起到引导作用，真正播放时是看不到的。

可以看出曲线运动中箭显得非常无力，呈现出一种抛物线的形态，让人感觉到轻薄、柔和、不具备杀伤力，所以在制作动画时，应充分考虑剧情的需要以及导演的要求，再来合理安排动作的制作。

本章小结

本章并没有过多强调软件的操作，而是通过软件来讲解动画的一些基本运动规律。一切动画都离不开时间和间距，它是动画的根本。学生在此章节中，除了对软件的继续熟悉之外，还应该更多地去了解真实世界中的物体运动。

练习

1．参照书中的例子制作弹球动画。

2．参照书中例子制作射箭动画。

5 人物设计与角色建库

目标

了解Flash动画制作中两种常用的人物设计风格。
了解人物设计之前的准备工作。
了解人物设计的规范流程。

引言

人物设计及人物建库都是Flash动画制作中的前期环节，它不仅需要掌握一门软件，还需要各方面的综合因素才能设计出故事需要的角色。从本章开始将讲解Flash加工片的制作流程及制作经验，学生将了解到Flash片中的人物设计风格和整个人物的制作流程。

5.1 人物设计风格

在动画的制作中大致分为写实风格与卡通风格两种，设计者应根据原始剧本以及导演的定向来确定人物设计的风格走向，而在Flash中还有两种风格即有笔触线风格和无笔触线风格（如图5-1、图5-2）。

图5-1 有笔触线风格

图 5-2 无笔触线风格

5.1.1 有笔触线的人物设计

在 Flash 动画制作中不同的笔触线制作出来的动画效果也不同，大致可以分为三种类型，每一种都有着自己独特的风格和制作技法。

一般笔触线风格

图 5-3 不同的笔触线高度

在设计有笔触线的人物风格时，都会先规定好“笔触线高度”值，即线的粗细。一般情况下使用 0.5 磅或者 0.75 磅的线条，有时候会使用 1 磅或者更粗的线条。但具体的值根据片子本身的风格来定。(如图 5–3)

这种制作方式也是商业片中最常用的一种，但有时候线条的粗细在某种情况下和“笔触线高度”值不成比例，这是由于元件套元件之后的放大缩小造成的，例如在一个舞台上用椭圆工具绘制两个圆（带笔触线颜色），一个直接转换为元件，另一个则执行系统菜单中“修改”→“组合”按钮（如图 5–4）；然后同时选中两个圆点击系统菜单中的“修改”→“变形”→“缩放和旋转”，在“缩放”那一栏输入数值 300（如图 5–5），再使用放大镜观看这两个圆的笔触线，会发现同样是使用相等的笔触线高度，结果在放大后笔触线高度会产生差异（如图 5–6）。这就需要在制作的时候按照一定步骤进行，如果盲目地操作就会产生上面的效果，使画面中的笔触线无法统一粗细度，造成画面不美观。

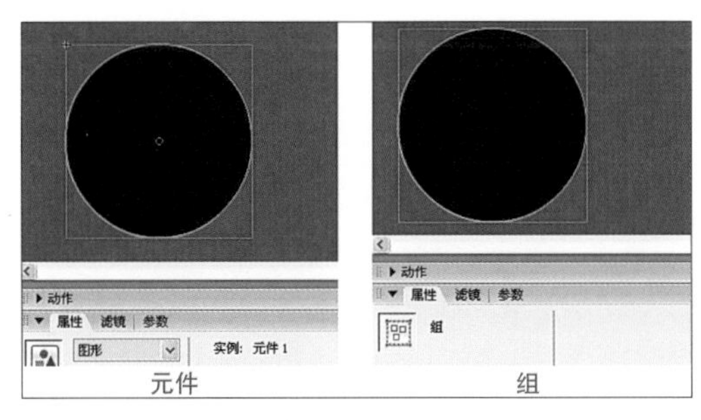

图 5–4 两个圆的属性

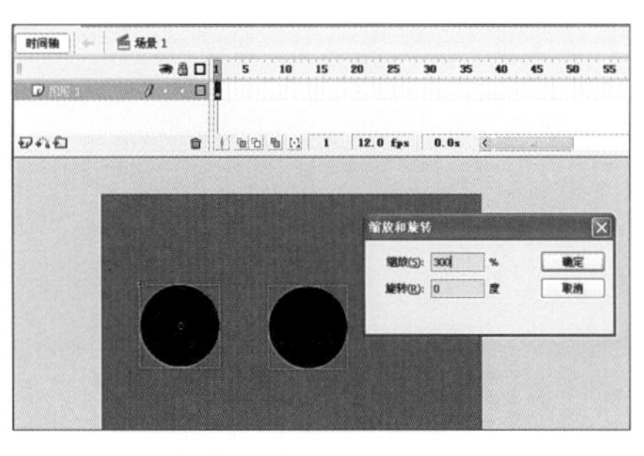

图 5–5 同时放大 300%

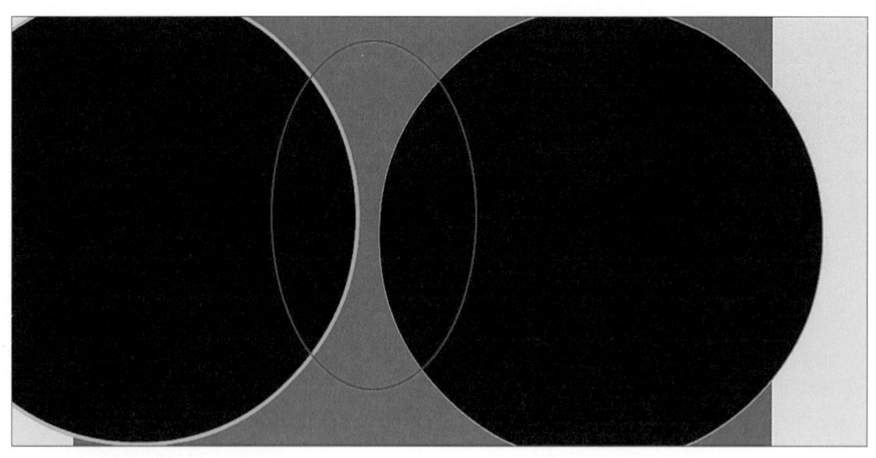

图 5-6 笔触线高度粗细产生差别

填充色模仿笔触线风格

还有一种设计风格也会有外轮廓线，但并不是使用的笔触色，而是使用填充色来模拟笔触线的效果（如图 5–7）。

这样制作的目的是模仿笔触线效果，但又可以在某些转角的地方进行调整，有细有粗使角色更具有绘画感。

这种制作方法就是把原来的笔触线通过系统菜单中的“修改”→“形状”→“将线条转化为填充”命令来执行（如图 5–8）。

图 5-7 外轮廓线使用填充色

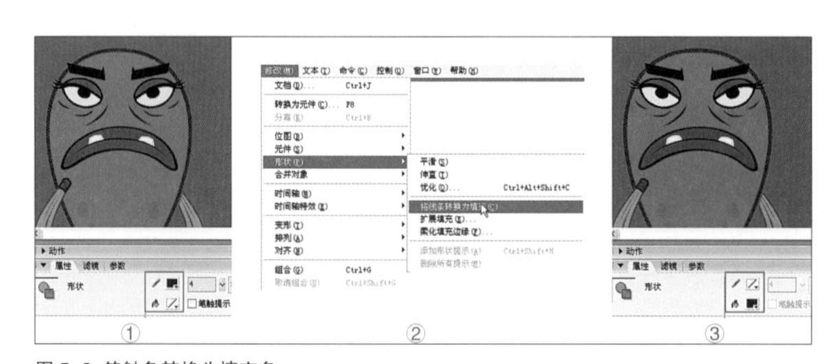

图 5-8 笔触色转换为填充色

粗笔触线风格

另外，笔触线极粗的风格也是欧美漫画中的一种风格，国内现在也有很多动画在模仿这种风格，这种风格其实和一般笔触线风格接近，线条也是在 0.5 磅或者 1 磅左右（如图 5–9）；但等到制作完中期的动画之后，在后期的导出成片之前，制作人会另新建一层来加粗线条，实现原始设计中的粗笔触线风格（如图 5–10）。只有这样才既能使粗线条不影响中期动画的制作，而又能在成片中观看到既定的设计风格。

图5-9 一般笔触线风格

图5-10 粗笔触线风格

5.1.2 无笔触线的人物设计

最常见的以无笔触线方法来进行人物设计的例子就是电视台播放的卡通 Flash 动画《快乐驿站》，其形象生动幽默，通过卡通动画一次又一次地还原了真实演员在舞台上的表演情节。（如图 5-11）

图 5-11 无笔触线人物设计

相对于带有笔触线的人物设计来说，无笔触线风格省略了很多麻烦，制作的时候不会因为错误的操作而造成笔触线大小不一。另外，在制作细微动作的时候也不用去整理笔触线上多余的断点。

5.2 收集素材

收集资料是一门必修课，它能帮助制作人员完成各种角色的设计并提高审美水平，无论是动画师还是设计师都需要收集一定的素材作为手头资料，以备不时之需。

5.2.1 收集需要的参考资料

好的参考资料库是设计的关键，没有什么设计是完全原创的，所见所想都会融入到设计之中。

需要澄清一点的是，使用参考资料跟抄袭是不一样的。参考资料是协助自己完成片子角色所需，而抄袭就是剽窃，等同于完全的复制，没有自己的思想。

例如在一个项目中，之前的设计师制作的角色（如图 5-12），根据片子的定位是给 6 岁左右的小孩子观看的，所以原始角色设计的年龄偏大，不易于抓住小孩子的视点，希望能改为更加卡通、更加欧式的角色。那么此时，面对这个要求，设计师就应该寻找这方面的素材。网上搜索或者翻看相应的画集是一个不错的选择，找到符合要求的图案逐一地罗列出来，拿去给导演观看（如图 5-13）。导演认可后再根据收集的素材进行创作，设计出最终角色（如图 5-14）。

图 5-12 原始角色

图 5-13 收集素材

图 5-14 最终角色

5.2.2 参考资料的记忆

有时候在一个缺乏参考资料的环境中工作，就需要调用大脑中记忆的参考资料了。不是所有人都有过目不忘的特殊能力，但是人人都可以训练大脑，增强记忆力。

如果在很短的一段时间内观看了一张照片，过不了多久就会忘记；或者走在一条马路上，无法完全记得行人的姿态与动作，这些是因为大脑把这些信息全部存储在一个临时地点，类似于电脑中的内存。当有了新的视觉形象进入到这个临时区域，那么就会把旧的东西删除掉。

把这些短期存储在大脑中的画面变成长期的记忆，需要一些步骤，对于动画制作者来说。把眼前所看到的东西迅速用铅笔画下来是一个不错的选择，也就是经常说到的速写。不需要画得特别精致，哪怕只是一个大概或者一个轮廓就行。如果能很快画出一个人物的动态，在工作中就会有更多的回忆涌现出来。

5.2.3 设置工作空间

如果是接触动画已有一段时间的学生，会发现很多大师在工作的时候，都会把工作资料（这里包括：人物设计、场景资料、动作资料等）全部堆在身边（如图 5–15）。

图 5–15 动画师工作环境

良好的工作环境是非常重要的。其实动手、动眼的技术活在工作中应该只占 50%，而另外的 50% 则是精神上的。使用电脑工作时，可以多买一台显示器放参考图片，周围的参考资料越多，就越能启发自己完成优秀的动作及设计。一个好的动画师，应该能够从平凡的生活中观察到不平凡的动作。

5.3 草图绘制

把平日里收集到的资料进行整理，然后加以提炼，最终通过数位板或者传统的纸张设计片中需要的角色草图。

无论是使用绘图板或还在传统的纸张上绘制，草图最终都将导入到 Flash 中，再由 Flash 来制作最终版的效果图。

5.3.1 使用绘图板设计人物

使用绘图板工作的好处在于修改及导出绘制的图案相对于传统纸张上的绘制更加便捷。因为绘图板本身在软件中绘制，所以绘制出来的东西可直接调入到软件中去。另外，如果有的地方绘制得不理想可以直接使用键盘上的 Ctrl+Z 进行撤销，也可以删除掉某个区域的图层。而在传统纸张上绘制，如果出现失误则需要使用橡皮擦除，然后再重新绘制。

人物设计稿的草图制作不建议在 Flash 中完成，因为 Flash 中的线条并没有专门绘制草图软件（Photoshop、Painter、Easy PaintTool.SAI）的线条灵活，所以在初期的设计中可以使用其他的软件绘制（如图 5–16）。完成之后整理线条在通过 Photoshop 软件进行上色，并且对每个颜色的区域指明相应的颜色值（如图 5–17）。

图 5–16 单线草图

图 5–17 颜色指定

最后把制作好的图片存储为 JPEG 格式或是 PNG 格式，再通过 Flash 软件中的“文件”→“导入”→“导入到舞台”把图片导入到 Flash 之中（如图 5–18），接下来 Flash 建库人员会根据设计人员提供的草图在 Flash 中使用相关工具把前期设计的角色素材绘制成矢量图。（如图 5–19）

图 5–18 导入素材到 Flash

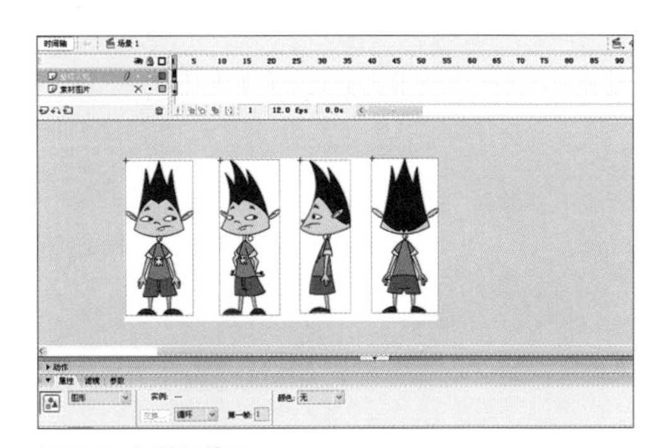

图 5–19 矢量图效果

5.3.2 使用传统纸张设计

使用传统纸张进行角色设计的好处是它绘制起来的手感更加舒服，也更具有原始创作的味道。只不过把草图设计好之后，需要用扫描仪来导入到电脑（如图 5–20）。

图 5-20 绘制的素材放入扫描仪

图 5-21 人物转面

对于学习者来说，在没有专业器材的条件下，也可以把纸上绘制好的图案通过手机或者是照相机拍摄出来，因为它毕竟只是一个草图，只是作为最终版的参考而已，并不需要那么清晰。

5.4 角色建库

通过 Flash 把之前设计的人物草图转换为真正动画制作中的人物，这一个环节叫做人物建库，也是 Flash 动画制作的前期内容。

在制作原创 Flash 短片或者原创系列 Flash 长片时，都需要设计角色并且在 Flash 中进行建库。只有在 Flash 中有了素材，才可以为后面的动画制作做好准备。

通常情况下设计角色的 4 个面即可（如图 5-19），有些国外的加工片为了画面细节丰富会多设计几个面（如图 5-21）。

5.4.1 角色建库操作

一个人物的建库一般可以分为 3 个部分，即头部、身体和脚，每个部分制作的难度和制作技巧都有细微的差别，在下面的实例中将逐一进行讲解。

头部制作

（1）新建一个 Flash 文档，选择系统菜单中的“文件”→“保存”按钮，或使用快捷键 Ctrl+S 保存并且更改名字为“角色设计”。在属性栏中把舞台的大小设置大一点，具体的值可根据后面导入的参考图片大小决定，例如导入的图片素材为 1000×500 像素，可以把舞台的大小同样设置为 1000×500 像素。

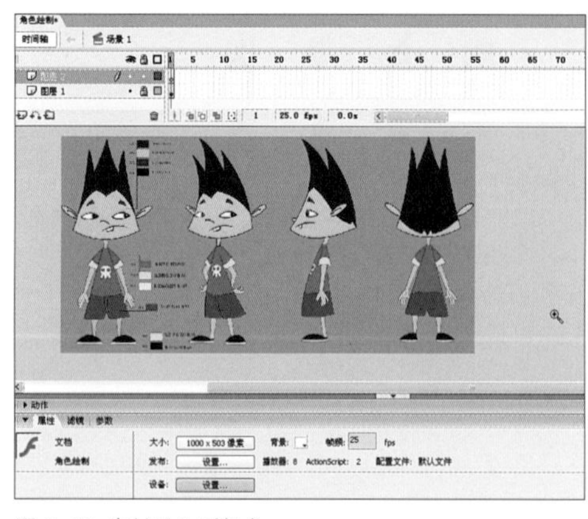
图 5-22 素材导入到舞台

（2）点击 Flash 系统菜单中的“文件”→“导入”→“导入到舞台”，选中制作好的人设素材，点击确定即可导入到图层 1；然后锁定图层 1，新建一层图层 2，准备开始使用 Flash 工具把素材绘制成为矢量图（如图 5-22）。

（3）首先从头部开始绘制，那么根据底图的参考颜色，首先选中矩形工具，在笔触线这一栏选择黑色，即 RGB 值都为 0，0，0。并且笔触线高度（即线的粗细度）设置为 1。在填充色这一栏选择皮肤色，RGB 值为 254、207、158。皮肤色的选取方法是激活填充色按钮，并在弹出的菜单中点击最右上侧的花色圆球，弹出颜色对话框。在对话框中对红、绿、蓝的值进行调整，完成之后点击“添加到自定义颜色”按钮，最后点击确定即可完成该颜色的选取工作（如图 5–23）．点选属性栏下填充色右侧的接合按钮，将其改为“尖角”（如图 5–24）。

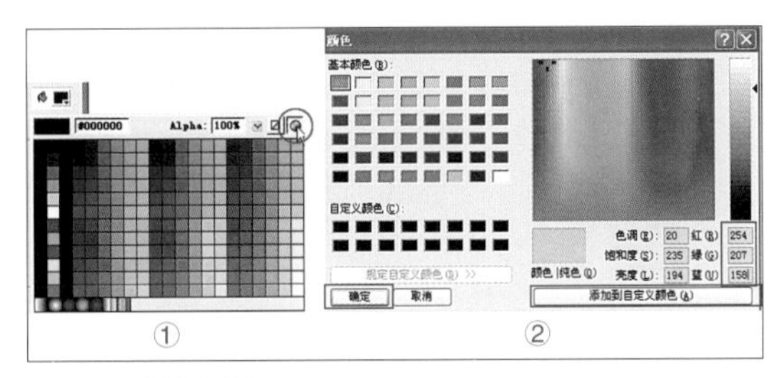

图 5–23 设置皮肤色

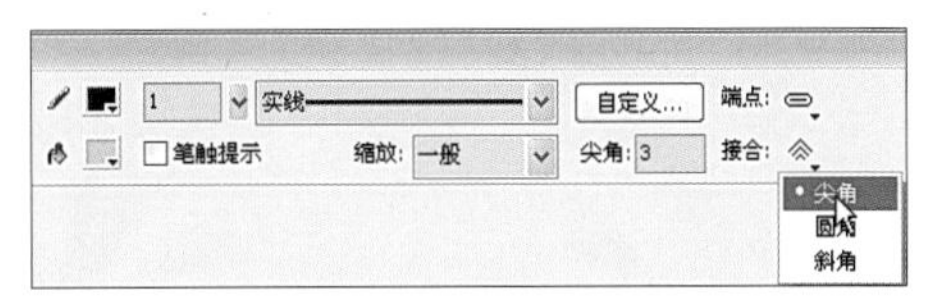

图 5–24 接合按钮改为“尖角”

这个地方有一个快速的取色方法就是直接点选“填充色”按钮，鼠标会变成一个吸管，这个时候去吸需要的颜色即可（如图 5–25）；但有的时候，可能因为参考图片的质量不同在颜色上和原先设计的颜色有一定差异，所以吸取颜色之后最好确定一下色值是否和规定的色值相同。

另外，RGB 就是指混色器中的红、绿、蓝英文前的第一个字母。

（4）在头部绘制一个矩形，先绘制一个头部的外轮廓（如图 5–26）。

这里的一个软件技巧在于使用键盘上 Ctrl 键，当绘制一个矩形后，点选择工具，如果不按键盘上的任何键，选择工具选择一个边进行拖拽，效果如图 5–27 所示，但如果按住键盘上的 Ctrl 键，再进行拖拽，就是在该边上又拉出一个顶点（如图 5–28），所以可以利用这个功能不断地添加出新的顶点，有了新的顶点就会有新的边，另外还可以使用时间轴上的显示轮廓按钮，方便制作人员进行角色头部的绘制。

图 5–25 吸管吸颜色

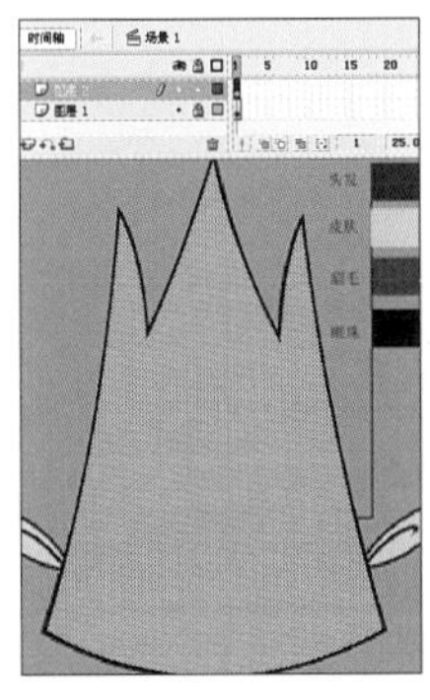

图 5–26 头部外轮廓

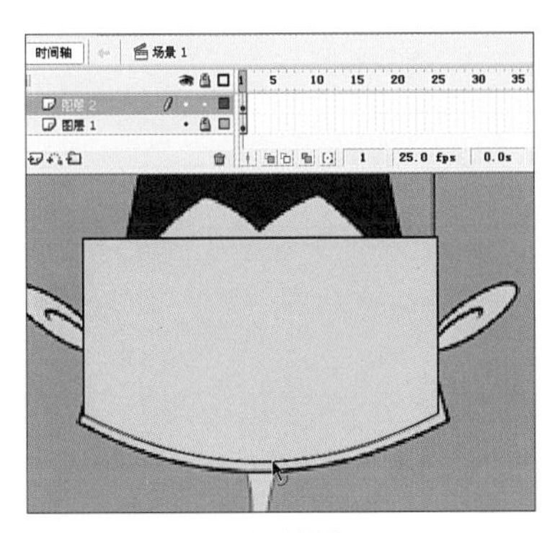

图 5–27 未按 Ctrl 键的状态

图 5–28 按 Ctrl 键的状态

（5）新建一层图层 3，把图层 2 隐藏起来．在图层 3 上使用线条工具和选择工具把头发与脸部交接的发际线画上去（如图 5–29）。

在使用线条工具绘画之前，可以换一下线条的颜色，这样可以区分画上去的线条颜色和底图样稿上的颜色，方便操作。

（6）选中图层 3 上的线条，按键盘上的 Ctrl+X 剪切，然后取消之前隐藏的图层 2，选中图层 2。按住键盘上的 Ctrl+Shift+V 把图层 3 上的线条原位粘贴到图层 2 上来（如图 5–30）。

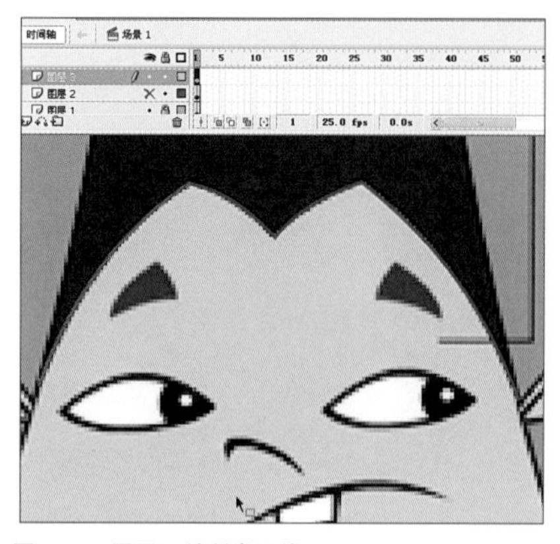

图 5–29 图层 3 绘制发际线

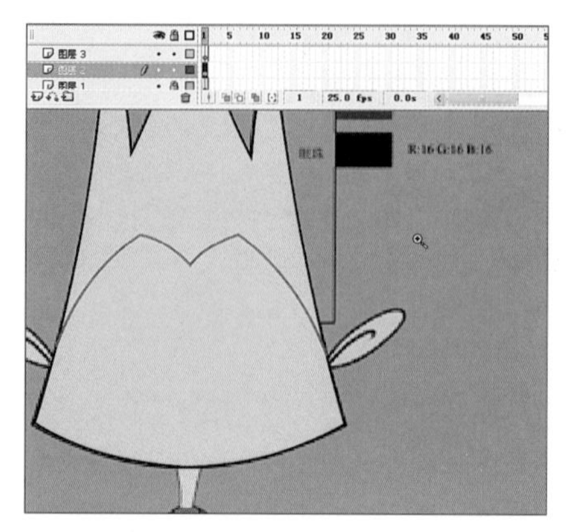

图 5–30 发际线粘贴到图层 2

简单叙述一下软件中的 Ctrl+V 和 Ctrl+Shift+V 的区别：在 Flash 操作中，如果使用键盘上的 Ctrl+C 进行复制，那么可以使用上面两种方法进行粘贴。可以做一个简单的实验，在一个空白的舞台的左侧随意地画一个矩形并转换成元件，然后使用键盘 Ctrl+C 进行复制，新建一层图层 2，在使用 Ctrl+V 进行粘贴，会发现粘贴出来的矩形在舞台的中央，也就是中心位置（如图 5–31），而使用 Ctrl+Shift+V 则会粘贴到原始位置，即刚才制作好的矩形之上。灵活利用这个特性，可以加快工作的进程。

这两个功能可以在系统菜单“编辑”下的子菜单中找到。

（7）检查线条是否闭合，然后使用油漆桶工具更改头发的颜色。

（8）完成后选择图层 2 上制作好的头发及脸部，使用系统菜单中的“修改”→“组合”或使用快捷键 Ctrl+G 进行组合（如图 5–32）。

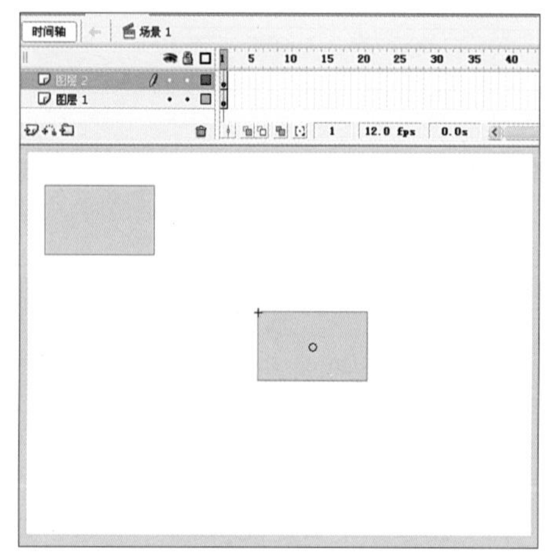

图 5–31 Ctrl+V 粘贴效果

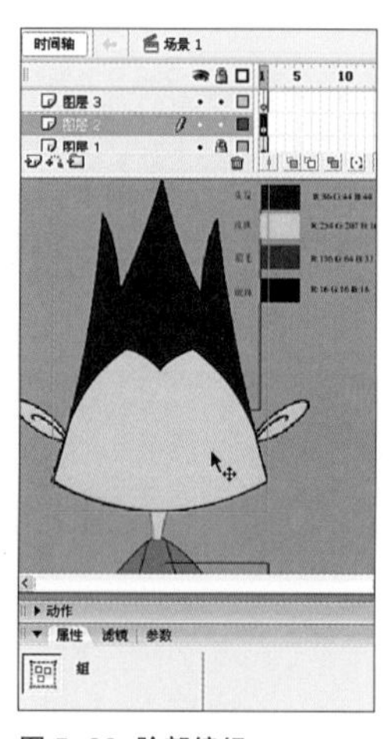

图 5–32 脸部编组

这样做的好处是方便归类，方便各组之间的管理。

（9）回到图层 3，制作耳朵。选择好颜色，使用椭圆工具拉出一个椭圆，再使用任意变形工具，调整椭圆使它和底图的耳朵大小接近（如图 5-33），之后再通过线条工具在耳朵中间加入一条直线，再使用选择工具让它稍微产生一点弧度（如图 5-34）。

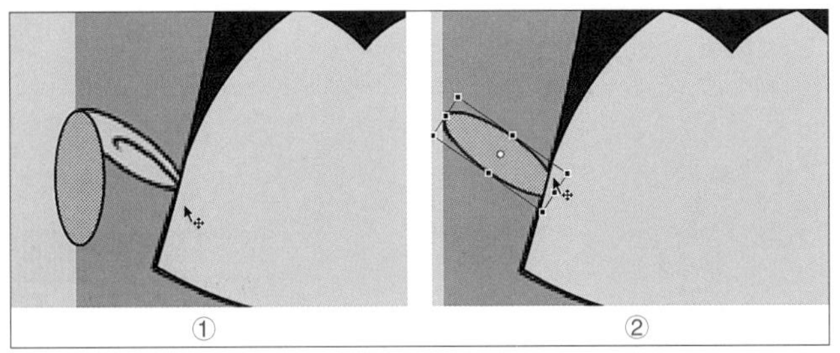

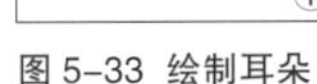
图 5-33 绘制耳朵

图 5-34 绘制耳朵上的曲线

对于耳朵中尖角的处理，可以先选中刚才制作好的那一条带弧度的线，然后执行系统菜单中的“修改”→“形状”→“将线条转化为填充”（如图 5-35）。此时笔触线的属性已经转化为填充色的属性。再使用选择工具移动到线条的边缘，朝另一边拖拽即可（如图 5-36）。

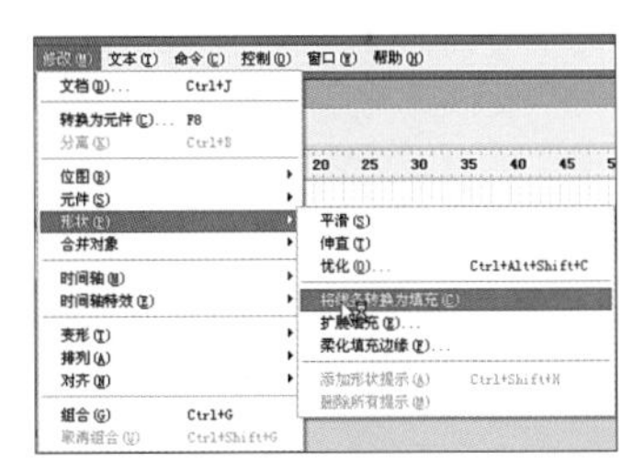

图 5-35 “线条转化为填充”的命令界面

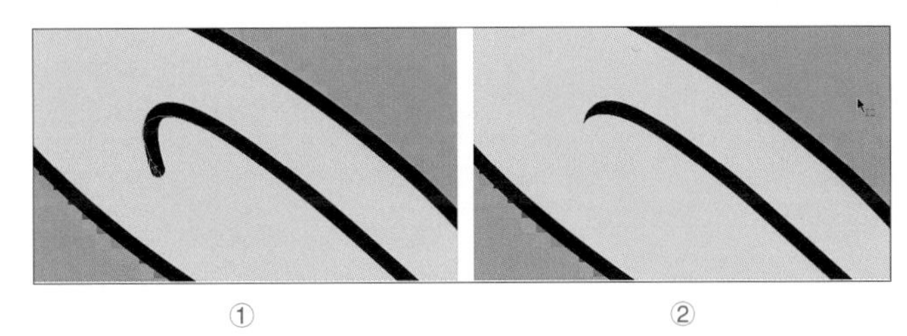

图 5-36 修改耳朵线条

（10）完成之后选中图层 3 上的耳朵，并且把耳朵编组，然后按键盘上的 Ctrl+X 剪切，选中图层 2，再按住键盘上的 Ctrl+Shift+V 原位粘贴。（如图 5-37）

粘贴完之后会发现，耳朵“长”在了脸的前面，这是不对的，所以必须通过软件操作将它放在脸的后面去。

（11）选中耳朵，执行系统菜单上的“修改”→“排列”→“下移一层”，这样耳朵就放在了脸的后面（如图 5-38）。这种功能只适用于元件实例、组、绘制图形三种属性，在形状属性下是不能使用这个功能的。

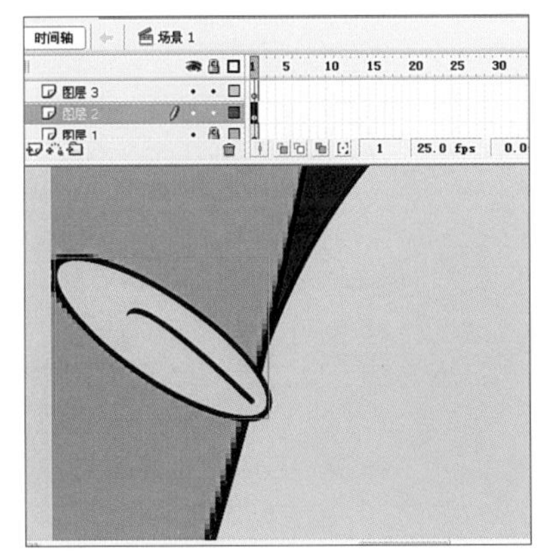

图 5-37 耳朵在脸的前排

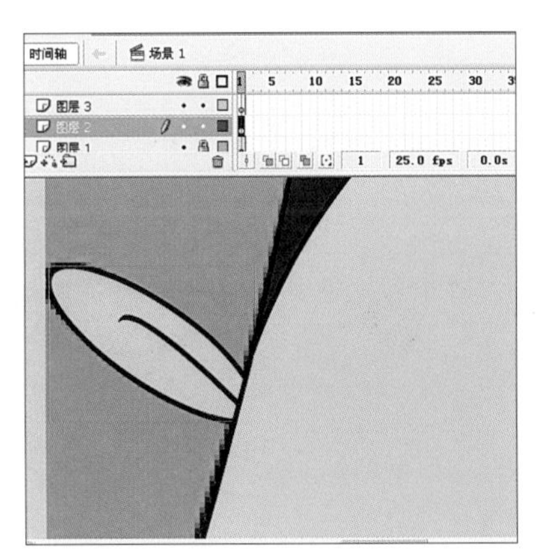

图 5-38 耳朵在脸的后排

（12）做完一个耳朵后，可以新复制一份，再使用“修改”→“变形”→“水平翻转”（如图5–39），然后调整到脸的另一边上去。

（13）隐藏图层 2 上的信息，在图层 3 上绘制眉毛。使用矩形工具（无须笔触颜色，填充色为 R：116 G：64 B：33）拉一个矩形，然后在通过选择工具进行调整（如图 5–40）。

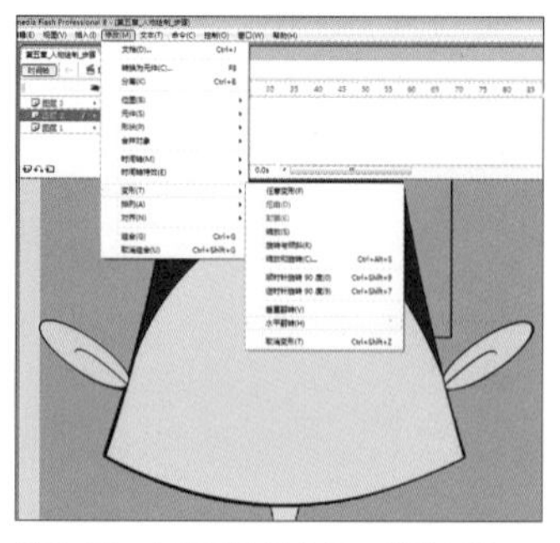

图 5–39 水平翻转调整另一边的耳朵

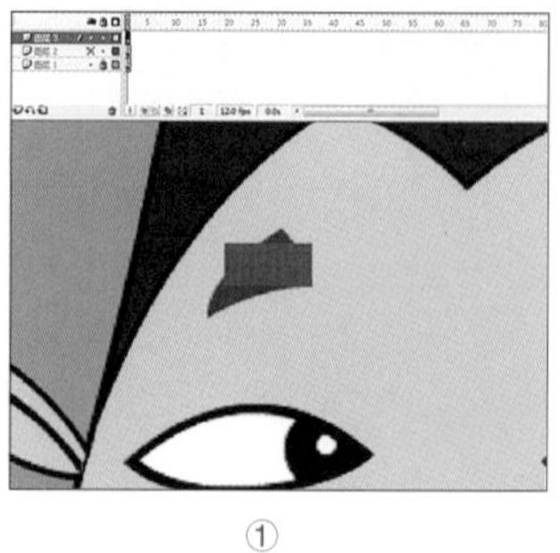

① ②

图 5–40 矩形工具绘制眉毛

（14）使用系统菜单中的“修改”→“组合”或者使用快捷键 Ctrl+G 对眉毛进行组合，然后复制一份，使用“修改”→“变形”→“水平翻转”把新的眉毛放置于人物的左侧额头上（如图5–41）。

（15）剪切眉毛，并原位复制到图层 2 上去（如图 5–42）。

（16）隐藏图层 2，在图层 3 中使用笔触线高度为 3 号的线条工具，拉出鼻子和嘴巴上部分（如图 5–43），再通过系统菜单中的“修改”→“形状”→“将线条转换为填充”（如图 5–44）。

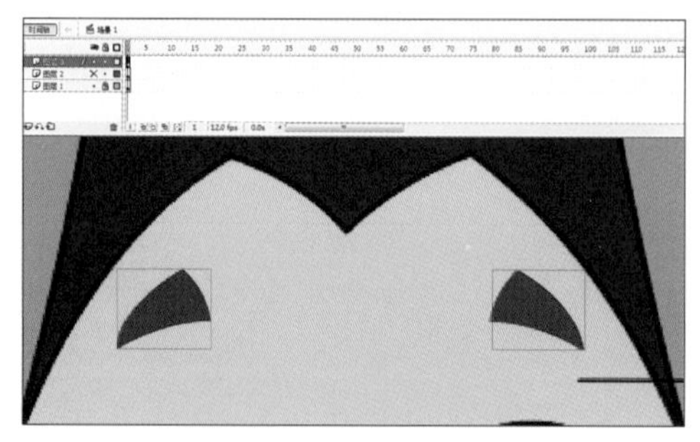

图 5–41 复制一份作为另一边的眉毛

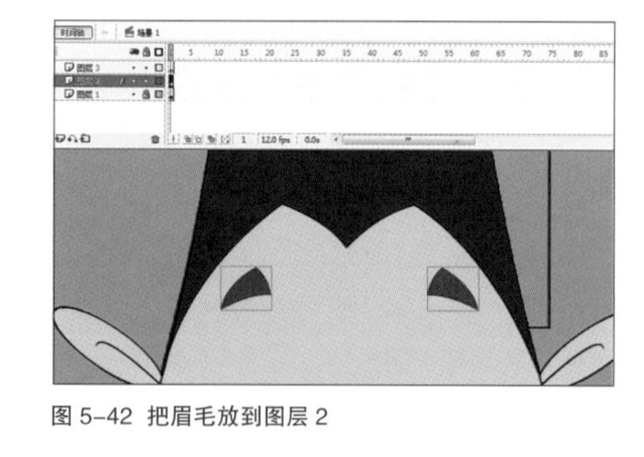

图 5–42 把眉毛放到图层 2

图 5–43 线条工具绘制鼻子和嘴巴

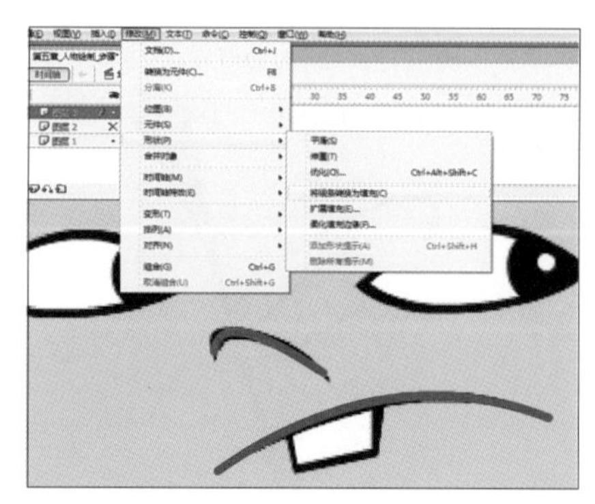

图 5–44 将鼻子和嘴巴转化为填充色

（17）使用选择工具，拖动线条的顶点（如图 5–45）。

（18）使用矩形工具拉出一个矩形，把上面一条线选中，用键盘上的 Delete 键删除。再通过选择工具进行调整，绘制出牙齿（如图 5–46）。

（19）完成之后分别对鼻子和嘴巴进行编组，并将它们剪切粘贴到图层 2 上来（如图 5–47）。

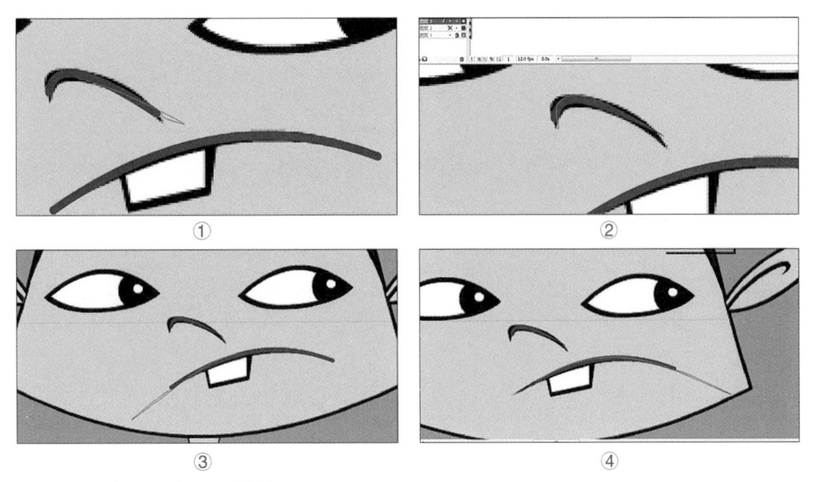

图 5–45 对鼻子和嘴巴进行修整

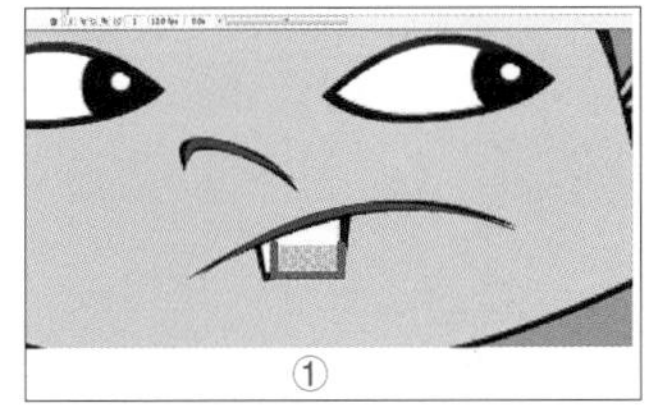

图 5–46 矩形工具绘制牙齿

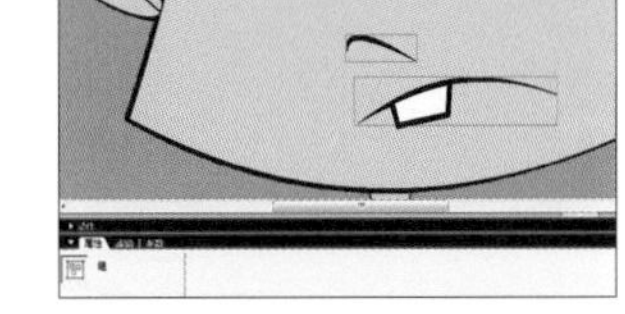

图 5–47 将其编组，移至图层 2

接下来绘制整个眼睛，眼睛和之前绘制的其他部分略有不同，因为在动画制作的时候，眼珠会根据身体的动作进行转动，而转动的时候，眼珠又不能转出眼皮所包裹的范围，所以需要用到遮罩层对眼珠进行遮罩，这样即使当眼珠转出了眼皮所能覆盖的地方，也不会出现穿帮现象。

（20）隐藏图层 2，回到图层 3，使用矩形工具在眼睛处拉一个矩形，然后使用选择工具配合键盘上的 Ctrl 拉出多个顶点，稍作调整。（如图 5–48）

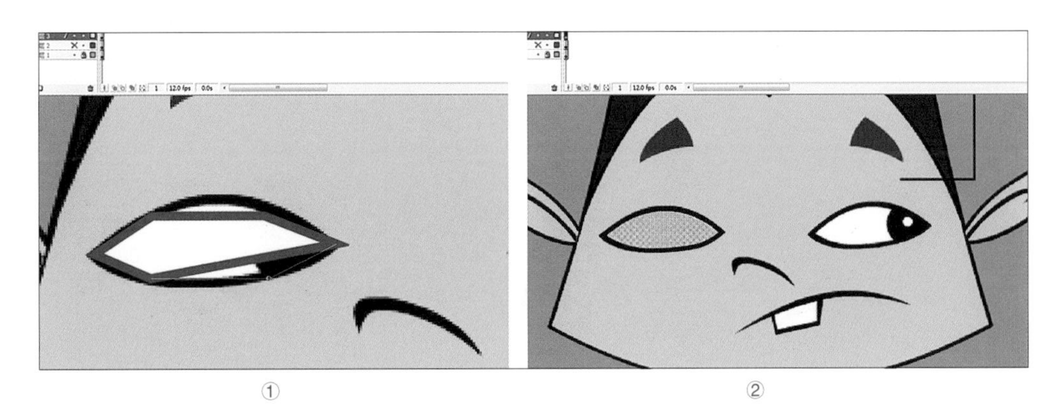

图 5–48 矩形工具绘制眼睛

(21) 完成之后将其转换为图形元件（如图 5−49）。进入到元件内部，新建一层图层 2，使用椭圆工具绘制一个圆作为眼珠（如图 5−50）。

(22)将眼珠复制一份出来，并且使用任意变形工具缩小一点，改为白色，成为眼珠的高光部分，然后将 2 个圆分别编组并放在一起（如图 5−51）。

(23) 选中眼睛的外轮廓线，剪切并且粘贴到新的图层 3 上去（如图 5−52）。

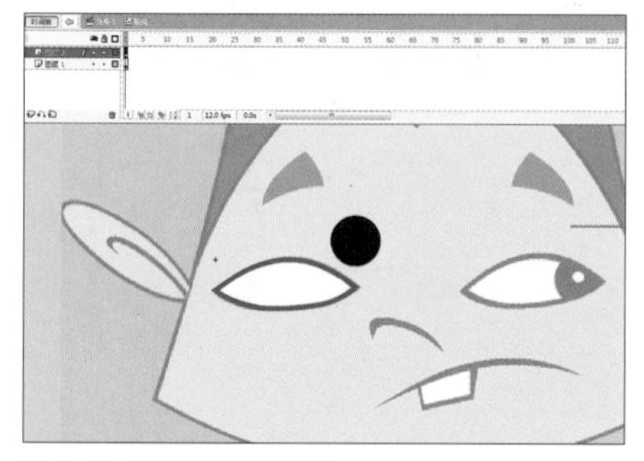

图 5−49 眼睛草图转为元件

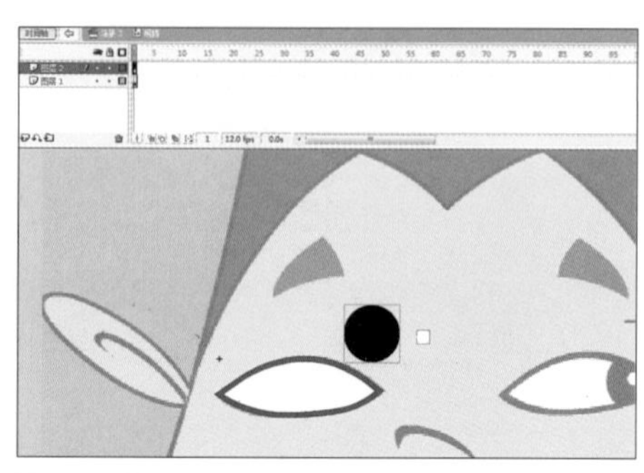

图 5−50 新图层上绘制圆

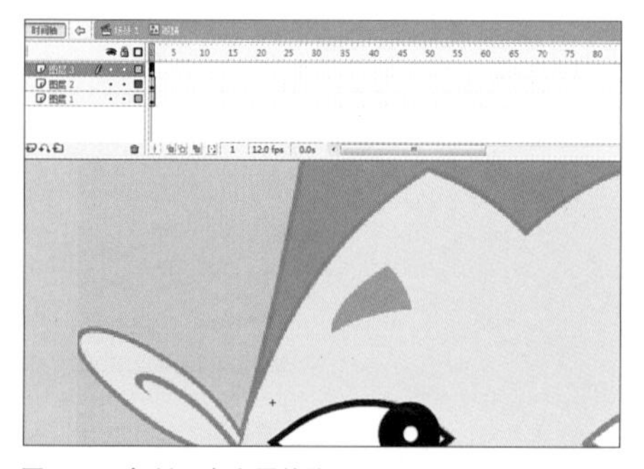

图 5−51 复制一个小圆并编组

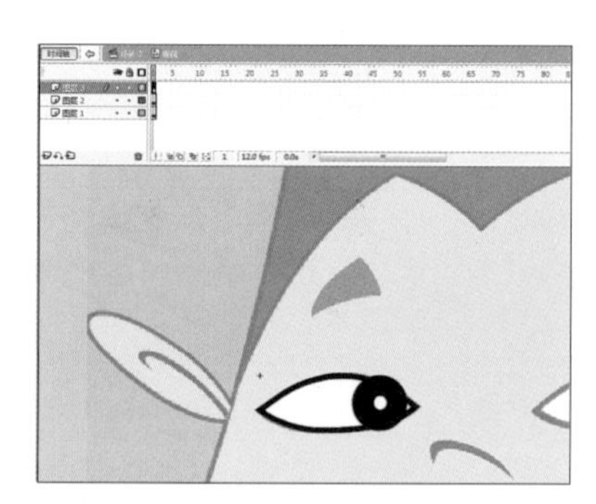

图 5−52 眼睛外轮廓放置到图层 3 上

(24) 选中图层 1 上的眼白，进行复制，按快捷键 Ctrl+V。然后在图层 2 上新建一层图层 4，粘贴到此处（如图 5−53）。最后在图层 4 上右键单击，选择遮罩层即可实现眼睛的遮罩效果（如图 5−54）。

(25) 点击时间轴上的“场景 1”回到主场景，选择刚才制作好的眼睛元件，使用键盘上的 Ctrl 按住鼠标左键进行拖拽，复制出一个新的眼睛（如图 5−55）。然后再将其剪切并原位粘贴到图层 2 上。

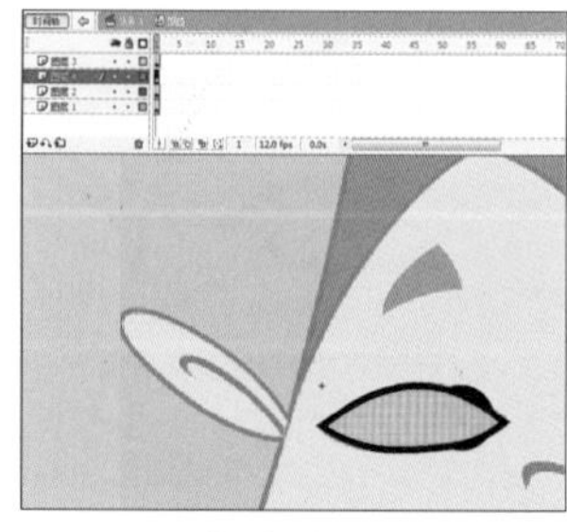

图 5−53 眼睛外轮廓放置到图层 3 上

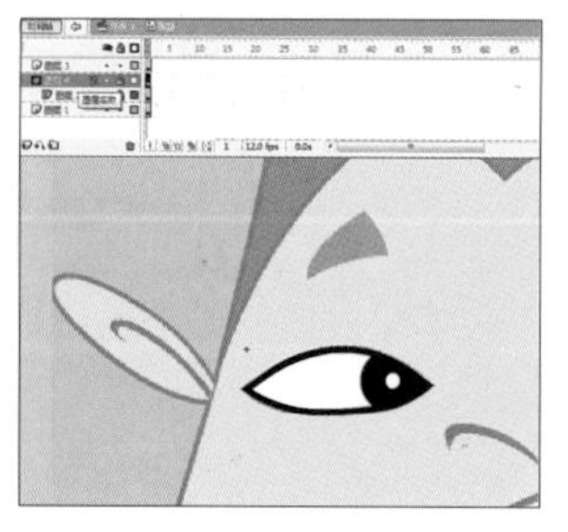

图 5−54 眼睛外轮廓放置到图层 3 上

图5−55 眼睛元件复制一份

（26）选中头部制作好的所有组合部分，通过键盘上的 F8 将其转换为一个图形元件（如图 5–56）。

至此，头部的元件已初步创建完成。在后面的动画制作中，也有建库人员喜欢把眉毛和眼睛编组成一个元件，这样在做眨眼动画的时候比较方便（如图 5–57）。

这里有几点经验总结，可供学习参考：在参照底图制作人物元件的时候，绘制时可以先不用设定好颜色，比如说脸形的外轮廓线是黑色，那么制作的时候可以先把外轮廓线改为其他颜色，这样在制作的时候就能比较清晰地分辨出哪个地方是底色、哪个地方是后来绘制的颜色，当制作并调整好位置之后，再把颜色改回来。熟练使用矩形工具加选择工具绘图是一个很快速的方法，因为在绘制的同时已经把颜色给填充上去了，虽然这种方法对于新手来说有点困难，但只要多加练习就能熟练起来。另外，对于角色中的各个部件的绘制应该养成绘制完成后编成组的习惯，这样不仅调节起来方便，对于日后的修改工作也会起到积极作用。

图 5–56 整个头部转为元件

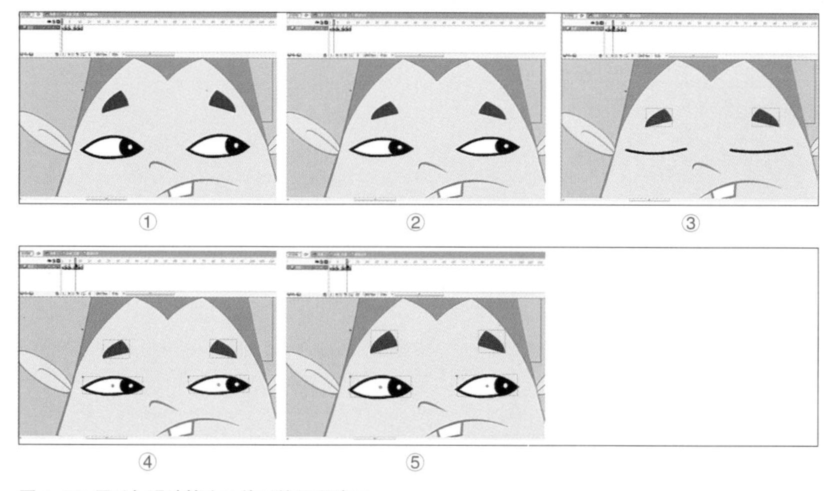

图 5–57 眉毛与眼睛转为元件后的眨眼动画

身体制作

在开始制作之前提醒学生记得时刻保存，由于很多电脑文件经常被学生误操作导致文件损坏，这样不仅会花费大量的无用精力，也浪费了宝贵的时间。

点击系统菜单中的“文件”→“另存为”可以备份一份新的文件，这样即使原文件损坏还有另一个可以利用，不至于再从零开始。

（1）使用矩形工具，继续在图层 3 上绘制一个矩形，再通过选择工具调整矩形的样子以贴合底图的脖子。如图 5-58 所示。

（2）将脖子编成组，剪切并粘贴到图层 2 上，再执行系统菜单中“修改”→“排列”→“移至底层”（如图 5-59）。

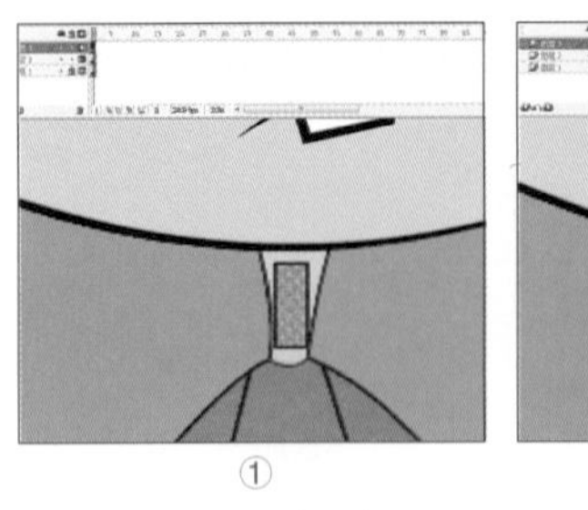

①

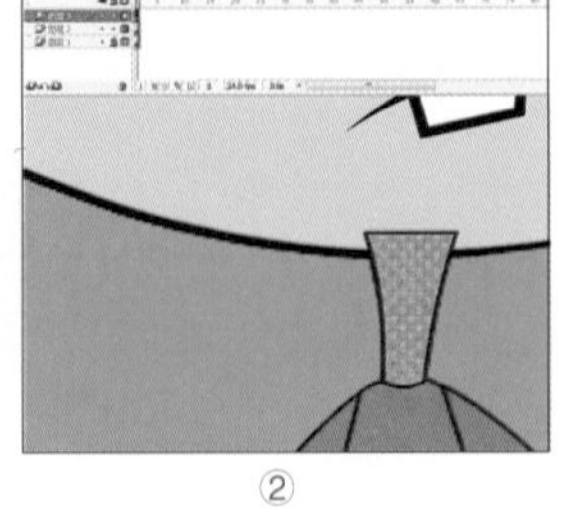

②

图 5-58 矩形工具绘制脖子

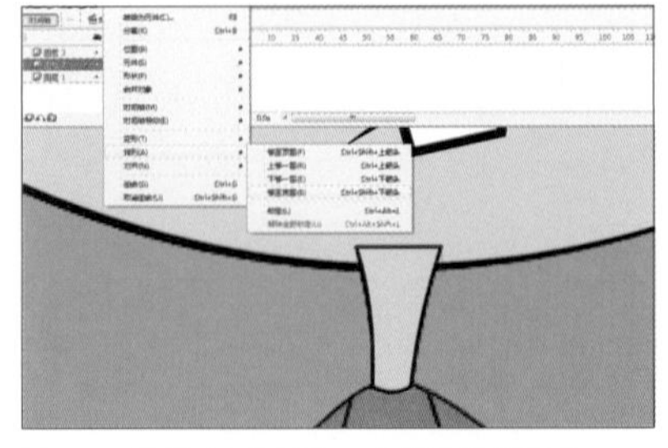

图 5-59 脖子移至图层 2，并放于脸部下面

（3）使用矩形工具在图层 2 上绘制一个矩形，使用选择工具结合键盘上的 Ctrl 键进行调节（如图 5-60）。

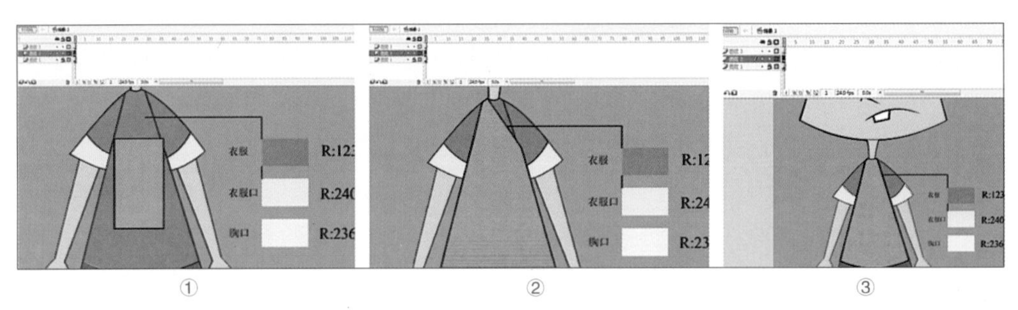

① ② ③

图 5-60 矩形工具绘制衣服

（4）然后将其编组，隐藏图层 2，在图层 3 上绘制衣服上的图案。先使用椭圆工具，然后通过任意变形工具修改形状以贴近参考图片（如图 5-61）。再新建一个椭圆，用同样的方法绘制下面的形状（如图 5-62）。

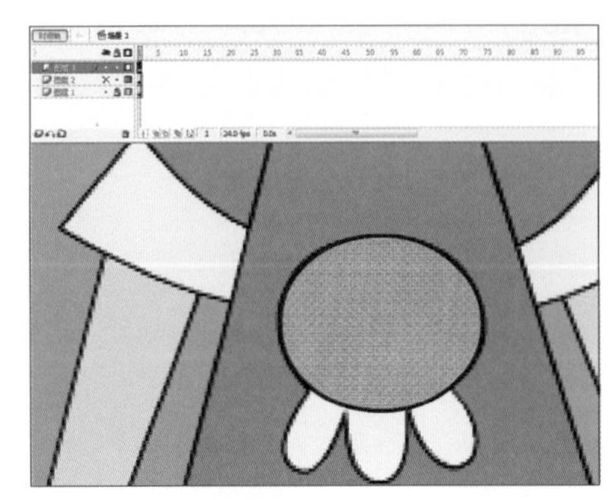

图 5-61 椭圆工具绘制圆

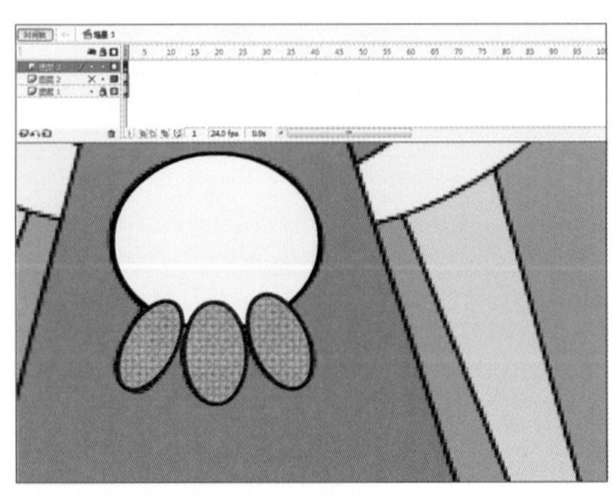

图 5-62 椭圆工具绘制 3 个椭圆

（5）选中多余的线条，按键盘上的 Delete 键删除（如图 5–63）。

（6）新建图层 4 并隐藏图层 3，在图层 4 上按底图绘制两个椭圆（如图 5–64）。

（7）剪切两个椭圆到图层 3 上，鼠标任意点选一下其他地方，再点选图层 3 上的两个椭圆，按键盘上的 Delete 键删除（如图 5–65）。

（8）随后使用工具栏中的墨水瓶工具，在 2 个空洞边缘添加笔触线。最终选择制作好的图案，执行系统菜单中的"修改"→"组合"将其编成组，再剪切并粘贴到图层 2 中（如图 5–66）。

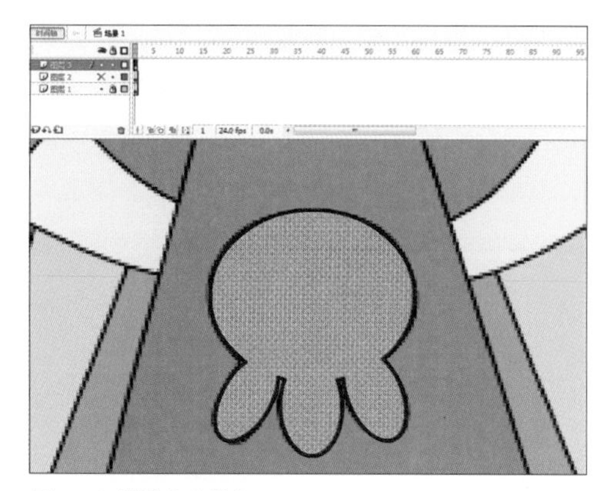

图 5–63 删除多余线条

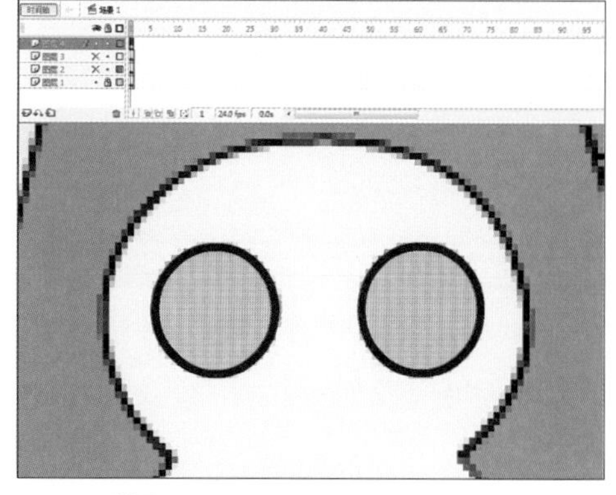

图 5–64 椭圆工具绘制两个椭圆

图 5–65 剪切椭圆并删除

图 5–66 图案最终效果

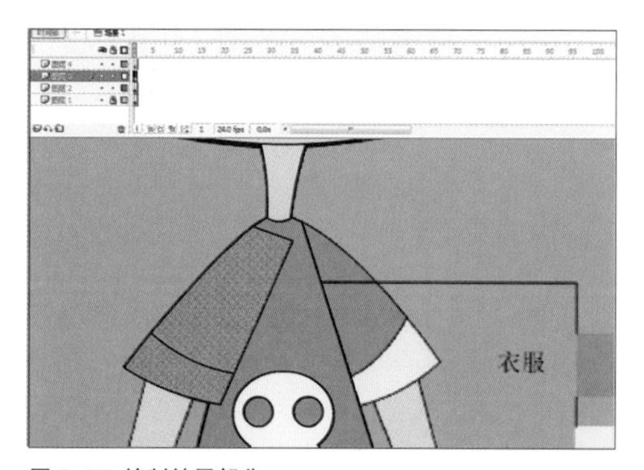

图 5–67 绘制袖子部分

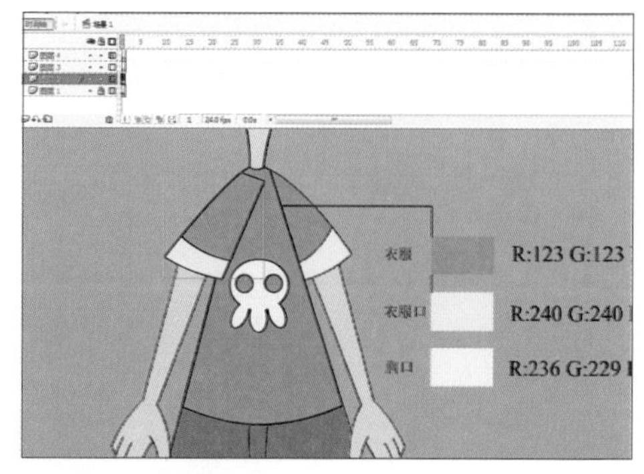

图 5–68 改变袖子颜色

为了后面制作方便，可以把衣服和图案再次执行系统菜单中的"修改"→"组合"转为组，使两个单独的组成为一个新的组。

（9）使用矩形工具和选择工具，在图层 3 上把衣服的袖子绘制出来，再利用线条工具拉一

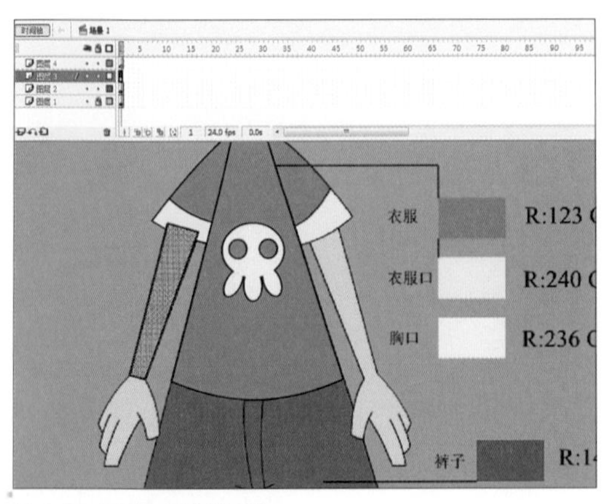

图 5-69 矩形工具绘制手臂

条直线，调整一下（如图 5-67）。使用油漆桶工具，改变袖子颜色。然后将整个袖子部分编组。剪切并且原位粘贴到图层 2 上（如图 5-68），再执行系统菜单中“修改”→“排列”→“移至底层”将袖子移动到衣服下面。

（10）在图层 3 上使用矩形工具绘制一个矩形，并且使用选择工具调整至底图的手臂样式（如图 5-69）。

在制作手臂的时候，通常需要把手臂分成两个部分，用户可以把它理解成正常人的手臂，即分为上臂和下臂，这样在制作动作时不至于僵硬。

（11）用线条工具在手臂的中间拉一条直线把手臂分开（如图 5-70）。分别选中两个部分把其转化为组，然后删除多余的线条。完成之后把他们剪切并粘贴到图层 2 上，再执行系统菜单中“修改”→“排列”→“移至底层”将手臂移动到袖子下面。

（12）回到第 3 层使用线条工具和选择工具绘制手形，或使用矩形工具＋选择工具拉出一个矩形，方法有很多，在此就不再重复操作。完成之后将手形转换为元件（如图 5-71）。

（13）选中角色右边的整个胳膊，复制一份并且执行系统菜单中的“修改”→“变形”→“水平翻转”放置于角色的左边，再执行系统菜单中“修改”→“排列”→“移至底层”将整个左边的胳膊移动到衣服下。关掉图层 1，可以查看现阶段的效果（如图 5-72）。

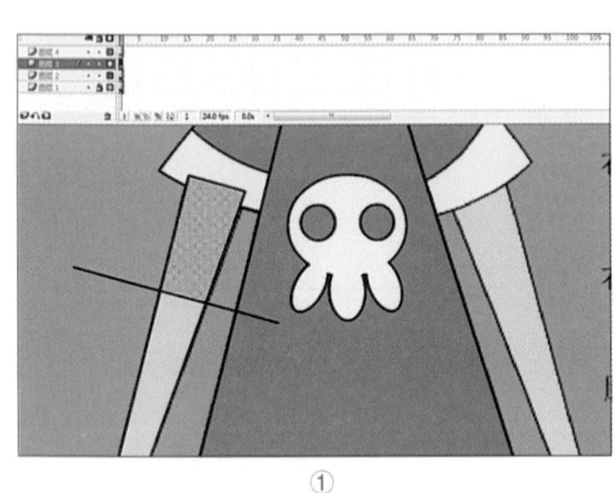

①

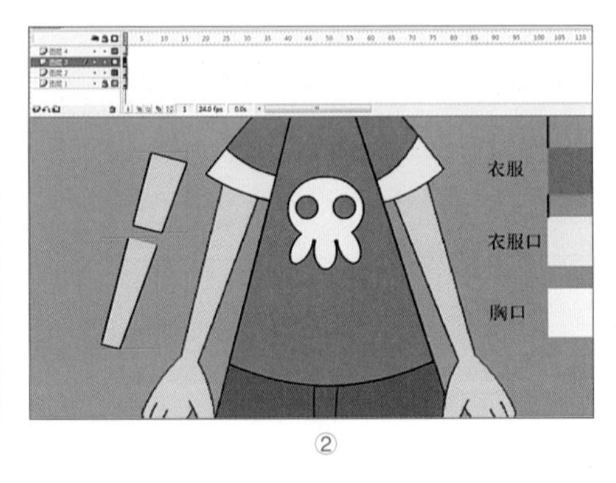

②

图 5-70 矩形工具绘制手臂

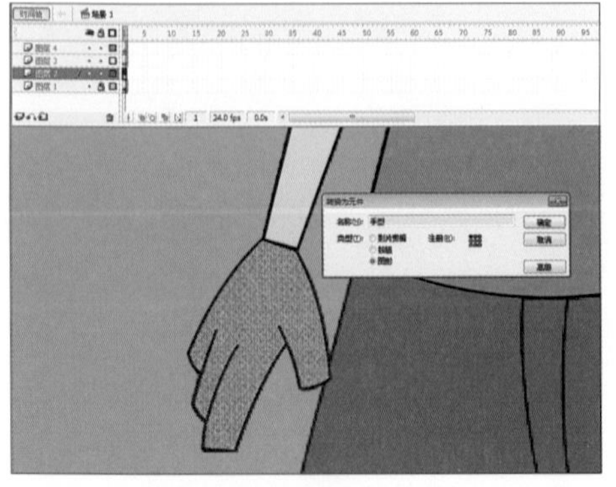

图 5-71 绘制手臂并转换为元件

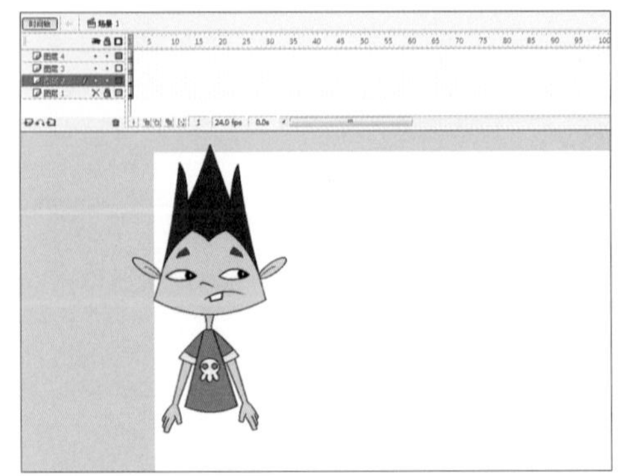

图 5-72 上半身效果图

通过制作身体部分，发现在制作的时候可以新建许多层用于各个细节部分的绘制，然后再将绘制好的部件统一到一个层中，方便管理。

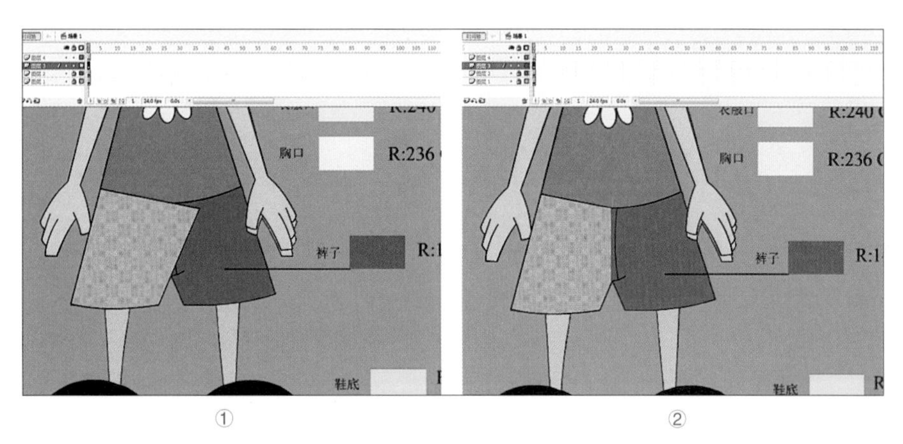

图 5-73 绘制裤管

下半身制作

裤子的制作也不是一般的按图绘制，因为在后面的动画制作中，可能会动到这个地方，所以一条裤子的制作往往分为 3 个部分。

（1）在图层 3 中使用矩形工具结合选择工具绘制一个裤管的形状，然后选中多余的部分按住键盘的 Delete 键删除（如图 5–73）。

（2）把裤管转换为组，复制一份并且执行系统菜单中的“修改”→“变形”→“水平翻转”放置于角色的左边，再双击该组进入到组的内部进行调整，以符合参考图形状（如图 5–74）。制作的时候应该时刻比对参照图，及时更改错误或疏忽。

（3）隐藏图层 3，在图层 4 上使用线条工具绘制出如图 5–75 这样一个形状并上色．然后删除掉多余的线条，把作为参考的红色笔触线换成黑色并把其转换为组（如图 5–76）。

（4）把图层 4 上的内容剪切到图层 3，然后把图层 3 上的整个裤子剪切到图层 2 上面，再执行系统菜单中“修改”→“排列”→“移至底层”将整条裤子移动到衣服下，隐藏图层 1 可以看到效果（如图 5–77）。

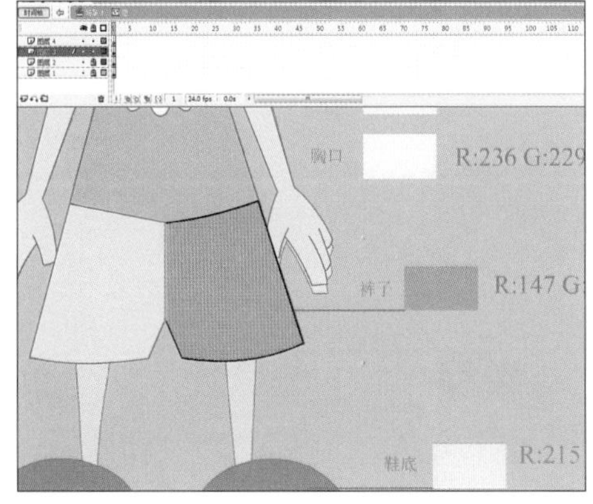

图 5–74 调整裤管

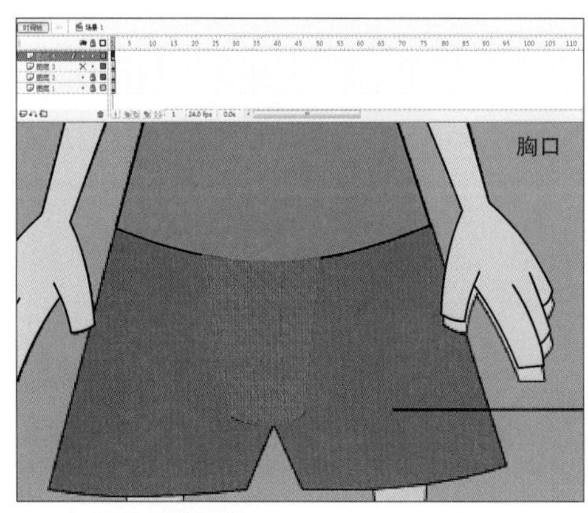

图 5–75 绘制裤管连接处

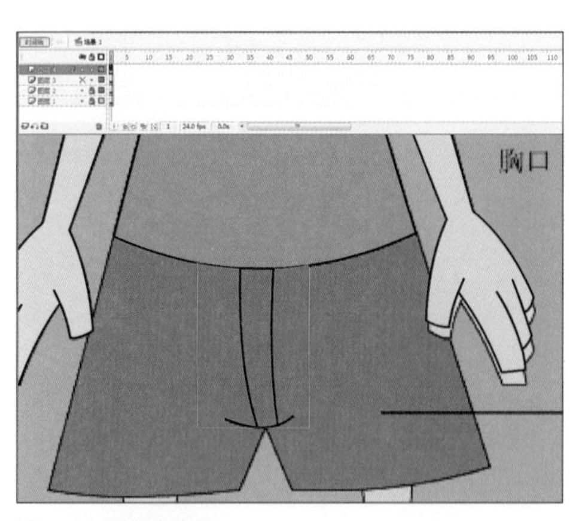

图 5-76 调整连接处

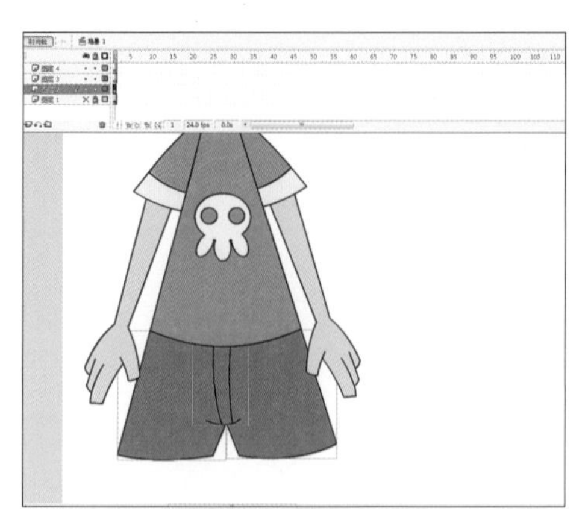

图 5-77 阶段性效果图

（5）回到图层 3，使用矩形工具创建腿部，完成后编组放到图层 2 上（如图 5-78）。

（6）使用矩形工具＋选择工具＋线条工具，创建鞋子（如图 5-79）。完成后打组，并且把整个腿部复制一份。使用系统菜单中的“修改”→“变形”→“水平翻转”放置于角色的左边，隐藏图层 1 查看角色的整体效果（如图 5-80）。

其他面的制作，也按照此类方法进行，甚至有些地方可以直接借用参照图，稍加改变一下即可，例如耳朵和眼睛等。

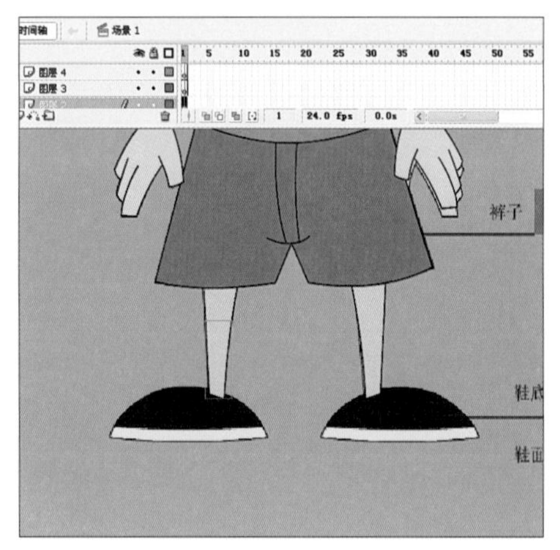

图 5-78 矩形工具绘制腿部

图 5-80 完整人物

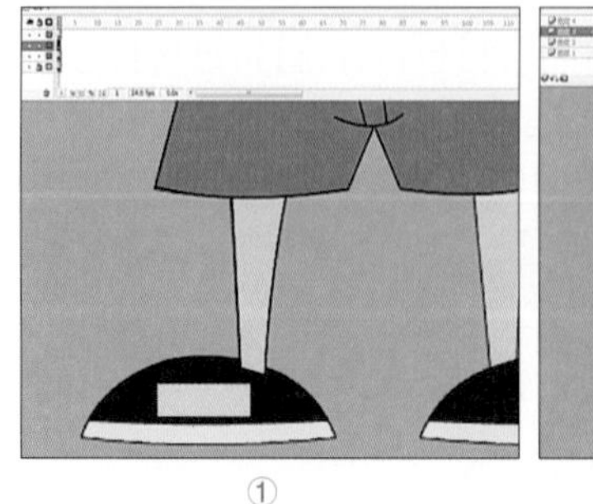

①

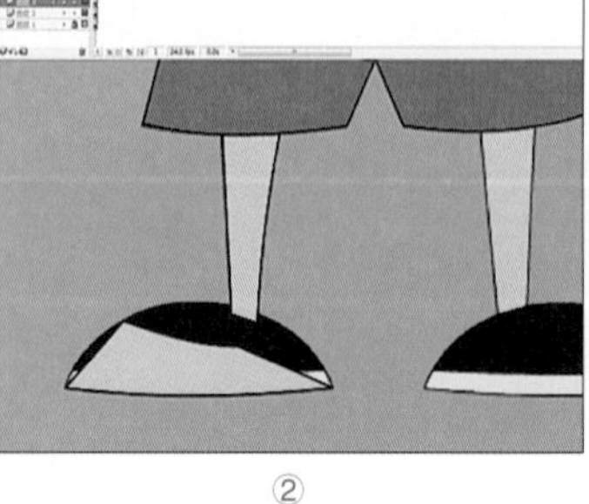

②

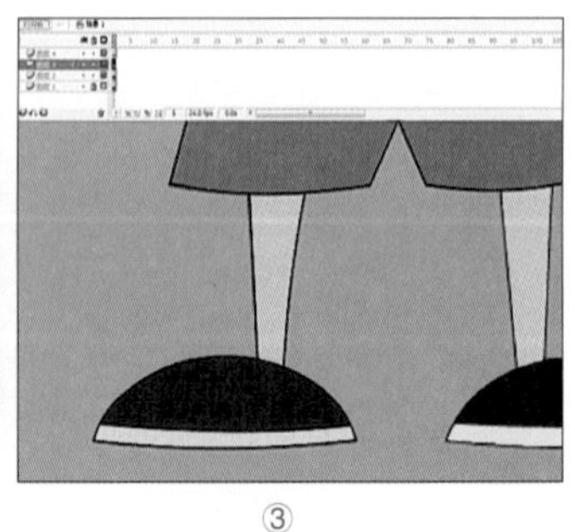

③

图 5-79 矩形工具绘制鞋子

制作总结

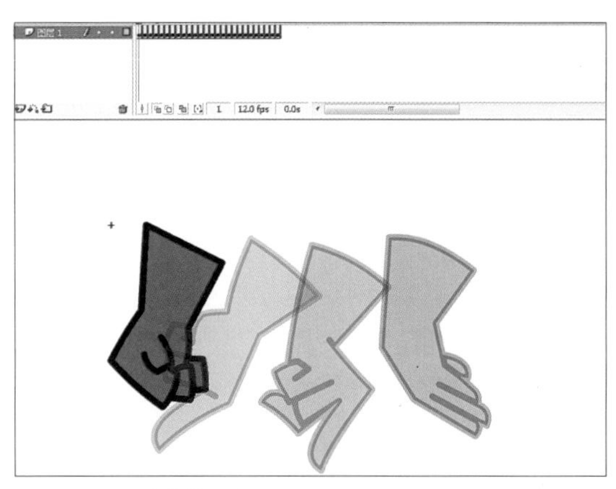
图 5-81 手形库中的手形

值得注意的是，把手转换为了图形元件，为的是在后面的制作中不断添加手形，手形元件中的样式也随之增多，这样动画师就不用重复绘制动作了（如图 5-81）。

油漆桶工具的使用问题仅存于使用线条绘制的人群，使用线条绘制的时候一定要确保每条线是相互连接的，只有这样油漆桶工具才能在里面填色，不封口的地方是无法填色的。

在这个例子的制作中运用了大量的矩形工具和椭圆工具，很多关键部分都是使用一个基本的矩形或者椭圆改变而成的，其实绘画本身也是这样，从一个基本型开始，然后不断地细化以至完成。

绘制这个角色的方法有很多，有的人可能对基本形体转变为复杂形体的绘制方式不太适应，那么也可以单纯地使用线条工具 + 选择工具直观地绘制出来。无论制作任何东西，采用一个自己最能接受，又得心应手的制作方法才是最好的方法，但要做到这些，需要制作人不断地大量练习，以达到熟能生巧的程度。

5.4.2 角色建库整理

（1）每个面的角色全部制作好之后，分别给每一个面都整体包一个图形元件（如图 5-82），选中所有的面，再将全部的角色转面，包入到一个新图形元件之中（如图 5-83）。

（2）进入到该元件，整理每个转面。选中第一个转面，将其属性栏中的 XY 轴归零（如图 5-84）。

（3）然后选中后面的三个角色，按键盘的 Ctrl+X 进行剪切，在第 2 帧处右键单击"插入空白关键帧"。把剪切的三个角色粘贴到第 2 帧上（如图 5-85）。

（4）选中第 2 帧上最左边的角色转面，在其属性栏中把 XY 轴全部归零（如图 5-86）。

后面两个面的操作都按此方法进行，最后的整理如图 5-87 所示。每个关键帧上都各自放了一个角色的转面，这样动画师在制作的时候，选中相应的帧即可。

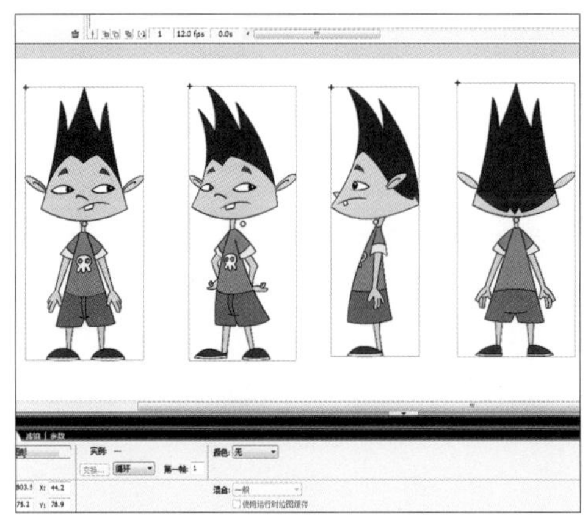
图 5-82 各转面都整体转为元件

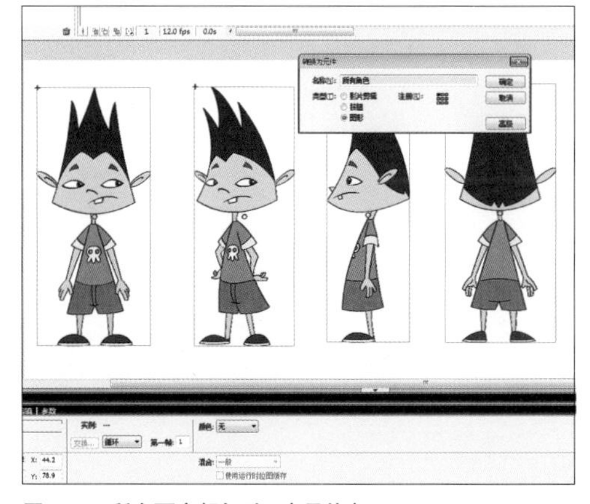
图 5-83 所有面全部包到一个元件内

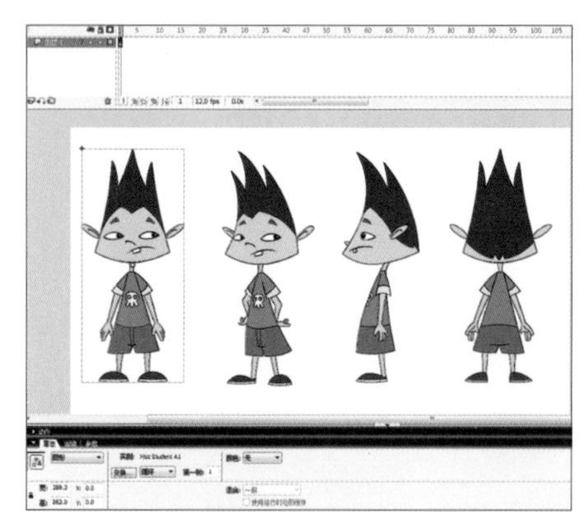

图 5-84 元件内调整角色 XY 坐标

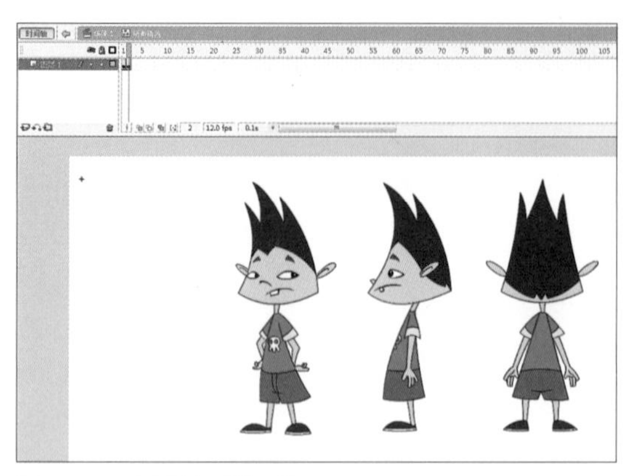

图 5-85 三个面剪切到第 2 帧

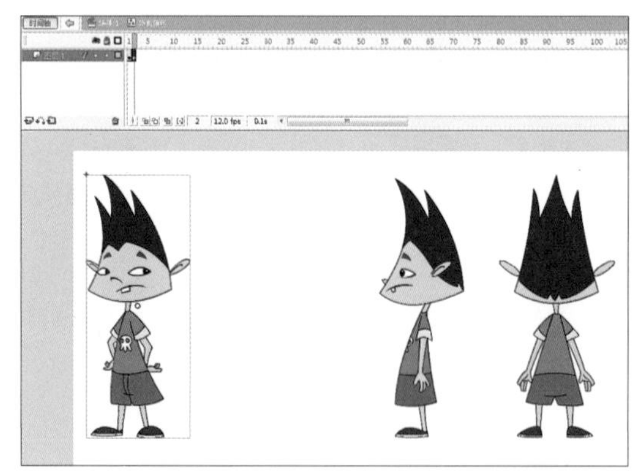

图 5-86 对齐坐标

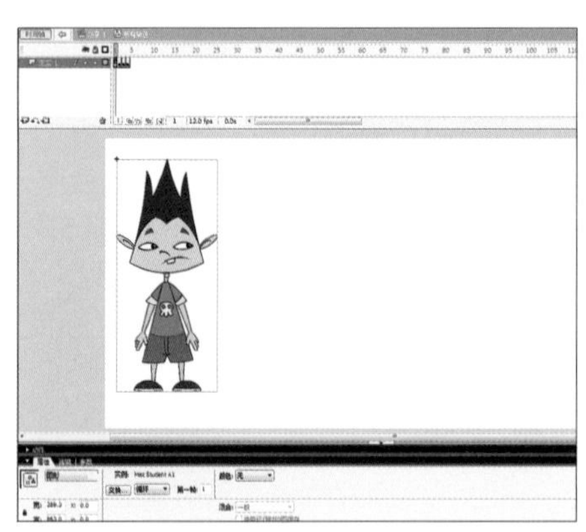

图 5-87 完整人物库

5.4.3 整理角色间的身高比例

各个角色都按照上述步骤调整好之后，都会放到一个 Flash 文档中来规定各人物间的比例高度，防止动画制作人员在制作的时候，忽略掉各人物之间的高度关系。

如图 5-88，如果主角是左边第一个的话，那么就以他的各个部位拉出一条直线，从而对应到每个配角上面，这样在一个多人物的场景下，就会有参考的依据，避免出现重大比例错误。

图 5-88 人物比例图

本章小结

在 Flash 中人物的风格大致可以分为有笔触线和无笔触线两种，在制作时无笔触线的设计风格相对简单。对于一般的加工片来说，动画师都不会参与人物设计环节，这部分多半在制作完成后再发给动画师观看，并通过不同的角色转面制作不同的镜头。

但对于独立动画工作者来说，如果想自己创作一个动画短片或者卡通形象，就要牵扯到自己进行设计与制作了，而设计工作是需要有大量参考资料的，所以参考是必须的，但并不等同于抄袭。

练习

1．自行设计一个角色，并使用Flash进行建库。

场景、道具及特效制作

目标

了解Flash中场景的绘制。
了解各种道具、特效的制作。

引言

场景、道具及特效的制作都是整个加工片的前期过程，对于动画制作者来说是应该了解并且注意的地方。

本章将讲解 Flash 场景的分类，以及各种类别的绘制技法，同时对于动画中需要的道具及特效也做了实例讲解，让学生全面了解这些应用知识。

6.1 场景设计的基本要素

对于 Flash 动画制作者来说，场景设计应该是一个相对陌生的领域，了解场景在动画中的作用，对于制作人员知识面的扩展是非常有帮助的。

6.1.1 景物的归纳与想象造型

动画中的世界是包罗万象的，而背景就是组成一个画面的核心部分。在人们生活的世界中，景物分自然景物与人工景物两类，自然景物是指天空、山水、树木、花草等大自然中的现象与状态（如图 6–1）；人工景物是指人为建造的，如房屋、街道等生活环境以及人们日常接触和使用的物件（如图 6–2）。不同的地方、不同的人、不同的种族所居住的房屋、生活的环境都是形态各异、变化万千的，这些东西都是动画背景设计的素材。自然界中的花草树木会随春、夏、秋、冬季节的变化而变化，气候现象中的阴、晴，雨、雾、雪，昼、夜等的变化也会呈现出各自不同的色彩和气氛，有些是人们可以直接体验到的，有些则需要通过间接的材料如从书面文字描述、图片或影像资料获得。

图 6-1 乡间自然景观

图 6-2 人工景观

世界中的万事万物都是互相依存的，正如人们看到什么样的景物就会联想到生活在那里的人们及他们的生存状态、行为习俗等。所以，当人们在进行一项具有特定内容的动画片背景设计时，也必须使用特定的景物造型和色彩去描绘，这就是动画角色与背景之间所存在的必然性。

在设计背景的时候，对景物进行归纳与取舍是动画背景造型的基本要求之一，目的是将景或物的特征更突出地表现出来，也就是让观众能够相信这个设计。要达到这一点，在设计绘制的时候要注意以下三个方面的问题：(1) 在形式结构上能传达出普遍的认知概念，例如一个城市的组成元素，有马路、高楼、汽车、路人、立交桥等，添加了这些元素，人们就会相信这是一个城市。(2) 对色彩的感觉，如不同的色彩对人所产生的不同的心理与生理反应，例如在一个设计之中需要一个压抑的街道。那么一个狭窄的街道，被污水搞得湿漉漉的地面，在建筑物间晃来晃去的杂乱线条，再辅以周围环绕的高楼大厦，这样会让人感觉到狭小、压抑。最终在整体的色调上给予暗红色作为主体色，会给人一种喘不过气来的感觉。(3) 对空间的感知和感觉，如对画面的空间关系处理所引起的视觉上对纵深感、舒展感、压抑感、沉重感、距离感等的一般感知规律。这些是作为景物造型的形态归纳与想象造型进行发挥的基本依据。

6.1.2 色彩的归纳与想象造型

色彩归纳是将光对景物所形成的丰富的明暗、色彩层次进行适当地概括，提取最有效而又最简洁的色彩关系，突出景物的色彩特征，对景物进行言简意赅的色彩表现。应首先明确光源色与景物明暗两大色区的色相与色度的倾向，然后在此基础上根据需要增加色彩层次（如图 6-3）。

黄昏

夜晚

图 6-3 不同时间景物的颜色

在动画片中大多数镜头的背景是为衬托前景的角色服务的，背景的色彩与角色的色彩相结合才能构成一个镜头画面色彩的整体。因此，应将背景的色彩始终看作画面色彩构成元素的一部分，而不能把它当做一幅风景画或独立的画面去表现，必须随时意识到角色的色彩存在。

6.2 场景制作的分类

在 Flash 加工片中，场景的制作大致分为两种制作方式，一种是在 Flash 内部通过原始的草图直接绘制，另一种则是使用其他软件绘制，以位图或者是 SWF 格式的方式导入到 Flash 中使用。

6.2.1 直接在 Flash 中绘制

这种制作过程和前一章中所讲的人物设计过程相似。通过其他软件绘制草图设计稿（如图 6–4），再使用 Flash 工具直接描绘成矢量背景，如图 6–5 所示。

图 6–4 草图

图 6–5 矢量背景图

图 6–6 人物与背景

这样的好处在于所绘制出来的背景风格和人物设计风格完全统一，因为都是在同一个软件里面制作，不会产生属性上的不同。另外在制作的时候，也可以根据分镜本设计的需要，把场景中的某些元素单独绘制出来，转化为组，放在不同的图层上，这样当加入人物后也会有前后层关系（如图 6–6）。

其不足之处在于花费的时间比较长，制作起来比较繁琐。适合新手用来熟悉软件及工具操作。

6.2.2 使用其他软件绘制背景

现在有很多 Flash 短片为了节约成本及加快工作进度，会直接在 Photoshop 软件或者其他绘图软件中绘制背景（如图 6–7），然后在把文件存储为 PSD 格式，根据镜头的需要，让动画制作者通过各图层的元素来自我安排摆放，也会有其他的公司在前期把每个场景需要用的背景统一整理打包，制作一份表格发给动画制作人，动画制作人根据自己制作的镜头号，来对照表格上该镜头号所使用的背景号开始制作。

另一种绘制方法则是使用 Adobe 公司的另一个产品——Illustrator。因为 Illustrator 和 Flash 相似，都是绘制矢量图形的，所以很多背景及人物的设计也都是使用 Illustrator 来完成，最后通过导出为 SWF 文件，导入到 Flash 进行动画的制作（如图 6–8）。

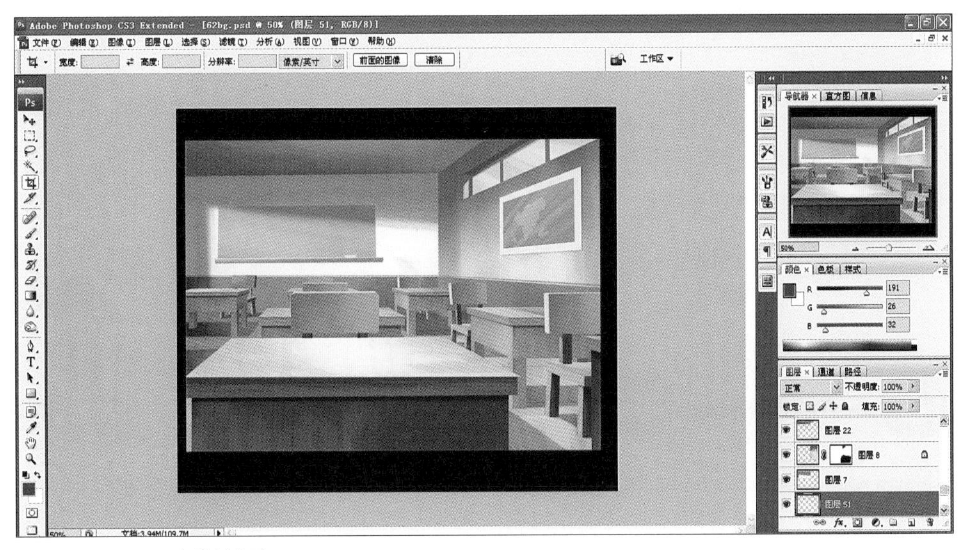

图 6–7 Photoshop 中绘制背景

图 6–8 Illustrator 中绘制角色导入到 Flash

6.3 动画片中的道具

一部片子中少不了道具，每一种道具在每部片子中都起着相应的作用，如果没有作用，那么也就没有它存在的意义。

6.3.1 道具的定义及风格

通常所说的道具，是指演出戏剧或电影拍摄所用到的器具，他们在一部戏或者一部电影中扮演着非常重要的角色。例如在电影《阿拉丁神灯》中的神灯，电影自始至终都是围绕它展开。当然电影中有很多的道具，主次各不相同。角色所穿的衣服，所持有的武器，使用的交通工具等都可以称之为道具（如图 6–9），不同的道具作用也是不一样的。

不同风格的动画片设计出来的道具风格不一样，这是片子的整体走向所决定的，就如图 6–10、图 6–11 所示，一个是非常写实的片子，道具和现实中的非常类似，另一种则是卡通夸张的风格。通过艺术手法的提炼与夸张，从而设计出来一种造型，虽然与现实中的汽车差别很大，但是观众仍然认同这个造型具有汽车的属性。

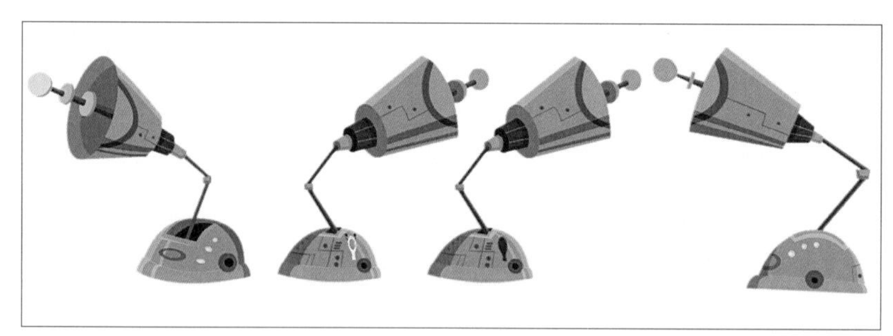

图 6–9 道具转面图

图 6–10 写实汽车

图 6–11 卡通汽车

6.3.2 Flash 中道具的制作

由于 Flash 动画是二维动画，所以制作出来的东西是平面的，但是在一个动画片之中，该道具不可能只使用那一个面，例如图 6–12 中的发射器。

在一部动画中，导演不可能一直使用道具的 45 度正面给大家看，因为如果一个片子中道具自始至终都是一个面呈现的话，观众必然会感到乏味。所以一般情况下在二维动画中，角色和道具都会以几个的面姿态展现，这样才能够避免视觉上的重复性。

下面将介绍这个发射器的多角度制作方法，由于它的制作方法和之前的人物角色制作方法类似，所以具体步骤不再详细说明，这里就更多地讲解技巧操作以及快捷方法（如图 6–13）。

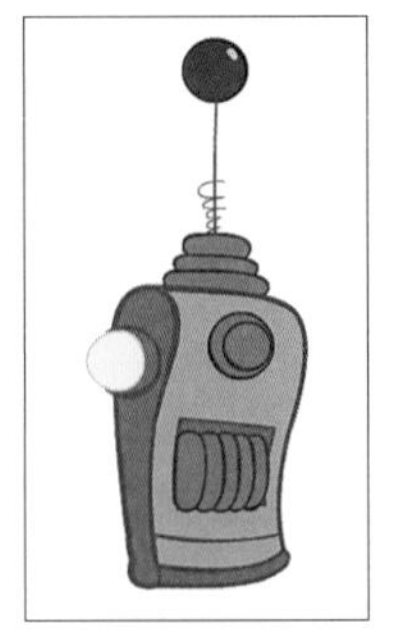

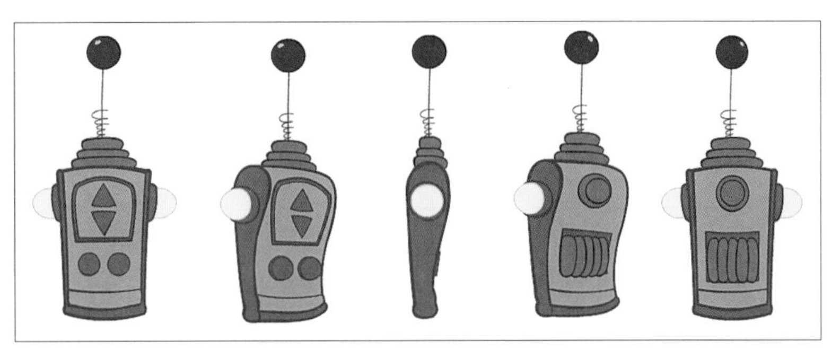

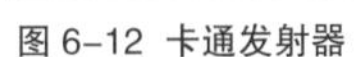

图 6–12 卡通发射器　　图 6–13 完整效果图

开始前的准备

建库人员拿到由道具设计师绘制的彩色位图图片之后，放入到 Flash 中并且锁定，以免误操作。

这里有一点需要说明，有的道具设计师绘制完成之后，发给建库人员的位图像素比例会非常大，导入到 Flash 之后，由于 Flash 默认设置的舞台大小为 550×400 像素，舞台肯定会小于图片本身的大小。如果在时间轴上激活锁定按钮，可能会出现如图 6–14 中的情况，图片的部分内容没有显示出来。这个时候可以用时间轴上的锁定按钮进行解锁，即可看到完整的图片（如图 6–15）。

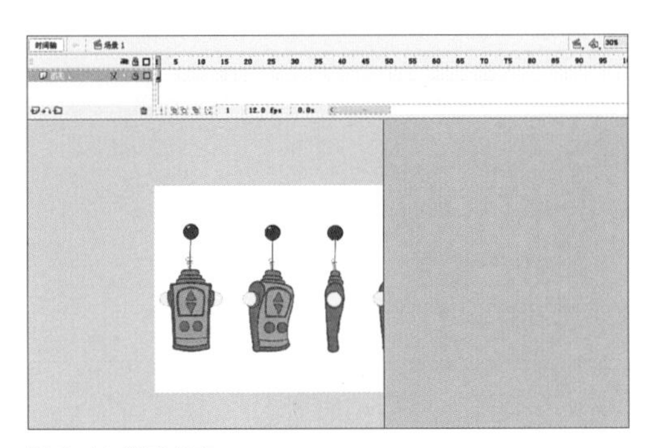

图 6–14 锁定状态

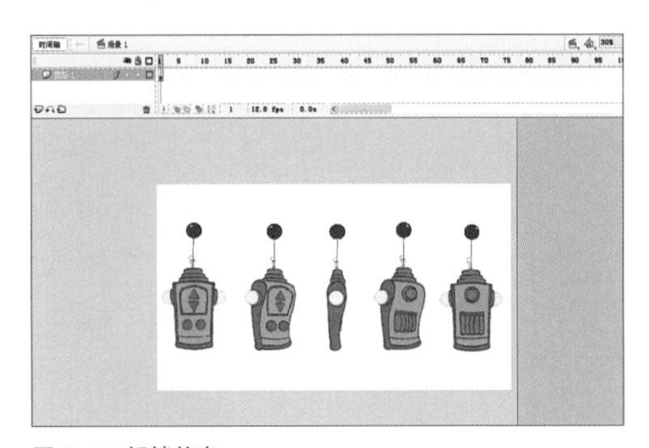

图 6–15 解锁状态

但最好的方法还是将舞台的尺寸改为与参考图片相当的尺寸（如图 6–16）。或者把参考图片等比例缩小一些。因为在 Flash 里面绘制的图案是矢量图，根据参考图片绘制完道具之后再等比例放大，对于矢量图片在质量上没有任何损失。

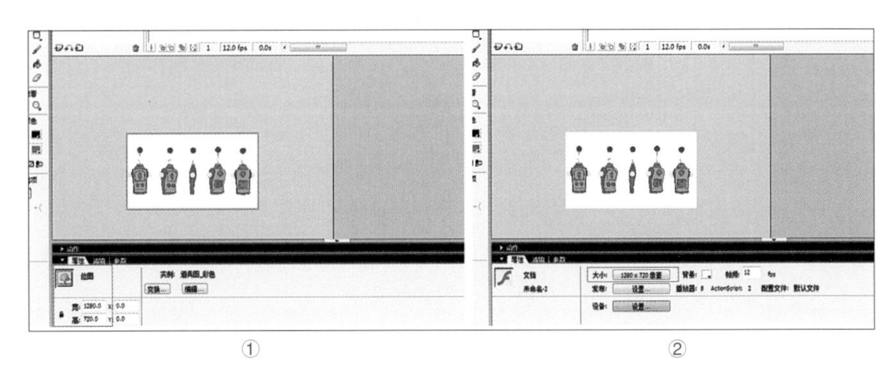

①　②

图 6–16 舞台和背景图设置一样大

中间区域绘制

由于参考图片已经设定好了颜色，所以直接吸取上面的颜色制作即可，但可以先使用一个与参考色相差很大的颜色进行区域的制作，这样有助于分辨制作的区域和参考的区域（如图 6–17）。还有一个方法是绘制完矩形之后，在矩形层点击时间轴上的"显示轮廓"按钮进行调节（如图 6–18）。

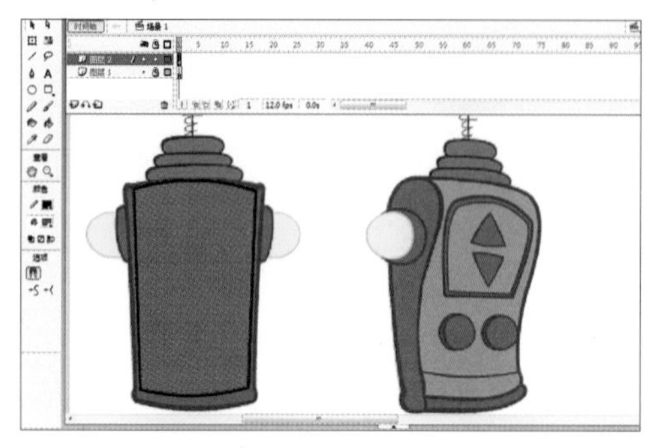

图 6–17 矩形绘制发射器身体

图 6–18 使用显示轮廓按钮调节

如果想要更换轮廓线的颜色，可以对图层右击，在弹出的菜单中点击"属性"，在"轮廓颜色"中选择需要的颜色即可。在绘制完第一个矩形之后，外面还有一个轮廓线（如图 6–19）。

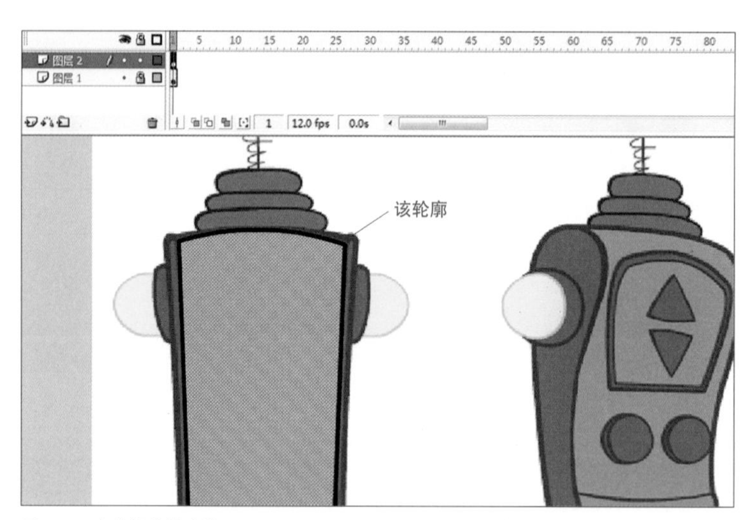

图 6–19 身体的外轮廓线

学生可以使用线条工具 + 选择工具进行描边，这个方法虽然最直观，但并不是最快的方法。可以选中刚才制作好的外轮廓线，记住只是选中外轮廓线而不是选中刚才制作好的矩形，然后使用键盘上的 Ctrl+C 复制，直接使用 Ctrl+Shift+V 进行原位粘贴。这个时候会感觉到画面没什么变化，实际上外轮廓线已经复制了一份放在了原始的位置，这个时候再使用快捷键 Ctrl+Alt+S（系统菜单中"修改"→"变形"→"缩放和选择"）打开缩放和旋转工具，在缩放那一栏输入 110%，会看到刚才复制在原始位置的线条放大了一些。（如图 6–20）

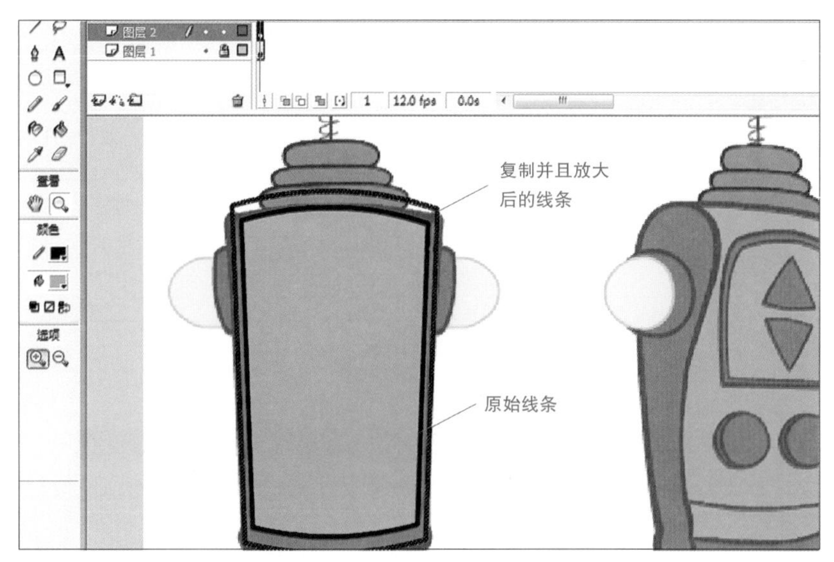

图 6-20 快捷键直接复制一个轮廓线

再使用线条工具结合键盘上的 Ctrl 键进行调整，使之匹配参考图片。

完成之后在把制作的笔触线颜色和填充颜色改为参考图规定的颜色并且转为组即可。上面的按钮制作部分就不再详细说明，按照以前制作的方法即可完成。

上半部分的制作

首先在上半部分可以看到3个类似于矩形但边角又比较平滑的物体。这里可以使用矩形工具，然后点选下面的"边角半径设置"按钮，在"边角半径"值这个地方输入"8"即可让绘制出来的矩形边角带有弧度（如图 6–21）。

绘制一个矩形出来。记住，这里只需要绘制一个矩形，后面的都可以复制它并加以小幅度的修改即可。根据参考图调整一下样式，然后编组，继续复制并使用任意变形工具修改大小，注意 2 个组之前的层次关系，对于某些线条也可以双击进入组的内部进行调整，这样完成之后即可得到如图 6–22 所示的效果。

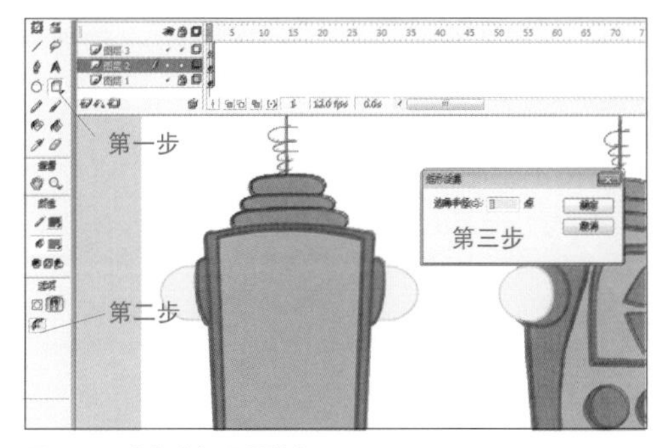

图 6-21 边角半径设置按钮

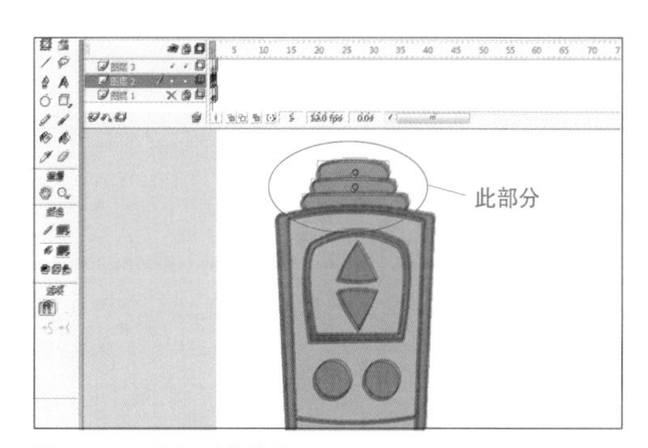

图 6-22 三个矩形的效果

上面弯曲的线条同样可以采用这种方法。使用线条工具，拉一条线并使用选择工具改成参考图片那样的弯曲程度（如图 6–23）。然后将其编组，并重复地进行复制、粘贴、调整大小，完成这些之后得到一个完整的弯曲线条（如图 6–24）。之后的天线部分可以按照以前的方法绘制。

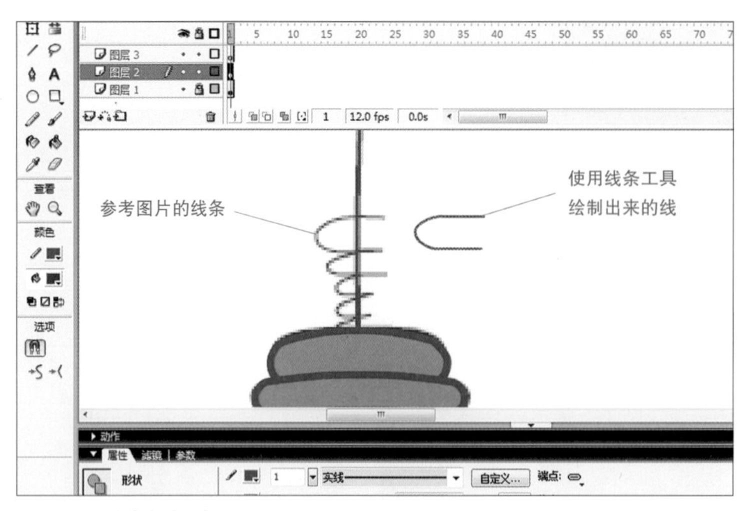

图 6-23 制作弯曲的线条

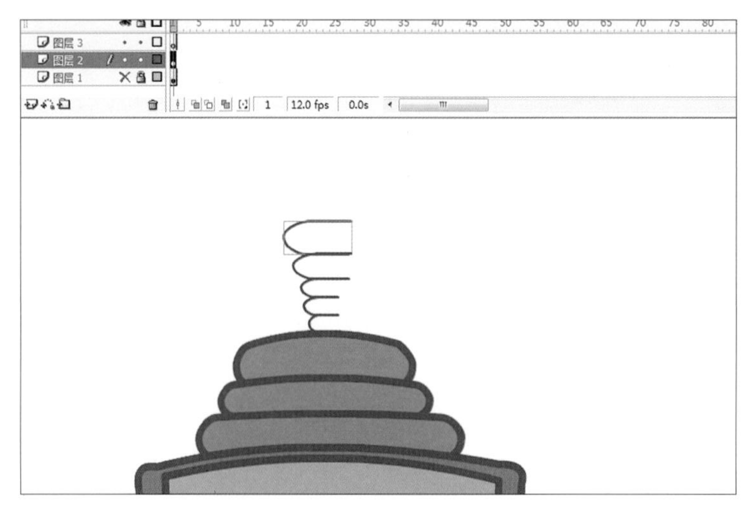
图6-24 弯曲线条完成效果图

制作好后，发射器的左右两个部件同样也只需要制作一个，然后水平翻转到另一边即可。后面几个面的制作方法均同此例。

图案转成组

有些人可能会不明白以上操作哪里应该转成组，哪里不应该转成组。其实，"组"在实际制作中，是方便制作人进行管理的，有利于动画制作时各个部件的调节。当然，打组越细致越好，但这会耗费大量的时间。例如图6-25中的一个角色的发型，把头发的高光面及反光面也单独分了一个组，但实际上不需要制作这么复杂，只用把整个头发部位转成一个组就可以了（如图 6-26）。

在动画制作的时候，由于成本及制作周期的问题，导演不会要求每一帧都去调节高光的变化，所以这个时候就不用分那么细致，除非是某个特殊的镜头需要特写头部高光的变化。

从底稿绘制为矢量图，是一个经验的累积过程，当制作熟练之后，自然就会明白哪些地方需要单独分组。

图 6-25 头发各面进行组合

图 6-26 整体进行组合

6.3.3 道具的状态及比例

有些道具在场景中只有一种状态，不会产生任何形状或者功能的变化，而有些道具在场景中会和画面中的角色产生互动，比如图 6-27 中这张桌子，默认状态是一张正常的桌子，而受到冲击之后又是另一种状态。

一般制作国外的加工片，制片商都会提供完整的道具造型及片中道具需要的状态。其目的是需要海外的外包公司完全按照制片商所设计的方案去执行，而国内的短片在这方面要求相对松散一些，某些时候只会提供一种状态，但动画中道具的形状不止一种，这个时候只有动画制作者按自己的想象去制作了（如图 6-28）。

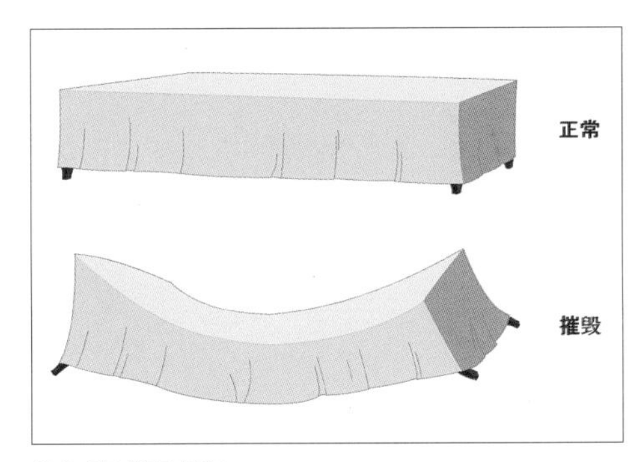

图 6-27 道具状态

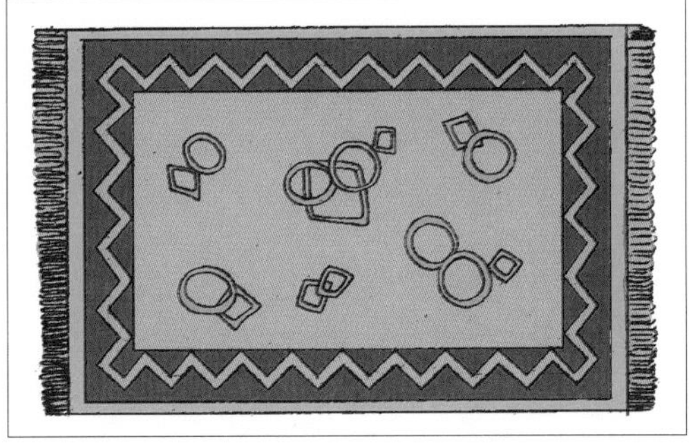

图 6-28 单一的道具状态

道具与动画中的其他事物也存在着比例的关系，一组道具绘制结束之后，发给动画师之前必须把道具的比例关系说明清楚，最直接的方法就是与场景中的人物进行比较。动画师在打开某个道具库时，会看到类似这样一个比例图（如图 6-29），它能明确表明道具在整个画面中所处的大小。

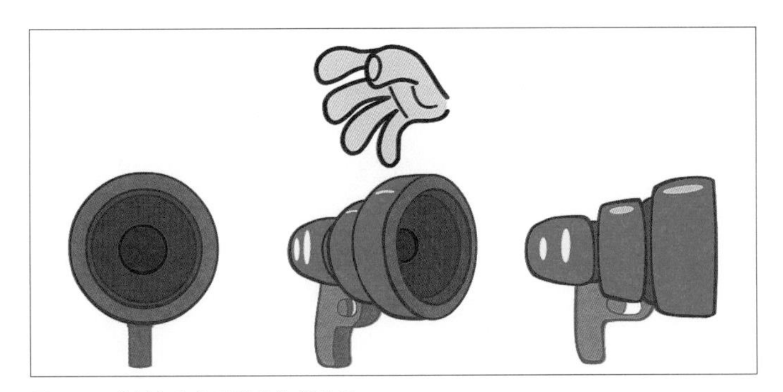

图 6-29 道具与角色手形的比例关系

6.4 特效制作

动画片中会经常出现各种自然现象，如雨、雪、水、火等。因为作为动画师，应该掌握自然现象的运动规律及制作方法。

6.4.1 雨

雨从空中落下的时候本应该是一个个小雨点，但因为雨点的体积非常小，降落的速度又非常快，人们往往因为视觉暂留的影响而看到一条条细长的雨水。在动画中，动画师捕捉了这些细节，将其改为这样的雨水效果（如图 6–30）。

图 6–30 雨水效果

雨水在降落的时候本应该是垂直落下，但由于本身特别小，降落的时候受到了风的影响，就会呈现倾斜状。当雨滴落到地面或者接触到某个物质时则会溅起一个小的水花。

在开始制作时有人会想到下雨是一连串雨水降落的动画，制作起来每一个雨滴都要被绘制其动画过程。为了免除复杂的过程，就要充分发挥 Flash 的特性、利用 Flash 元件，如果制作一个雨滴的 Flash 动画，把这个动画复制成上百份，然后在时间轴上更改它们下落的时间，使之交替地出现，这样就达到了下雨的效果。

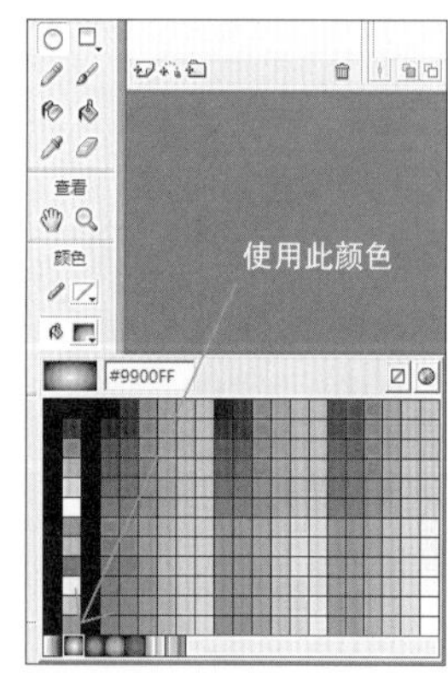

图 6–31 选择放射状填充色

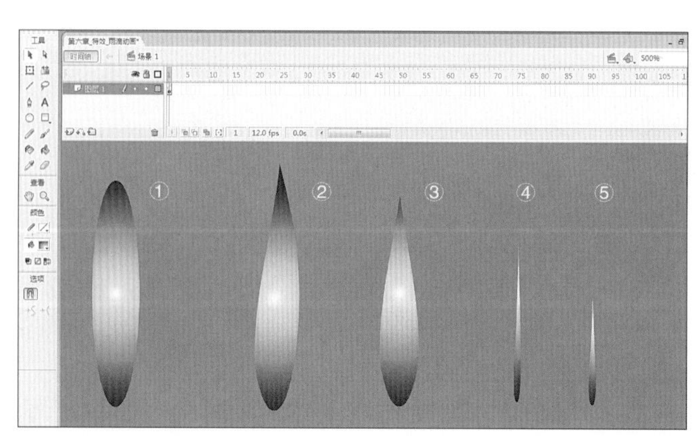

图 6–32 绘制雨滴

了解了这些之后，再来开始制作。

（1）新建一个 Flash 文档，选择系统菜单中的“文件”→“保存”按钮，或使用快捷键 Ctrl+S 保存并且更改名字为“雨滴动画”。默认场景大小即可，帧频设置为 25 帧／秒。这里为了方便观看效果，可以把舞台的背景改为灰色。

（2）使用椭圆工具绘制一个椭圆（不使用笔触色，只要填充色，如图 6–31），使用选择工具和任意变形工具调整椭圆（如图 6–32）。

（3）使用填充变形工具改变雨滴的颜色，这个地方为了演示方便改为了淡蓝色，用户制作的时候也可以自行选择颜色（如图 6–33）。

（4）将制作好的单个雨滴按快捷键 F8 保存，取名“雨滴动画”，类型选择图形元件，完成后进入到元件内部（如图 6–34）。

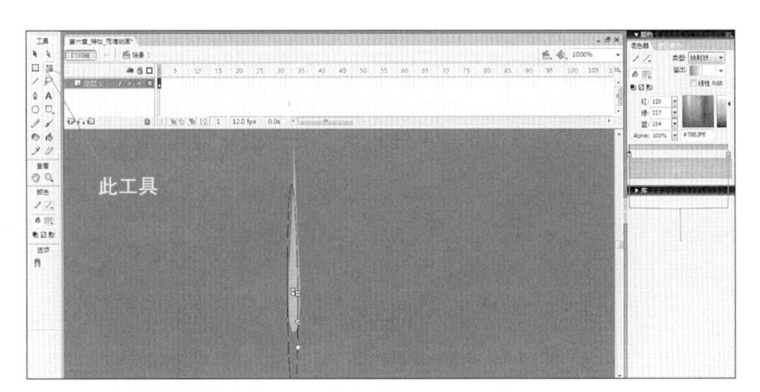

图 6–33 选择雨滴颜色

图 6–34 进入元件内部

（5）因为是在元件内部制作动画，所以必须在再给雨滴打一个元件，命名为“雨滴”（如图 6–35）。

（6）把实例雨滴的第 1 帧放到舞台外，第 15 帧插入关键帧，并倾斜一定的角度，打上补间动画（如图 6–36）。

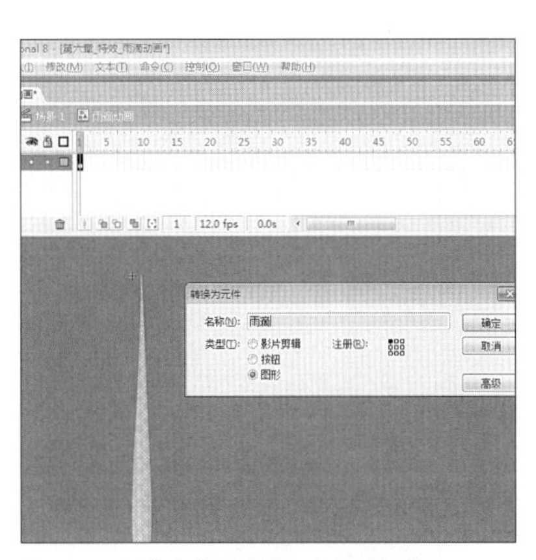

图 6–35 元件内给雨滴再一次转成元件

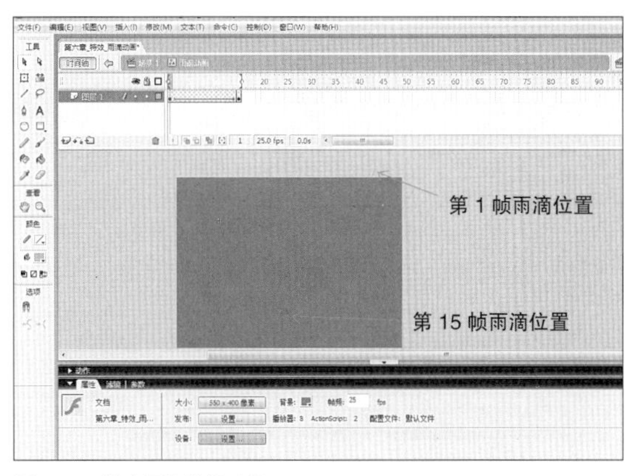

图 6–36 创建雨滴补间动画

（7）新建图层 2，从第 16 帧到第 21 帧分别绘制雨滴落地的形状，第 22 帧以后插入空白关键帧（如图 6–37、图 6–38）。

（8）在图层 1 的第 5 帧先插入一个关键帧，然后到第 1 帧选择实例雨滴，属性栏中“颜色”里面选择“Alpha”将其改为“30%”（如图 6–39）。

（9）回到场景 1 来，将制作好的雨滴动画复制 6 份，然后对每一份属性栏下面的“循环”控制按钮的初始帧进行设置，分别设为 1、5、10、15、20、25、30，错落地摆放一下（如图 6–40）。

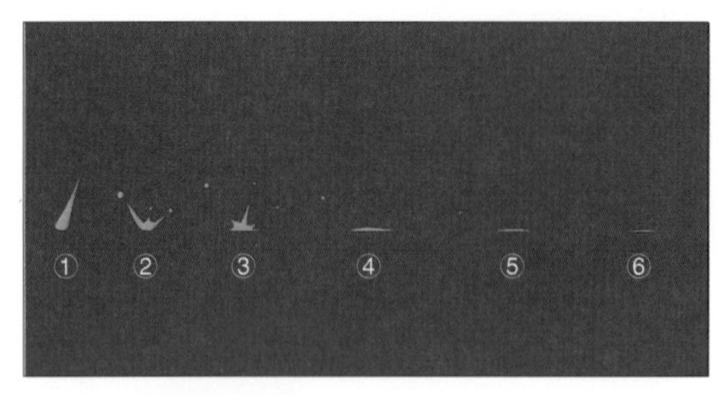

图 6–37 雨滴落地分解图

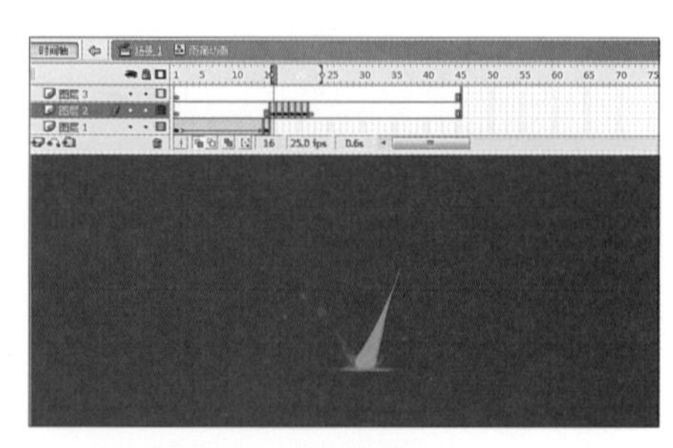

图 6–38 时间轴上绘制雨滴动画

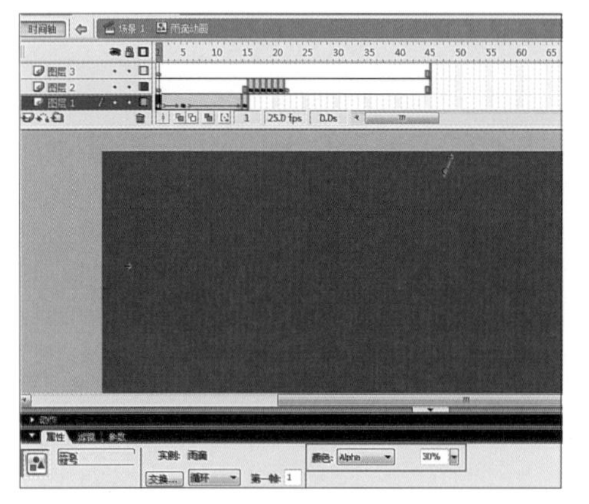

图 6–39 调整雨滴的 Alpha 值

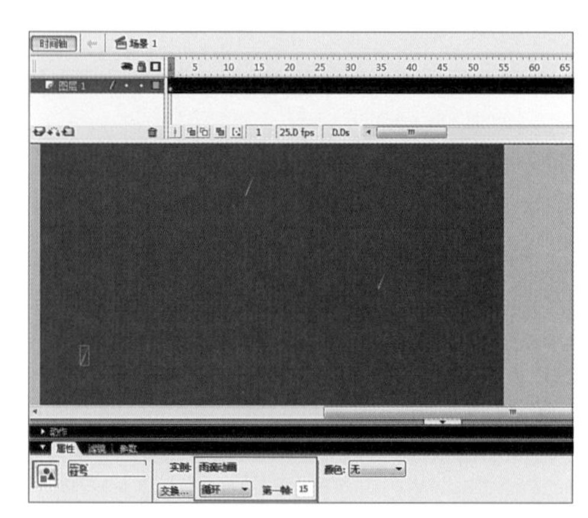

图 6–40 雨滴动画进行交叉循环

（10）把刚才制作好的动画全部选中，并且再包一个元件，继续丰富雨滴下落的效果（如图 6–41）。

（11）进入到新建的元件内，并把帧数拉到 90 帧，回到场景 1，把这个实例多复制几份，也可以把每一实例进行放大或者缩小。对每一份属性栏下面的“循环”控制的初始帧进行设置，使其产生错落感（如图 6–42）。

（12）选中所有内容将其包裹在一个元件之内，取名“雨滴动画 _ 完整”，进入到这个元件内部，延长帧数到 90 帧（如图 6–43）。

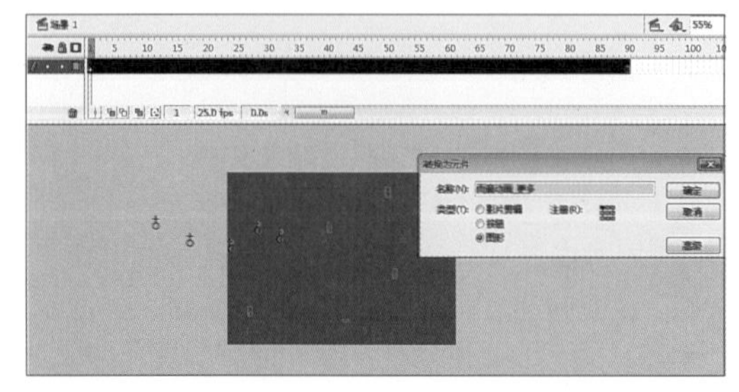

图 6–41 继续丰富动画

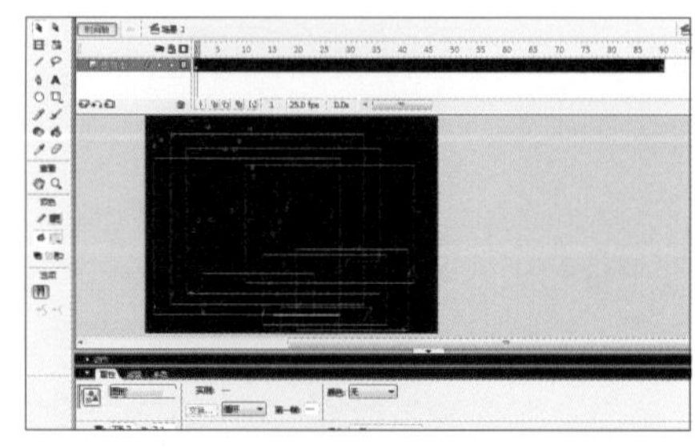

图 6–42 继续设置交叉动画

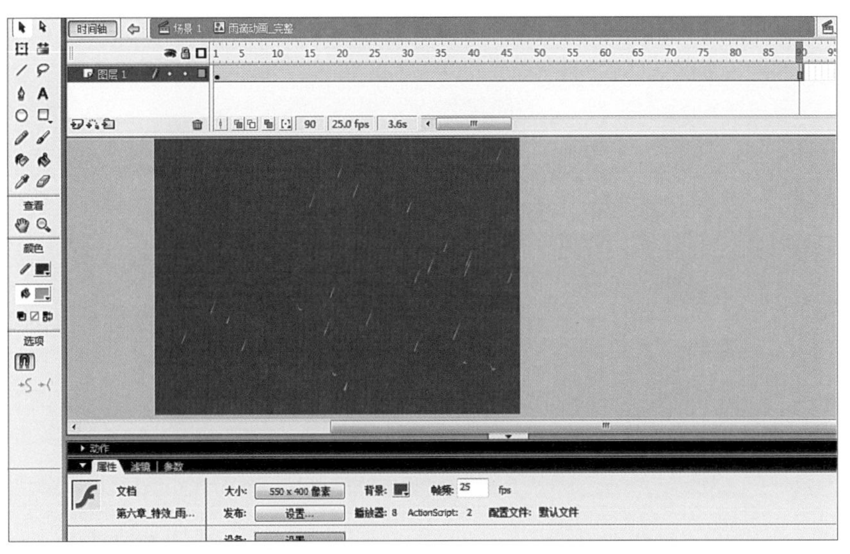

图 6-43 延长时间轴到 90 帧

（13）回到场景 1，新建一个图层 2，把图层 1 制作好的实例动画复制一份到图层 2 上，使用任意变形工具适当调整大小。将属性栏下面的“循环”键控制的初始帧设置到 18 帧，即该实例从第 18 帧开始播放（如图 6-44）。

（14）使用系统菜单中的“控制”→“播放”观看效果。

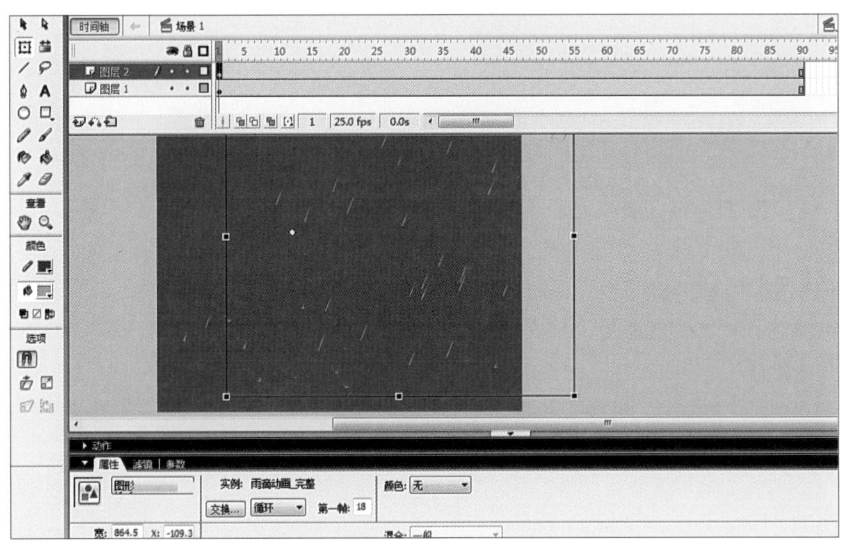

图 6-44 设置播放时间

6.4.2 雪

当空气中的温度低于零摄氏度时，云层中就会落下雪花，相对于雨水来说雪花的体积要稍微大一些，分量较轻，在下落过程中会形成弧形曲线。雪花和雨滴的制作方式大同小异，下面将详细讲解雪花的制作过程。

（1）新建一个 Flash 文档，选择系统菜单中的“文件”→“保存”按钮，或使用快捷键

Ctrl+S 保存并且更改名字为“下雪动画”。默认场景大小即可，帧频设置为 25 帧 / 秒。

（2）在舞台中央绘制一个球形，并且在“颜色类型”里改为放射状，球的中心为白色 Alpha 70%，外围是白色 Alpha 0%（如图 6–45）。

（3）将球转化为图形元件，取名“雪球动画”。进入元件内部，再把椭圆转为图形元件，取名“雪球”（如图 6–46）。

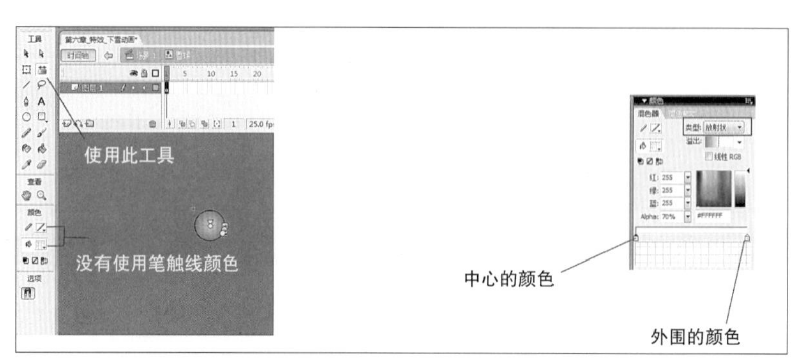

图 6–45 绘制填充色为放射状的白色雪球

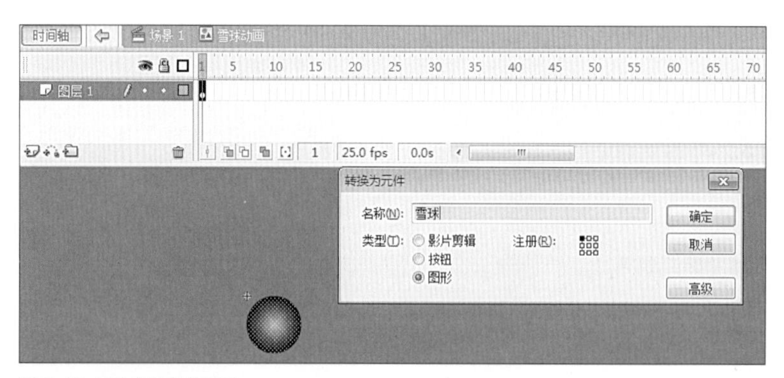

图 6–46 元件内部制作动画

（4）使用“添加运动引导层”添加一个引导层，在引导层上面使用线条工具绘制一条曲线，同时把两层的帧延长至 40 帧处（如图 6–47）。

（5）在图层 1 的第 40 帧处插入关键帧，并且把雪球实例放置到线条的两端，然后打上补间动画。注意：在放置的时候应把雪球实例的中心点放在线条上（如图 6–48）。这样一个雪花的下落动画就完成了，然后开始复制，使之成为雪花漫天下落的效果。

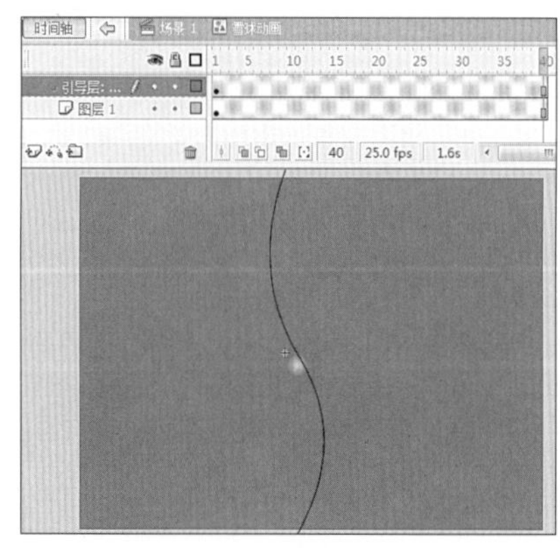

图 6–47 绘制引导线并延长帧

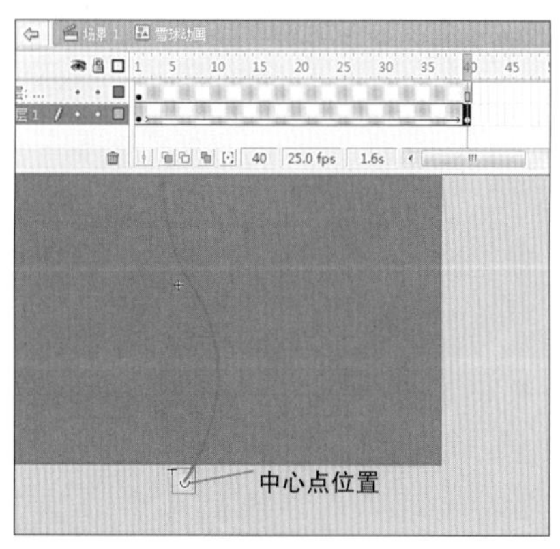

图 6–48 中心点放置线条两端

（6）回到主场景 1，选中雪球动画实例，复制并原位粘贴。在属性面板中，实例循环第一的第 1 帧设为 10（如图 6–49），再次进行复制粘贴，对实例循环第一的第 1 帧设为 20，重复上面的操作，对实例循环第一的第 1 帧设为 30（如图 6–50）。

（7）这样，一个雪球下落的循环就制作好了，选中图层 1 上的所有雪球动画实例，然后使用快捷键 F8 将整个转为图形元件，命名"雪球动画 _ 更多"（如图 6–51）。完成后进入到"雪球动画 _ 更多"元件内，延长动画帧到 40 帧处（如图 6–52）。

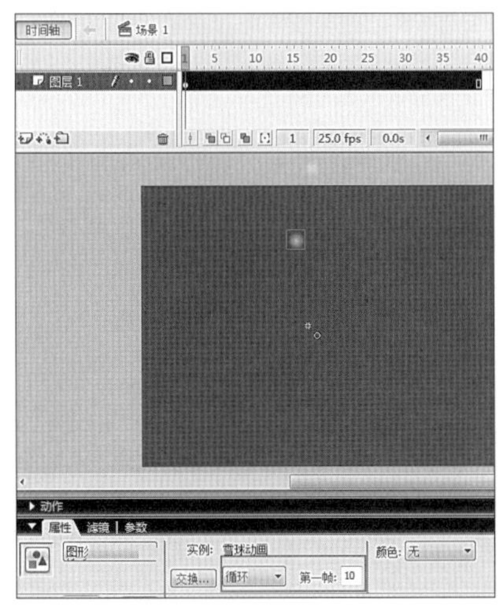

图 6–49 播放时间设置

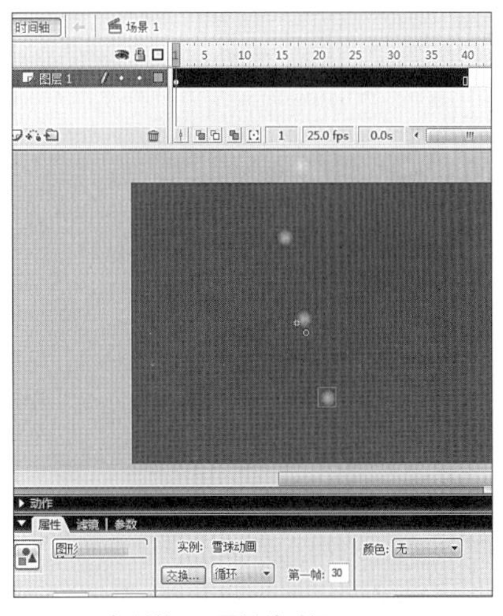

图 6–50 复制并且设置播放时间

图 6–51 继续包一个元件

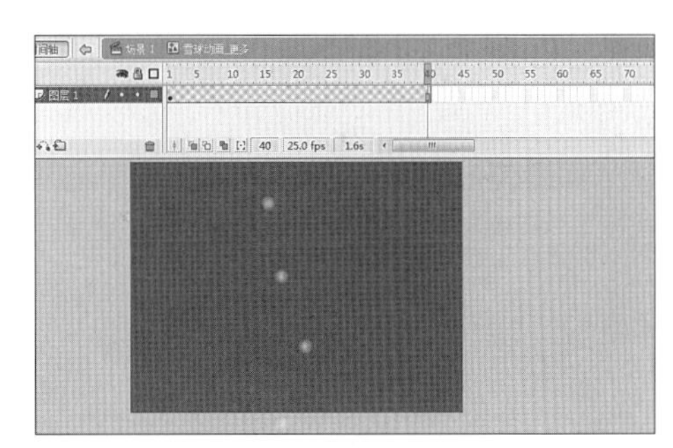

图 6–52 延长动画帧到 40 帧

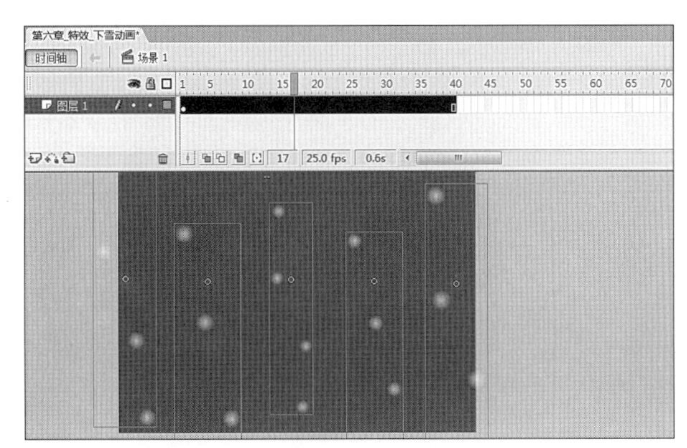

图 6–53 对实例进行放大、缩小

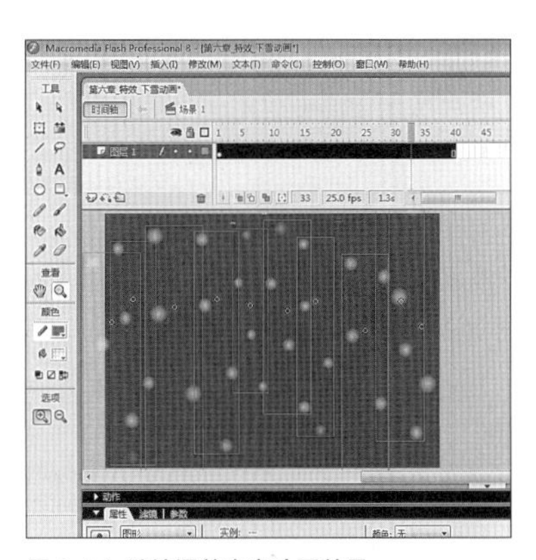

图 6–54 继续调整丰富动画效果

（8）回到场景 1，把“雪球动画 _ 更多”复制 4–5 份填满画面，然后还是和之前一样，对每一个实例改变一下属性面板中循环第 1 帧的帧数，也可以对每一个实例进行适当的放大与缩小，使其产生错落感（如图 6–53）。

（9）继续选中所有制作好的“雪球动画 _ 更多”实例进行复制，然后再一次调整大小及位置（如图 6–54）。

（10）使用系统菜单中的“控制”→“播放”观看效果。

6.4.3 瀑布

瀑布是水流的一种，制作它的要点就是制作一个循环动画首先要了解水的属性，知道水的流动方向是往下的。对于瀑布动画，可以把它理解成三个部分的动画，即本身的背景、高光以及水流下之后溅起的水花（如图 6–55），只要把这三个部分分别制作成循环状就可以了。

（1）新建 Flash 文件，设置帧频为 25 帧 / 秒，把这三个物体按照顺序放到三个不同的图层中，方便制作（如图 6–56）。

图 6–55 瀑布分层图

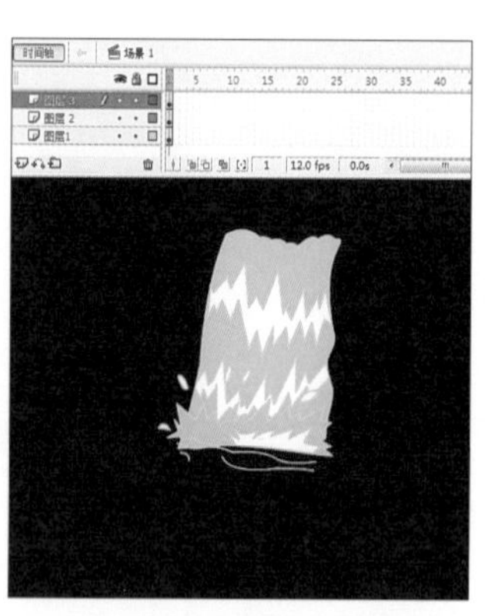

图 6–56 三个部分放到三个图层中

（2）在第 3 帧处给每图层都插入关键帧，调整各图层的动画（如图 6–57）。

（3）在第 5 帧和第 7 帧插入关键帧，继续调整这个动画（如图 6–58）。

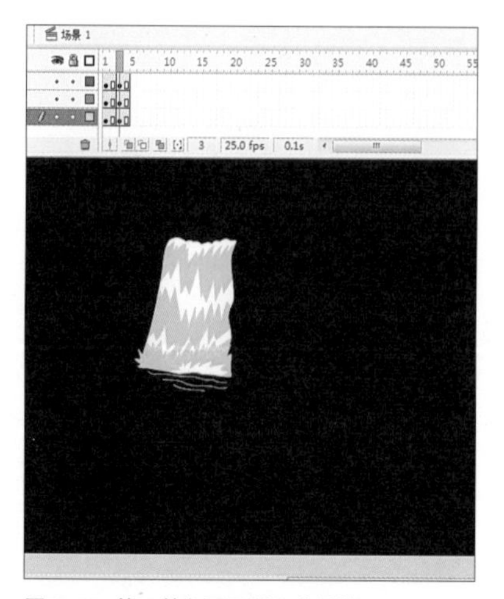

图 6–57 第 3 帧各图层插入关键帧

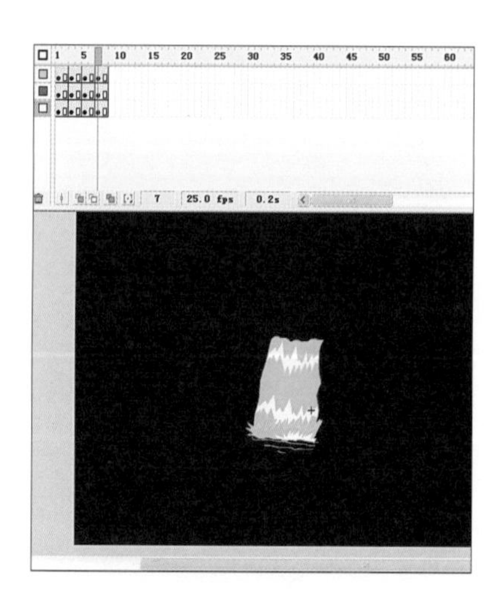

图 6–58 第 1 帧信息复制到第 9 帧

下面是各帧的瀑布变化图（如图 6–59）。

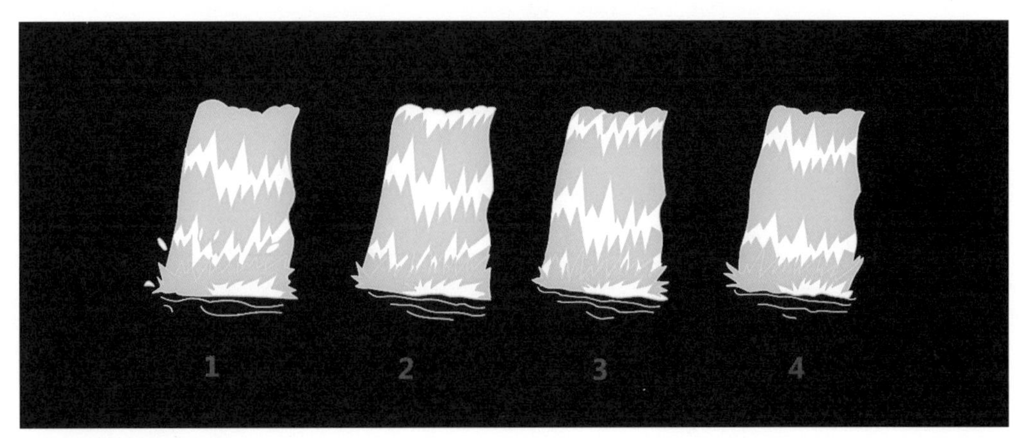

图 6–59 瀑布动画的分解图

6.4.4 火

动画片中表现火的方式，主要是描绘火焰的运动，火的运动实际上是能量不断上升直到消失的过程，下面是几个关键帧图片，学生可以参考并进行模拟制作（如图 6–60）。值得注意的是，这个效果被分成了两层，一层放置火，另一层则放置火上面的光效（如图 6–61，图 6–62）。

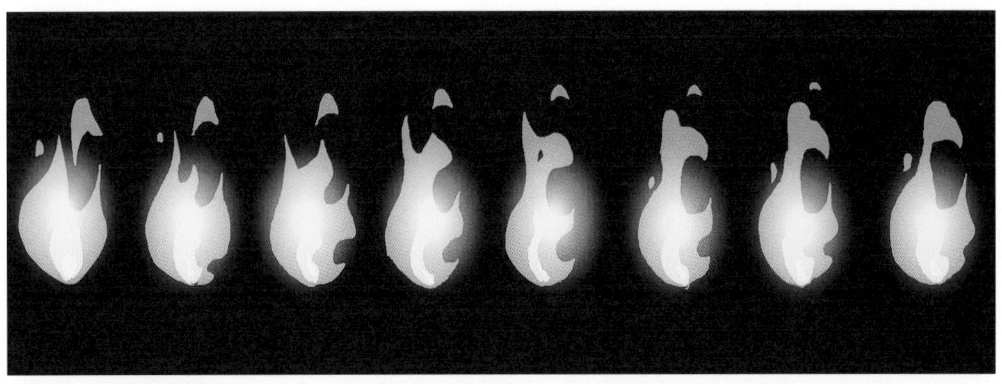

图 6–60 火的动画分解图

图 6–61 未加光的效果

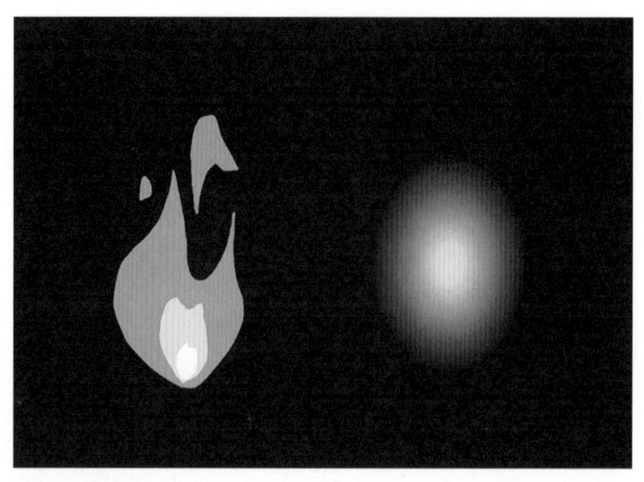

图 6-62 火焰和火光

本章小结

场景是动画中不可缺少的部分，通常动画师制作、加工片时，看到的场景设计多半是制作好的背景，而动画师要做的就是将这些背景调入到 Flash 中进行动画的制作。

道具的制作也属于前期制作，道具在每部片子中都起着相应的作用，道具在制作时需要绘制多个面，这取决于分镜脚本，但在一般加工片中，道具通常会有 4 个面。

制作特效往往是令许多动画师头痛的问题。相比制作动画角色，制作特效花费的时间可能更长。很多动画师都会把自己做过的特效保存为一份 Flash 文件，等到下次制作类似特效时只需调用并稍微修改一下即可，这样大大节省了制作时间。

练习

1. 根据参考案例，绘制一幅场景。
2. 根据参考案例，使用Flash绘制一个道具。
3. 按照图6—60绘制火焰，并将其制作成火焰动画。

7 Flash动画的中后期制作

目标

认识加工片提供的动画模板。
了解各个元素的导入程序。
了解设计稿及原画的制作。

引言

前面几章中介绍了人物的建库、背景及相关道具的设计与制作，这一章将会把之前涉及到的内容整合到一起，了解一个完整镜头的制作步骤，为以后进行相关的工作打下基础。

本章的内容有：查看动画分配表、各个素材的导入、元件的合成嵌套、动作的制作等，本章是动画师必须掌握的核心内容，每项内容都加入了实例，方便学生了解。

7.1 注意事项和工作分配表

公司或工作室接到加工片时，通常情况下片方会发给接片公司一些注意事项，如果是整集接过来（包括设计稿，背景，动画，后期等），那么每一个环节都会提供详细的说明文件及参考资料，例如背景方面可能会给一个相应的风格参考等，确保外包公司不会出错；又或者是人物线条的处理，也会有参考图片展示给接片公司。那么，对于动画师来说，在动作设计及摆设计稿（Pose）的时候也会有类似的提醒（如图7–1、图7–2）。

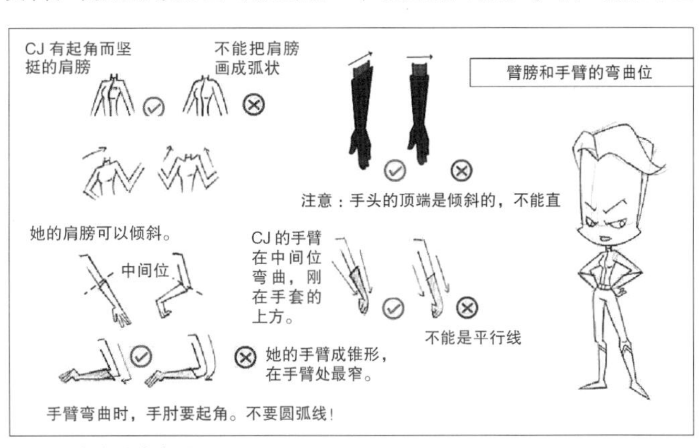

图 7–1 角色注意事项

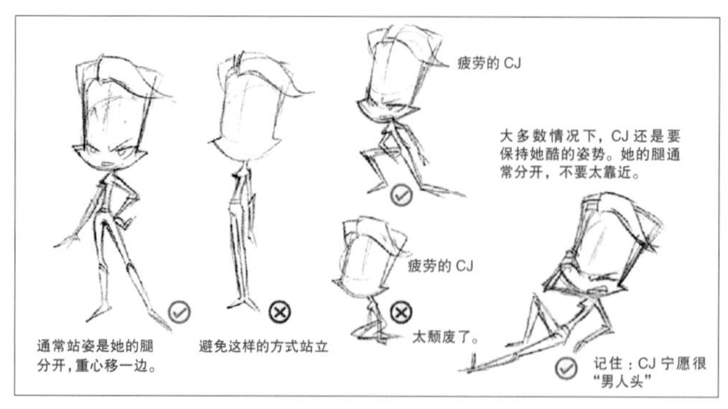

图 7-2 角色动作注意事项

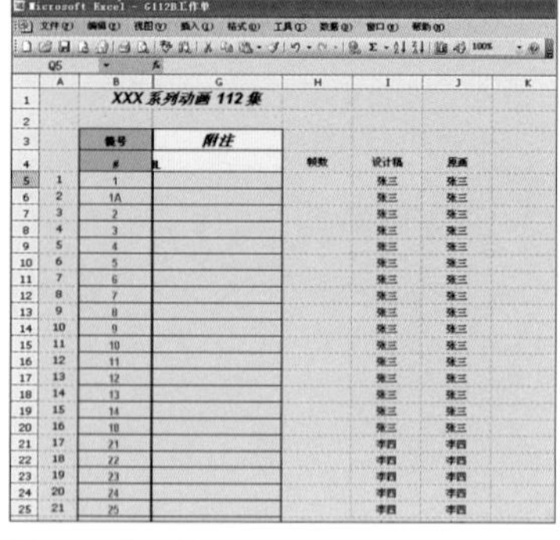

XXX 系列动画 112 集

A	镜号	附注	帧数	设计稿	原画
	#				
1	1			张三	张三
2	1A			张三	张三
3	2			张三	张三
4	3			张三	张三
5	4			张三	张三
6	5			张三	张三
7	6			张三	张三
8	7			张三	张三
9	8			张三	张三
10	9			张三	张三
11	10			张三	张三
12	11			张三	张三
13	12			张三	张三
14	13			张三	张三
15	14			张三	张三
16	18			张三	张三
17	21			李四	李四
18	22			李四	李四
19	23			李四	李四
20	24			李四	李四
21	25			李四	李四

图 7-3 分配表

当公司或工作室接到某个系列加工片时，制片和导演负责分发镜头给动画师制作，他们通过对每个动画师的了解，筛选出最适合该动画师制作的镜头。筛选完之后，制片会制作一份表格，上传到公司的共享网络上面并通知动画师下载表格，动画师下载相应的表格然后查看自己要做的镜头号（如图 7–3），表格中的信息很全面，包括镜头号、镜头时长、设计稿制作人、原画制作人等。

7.2 素材的调入

理清了自己的制作范围就可以开始制作了，制作的时候需要将各类文件调入一个制作好的 Flash 模板中，例如声音文件、动画脚本、角色、背景、道具等。这些素材的绘制也是前期工作人员应该做好的事情。

7.2.1 模板

每个片子根据自己的播放要求，也有着不同的设置。所以通常情况下每一部片子资料里面都会有一个初始模板，提供了片子的尺寸、帧频、动画层的位置、声音层、动态分镜层、备注层等信息（如图 7–4）。

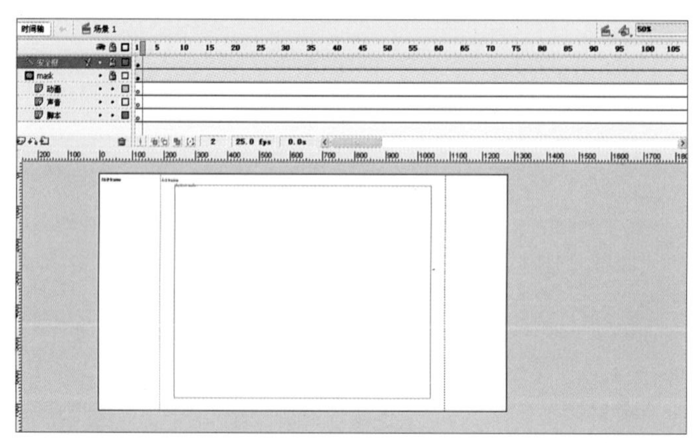

图 7–4 模板图

有时候片方只提供了文字数据，没有初始模板，此时需要自己制作一个模板，但在数据上面一定要核对清楚，以免产生不必要的麻烦。

7.2.2 脚本及音乐文件导入

每种片子制作方式不同，脚本也有区别。有的片子是静态的脚本，即单幅的画面（如图 7–5）；有的是动态视频，视频里面是连接好的几幅独立的画面（如图 7–6）。虽然两者没有太大的区别，但是动态视频在前期制作上已经把静态的脚本通过视频预演测试好了该镜头的时长以及每个时间内需要表演的内容，所以动画脚本相比静态脚本更加精确。

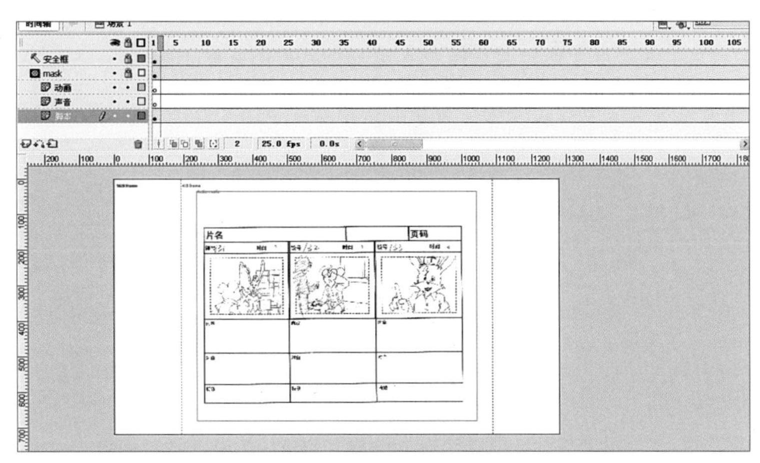

图 7–5 导入静态脚本

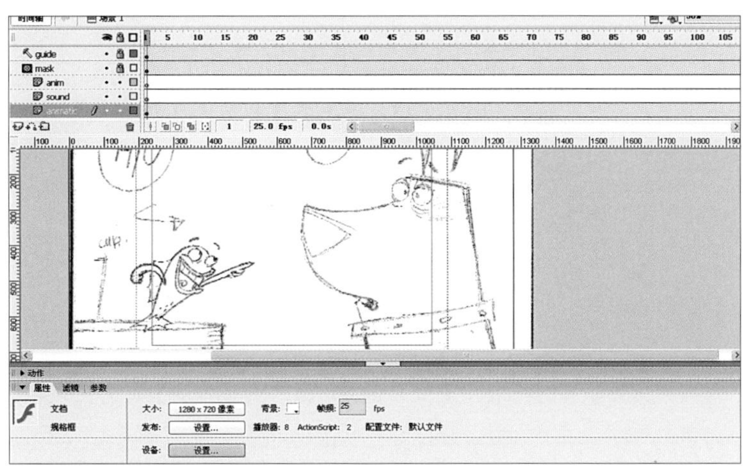

图 7–6 导入动态脚本

至于音乐文件，有的片子是前期配音，有的片子是后期配音。对于前期配音来说，动画师可以进行唇形对位，因为有配音的参考，所以完全可以按照发音去调整口型变化；而至于后期配音，动画师只能靠模拟说话的语气及语速自己调节口型的变化。有时候要求低的片子没有唇形对位的要求，只需要口型不断地变化即可，那么这种片子就比较适合后期配音。

静态脚本导入

打开一个片子的模板文件，找到需要制作的镜头脚本（通常静态脚本存储的图片格式为 JPEG，且分辨率比较大），为了减少系统的负担，可以使用 Photoshop 等修图软件等比例缩小尺寸

（如图 7–7）。选择到分镜层，然后点选系统菜单中的“文件”→“导入”→“导入到舞台”执行图片导入，然后选择静态脚本的路径，单击确定完成脚本的导入（如图 7–8）。

图 7–7 缩小脚本的尺寸

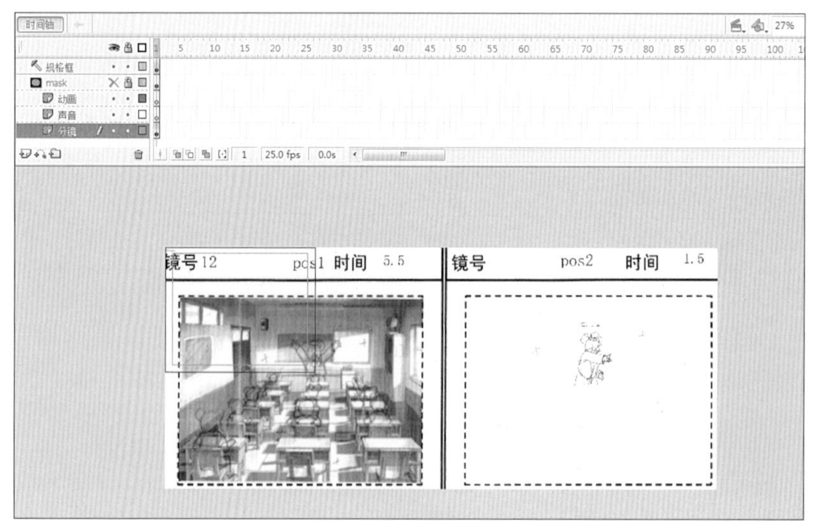

图 7–8 脚本导入到舞台

完成之后可以把该镜头的时间轴长度也做好。可以看到分镜图上有时间长度显示，第 1 个 Pose 为 5.5 秒，第 2 个 Pose 为 1.5 秒，那么这一个镜头的总时长就为 7 秒。选中所有的图层，在第 175 帧处插入帧，快捷键是 F6（如图 7–9）。

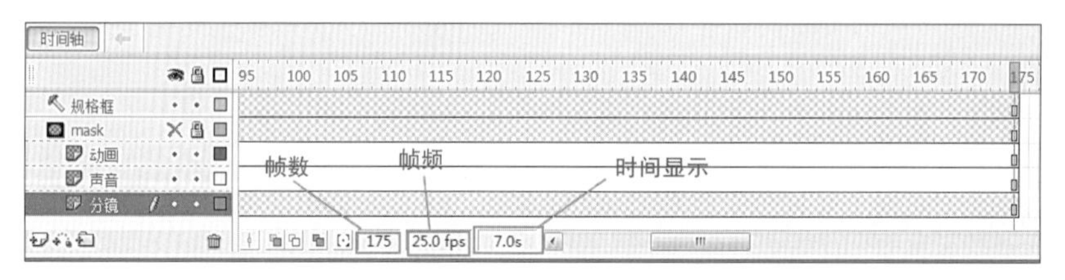

图 7–9 在相应的时间区域插入帧

回到第 1 帧处，把导入的图片打上一个图形元件，然后等比例缩小以适合画布的大小（如图 7–10）。

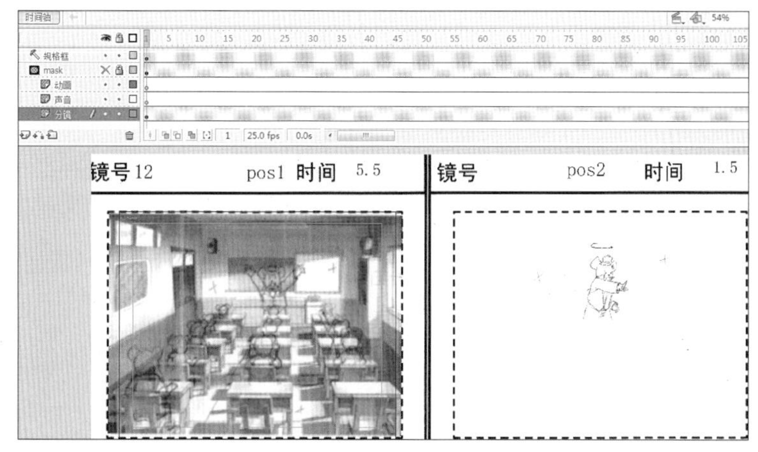

图 7-10 脚本缩放以适应舞台大小

第 1 个 Pose 进行了 5.5 秒，第 2 个 Pose 从 5.6 秒开始，也就是第 140 帧处应该看到图片，所以在第 140 帧处插入关键帧，然后把第 2 个 Pose 移动到舞台上来（如图 7–11）。点选系统菜单中的“视图”→“工作区”观看效果，默认快捷键为 Ctrl+Shift+W（如图 7–12）。

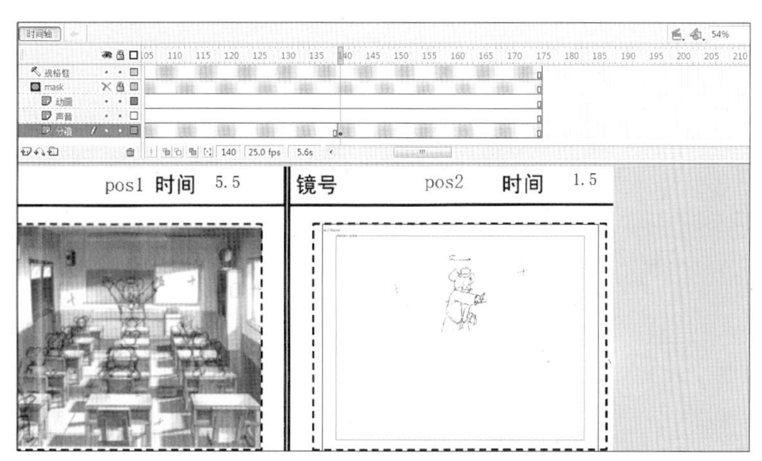

图 7–11 时间轴上调整脚本的 Pose

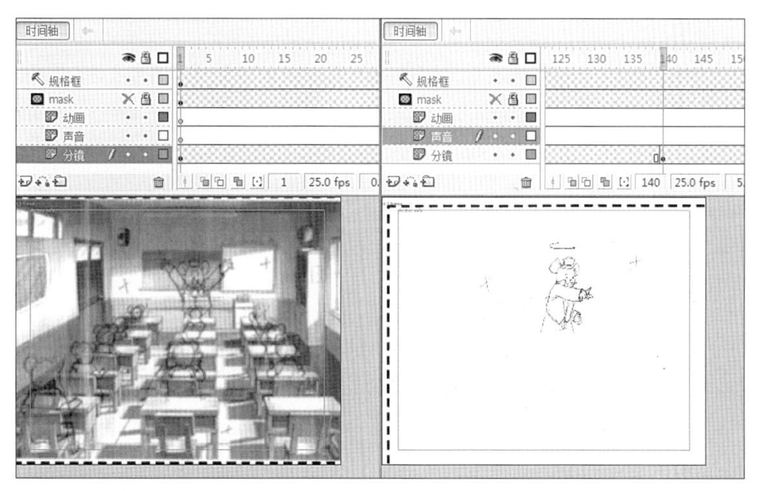

图7–12 观看脚本摆放的位置

这样摆放完成之后就可以根据脚本来添加角色及背景的位置了，并且也知道了动作的时长，为以后的动画设计部分做好了准备工作。观看效果，满意之后再次使用快捷键 Ctrl+Shift+W 回到工作模式。

动态脚本导入

动态脚本与静态脚本在导入 Flash 时有一定的区别，因为他们的属性不一样，一个是位图属性，一个是视频属性。但对于动画师来说，动态脚本更适用，因为导入的动态视频会根据自己时间的长度在时间轴上自动生成时长，不需要动画师手动设置时间长度，也可以避免在时长设置上出错。

动态脚本主要应用于国外加工片的制作，而国外的视频一般采用 MOV 格式生成，所以动画师一般导入的视频格式也都是 MOV 格式。

打开片子的文件模板，点击系统菜单中的“文件”→“导入”→“导入视频”，在弹出的对话框中点选“浏览”按钮，找到视频文件，点击对话框右下角的“下一个”按钮。在新的对话框中选择“在 SWF 上嵌入视频并在时间轴上播放”（如图 7–13），继续单击“下一步”。后面是默认设置（如图 7–14）。

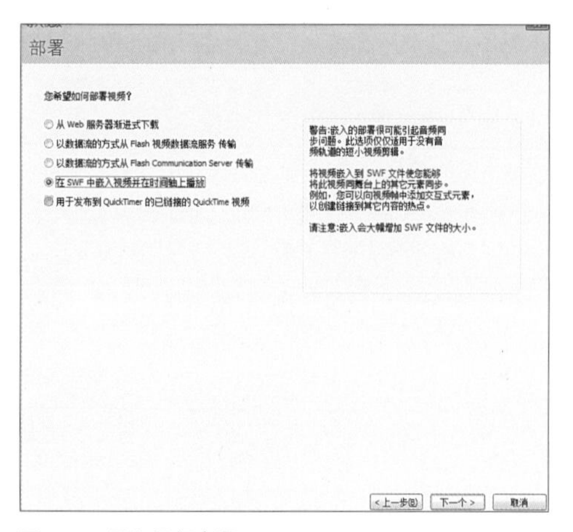

图 7–13 导入视频步骤 –1

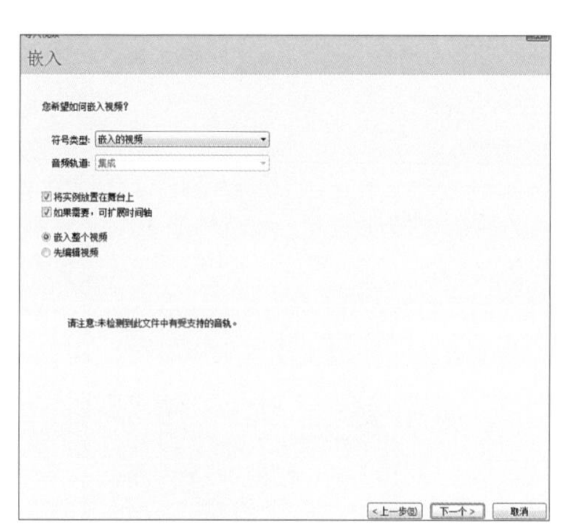

图 7–14 导入视频步骤 –2

单击“下一步”，在编码选项中建议动画师选择“Flash7– 低品质”或者“Flash7– 调整解码器品质”，因为动态脚本只是作为一个动作和角色摆放位置的参考，并不需要太清晰的图像，如果质量设置太高，制作出来的原始文件会比较大，传送的时候不方便。点击“下一步”，出现完成视频导入窗口，再点击“完成”按钮即可看到导入的进度条（如图 7–15）。

完成之后，在分镜层中会自动添加视频时长，后面要做的工作就是统一时间长度（如图 7–16）。

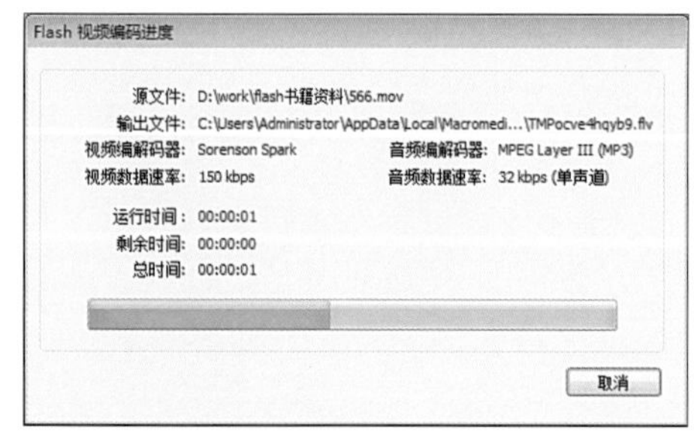

图 7–15 导入视频进度条

图 7–16 统一时间长度

音乐文件的导入

国外的加工片一般使用的音频格式是 AIFF，国内的片子多数为 WAV 或者 Mp3 格式的音频，声音文件也会按照镜头号命名，方便动画师查找。

声音文件的导入，和导入静态脚本图片的方式一样，选中声音层，点选系统菜单中的“文件”→“导入”→“导入到舞台”选择音乐文件的路径，完成后点击“打开”按钮。这个时候系统会加载音频文件进来，查看该文档的“库”是否加载音乐成功（如图 7–17）。这时，在属性栏的声音选项中，选择已经加载进去的音频文件，并把同步声音栏改为数据流模式（如图 7–18），声音加载工作即完成。

图 7–17 库中有音乐文件

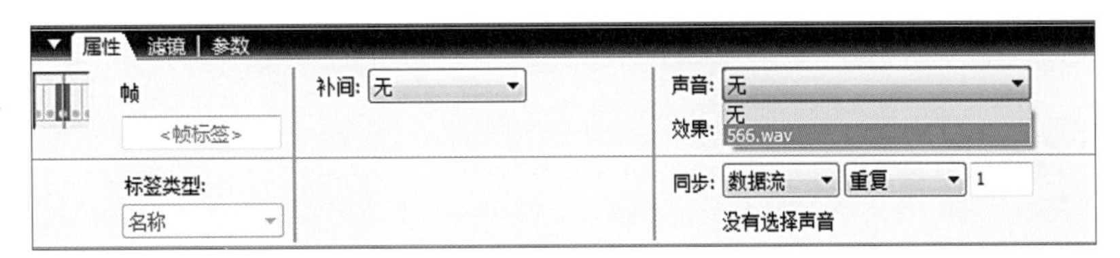

图 7–18 模式改为数据流

需要注意的是：在制作动画的时候，加载进来的音乐通常都会改为数据流模式，它的优点在于即时播放就可以听到声音，而如果选择“事件”或者是“开始”模式，当使用回车键播放时间轴上的动画时，声音虽然也跟着一起进行，但如果暂停时间轴播放，声音还会继续播放，直到声音文件播放完为止。

对动画师来说，只需要将导入进来的音频文件调整为数据流即可，其他几种模式不用去考虑。

7.2.3 元件的合成嵌套

制作动画需要掌握的一个重要知识点就是元件的合成嵌套，通俗的讲法就是“元件套元件”，在正常的加工片制作中，都是把整个制作好的动画套入到一个元件中（如图 7–19、图 7–20）。

对于新手来说，元件套元件是一个非常容易混淆的问题，需要有一部分的软件基础，而且需

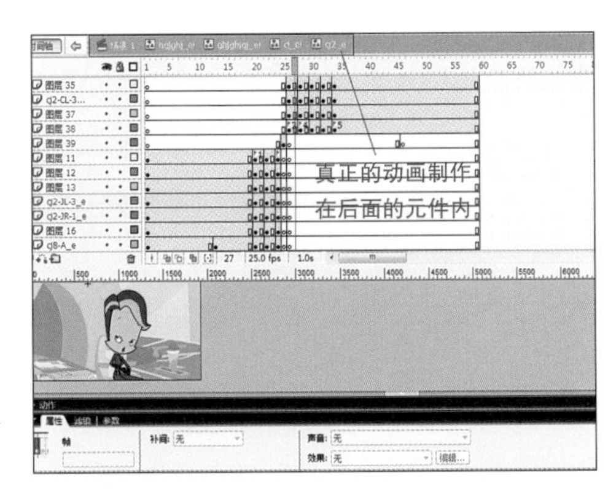

图 7–19 动画制作在第 4 层

图 7–20 最外层

要了解到父子级的关系，就如同之前制作角色建库一样，同样的把人的各个部分转成组或者转换成单独的元件，头部制作完后转成元件叫“头”，身体制作完后转成元件叫“身体”，手制作完后转成元件叫“手”，那么把这个角色的所有部分都制作完了，选中所有包上一个元件，起名叫“人”，这就是”元件套元件“。

它的优点在于修改非常方便，因为它已经把所有的东西都包在了一个元件之中，如果需要放大或者缩小整个场景及人物，只要缩小这一个元件即可，里面的场景和动画都会同时等比例缩小或放大。

例如图 7–21 的舞台输出大小为 1024×576 像素，感觉尺寸太小想把输出的画布尺寸改大到 1920×1080 像素（如图 7–22），那么只需要选中元件，使用任意变形工具或者缩放和旋转工具等比例放大即可。

图 7–21 原始大小

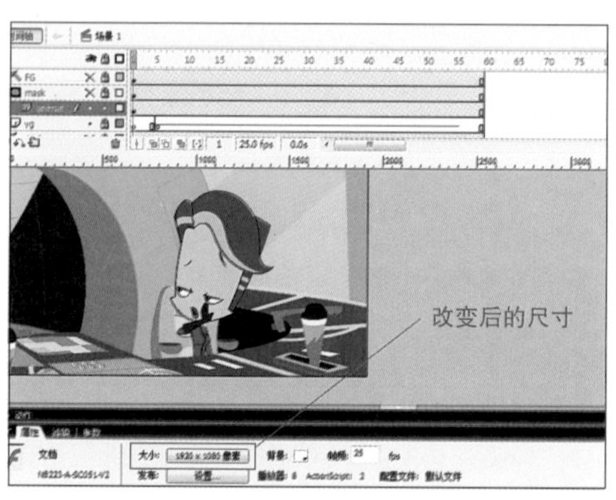

图 7–22 改变后的大小

更改单个元件的大小时，同样也是利用元件套元件的方式修改。例如图 7–23、图 7–24 中人物的动作已经制作完成，但是人物整体应该略微放大一点，这时可以进入到人物的元件里面进行整体的放大与缩小。

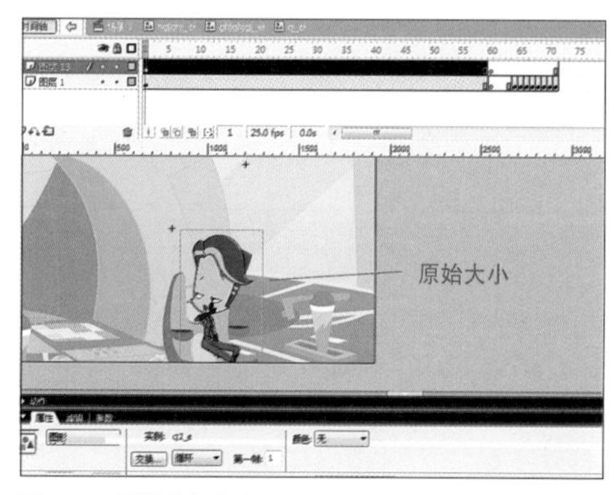

图 7–23 原始人物大小

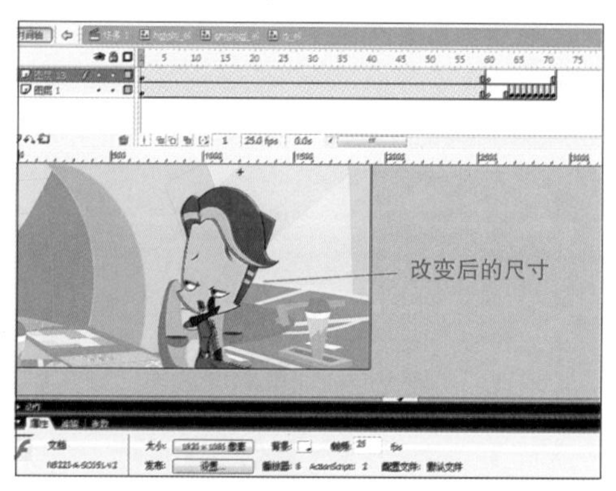

图 7–24 改变后的人物大小

包在同一个元件内的动画不仅仅只有统一调整大小这一个优点，还可以统一调整它的 Alpha 值、亮度、色调等。

7.2.4 背景及相关角色、道具

初步了解了元件的合成嵌套后，在前面导入脚本及声音的基础上，再来导入镜头中需要的背景以及相关的角色、道具。如果该镜头中只需要角色表演及背景，就可以不用把道具导入进舞台。

根据脚本中的内容把相关的背景、角色和道具全部导入到同一个图层中，即动画层（如图 7–25）。

脚本的信息如下：此脚本是一个 5.6 秒的镜头，里面有角色 2 名，背景 1 幅，在 5.6 秒钟有 3 个 Pose（如图 7–26）。在制作时，动画师导入的人物和背景比例相差太远，但是不要去放大或者缩小，选中动画层上的所有内容全部包一个图形元件，随意起一个名字（如图 7–27）。

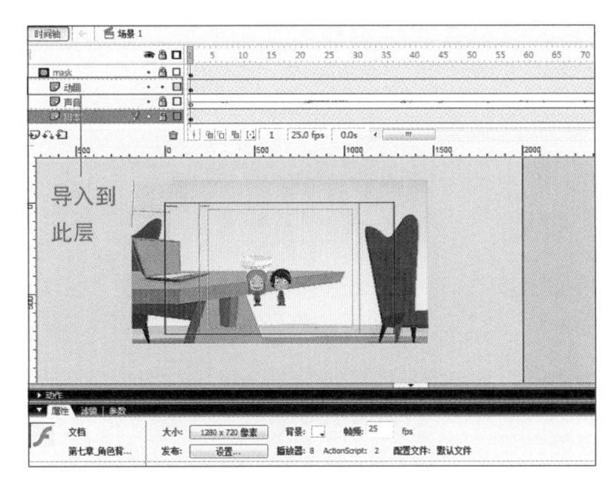

图 7–25 素材导入到动画层

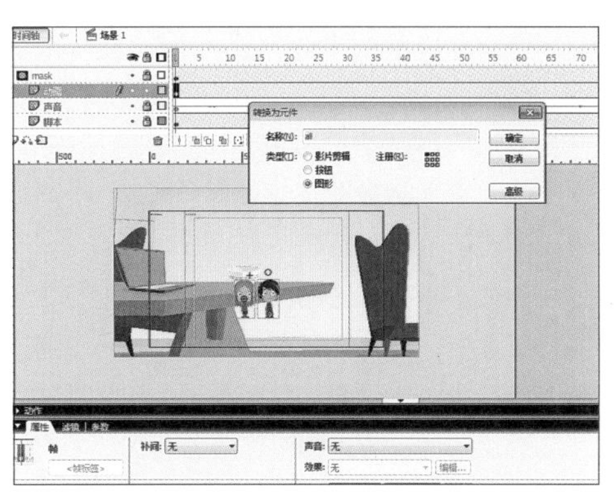

图 7–27 整个动画层上的素材包一个元件

图 7–26 脚本的三个关键 Pose

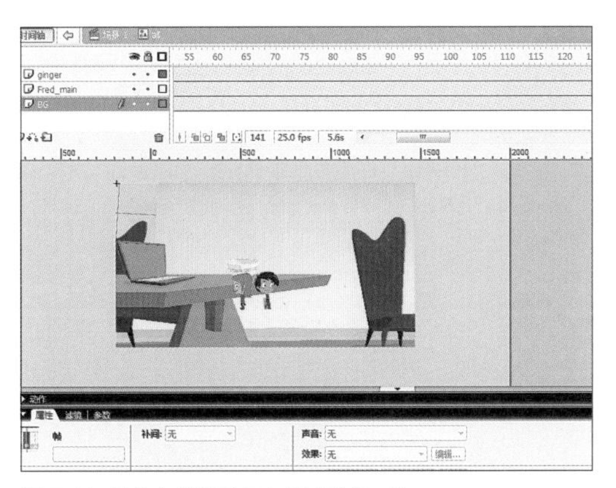

图 7–28 元件内的时长与主场景时长一致

图 7–29 调整人物大小及比例关系

完成之后进入到元件中把每个元件单独分散到各层，例如背景肯定是放在最下层，而两个角色由于在此镜头中没有前后关系，所以层放置没有要求，但一定要放在背景层之上。并且根据场景 1 中的时间轴长度把元件中的时长也改为同样的长度（如图 7–28）。

在元件内，按照脚本及之前设定好的比例图来调整角色及背景的大小，在放大多个角色的时候记得同时选中，因为人物在建库的时候，角色之间的比例就已经调整好了，所以现在同时放大或者缩小，两个人物之前的高度比还是正确的。这个元件内部仅仅只是用来调整人物和背景大小的，不需要在这一层调整人物的动作。（如图 7–29）

完成之后，摆动作前的所有准备工作就已经全部完成，可以开始调试动画了，调试动画需要进入人物的元件内部进行制作。

7.3 动作设计

动作设计是 Flash 动画人员的主要任务，需要根据动画分镜脚本和导演的意图以及动画的原理、动画的规律来完成动画镜头中各类角色的动作设计。

分镜脚本上的信息是概括的、笼统的内容，Flash 动画师需要把这些信息进行加工整理，绘制出真正意义上的动作。因此 Flash 动画师在进行动作设计的时候，必须要有一个创作构思动作分析的过程，再开始着手进行绘制。

创造构思就是使镜头中的动作符合规定情景下的角色动作，并将它具体表现出来。例如在之前的脚本中，讲的是两个小孩在玩电子玩具，而妈妈在画外提醒他们上学要迟到了，两个小孩作出回应的镜头。（如图 7–30）

分解动作在脚本中已经给出参考，摆好给出的关键动作后，就要开始设计动画，如何让关键动作与关键动作之前的过渡流畅，如何让角色在 5.6 秒里面看上去不僵硬，这些都需要运用前面所讲的运动规律以及曲线运动方面的知识，在后面的具体操作中，将会逐一讲解。

7.4 动作制作

下面将会从人物的关键动作、设计到动作间的过渡，以及后期的整理及修改作详细讲解。

图 7–30 按脚本提供的信息在相应帧上设计动作

7.4.1 设计关键动作

导入了相关角色到 Flash 文档后就可以开始按照脚本设计动作，也就是设计稿部分。进入到角色元件后就可以按照脚本动作的时间设计角色的动作。在这个动态脚本中角色的三个关键动作分别在第 1 帧、第 32 帧、第 110 帧．所以分别在这 3 个帧上面打上关键帧并开始设计动作（如图 7–30）。

另外一个角色的关键动作设计同样按此方法制作（如图 7–31）。

图7–31 另一个角色的动作

完成之后，关键帧上的设计工作也就完成。在要求严格的片子中，做完设计稿之后都会拿去给导演检查，确保关键动作所要表达的意思和脚本一致。在制作关键动作的时候，除了动作要尽量还原于脚之外，表情也应该做到与脚本一致。

7.4.2 分散到图层与动作过渡

在制作动画之前，必须先了解 Flash 中动画补间动画的基本属性，要利用这个属性去制作好补间动画，就必须使用分散到图层功能去制作。

分散到图层

在角色元件内，把组成该角色的元件或者是组，单独分散到各个图层。在 Flash 中如果要制作动画补间动画就必须转换为元件，而在一个层中只允许一个元件制作动画。如果在一个层之中有两个元件（不包括元件套元件），那么制作一个动画补间，会发现这两个元件已经合并成了一个元件，并且自动地生成了名字为动画补间的图形元件。（如图 7–32、图 7–33）

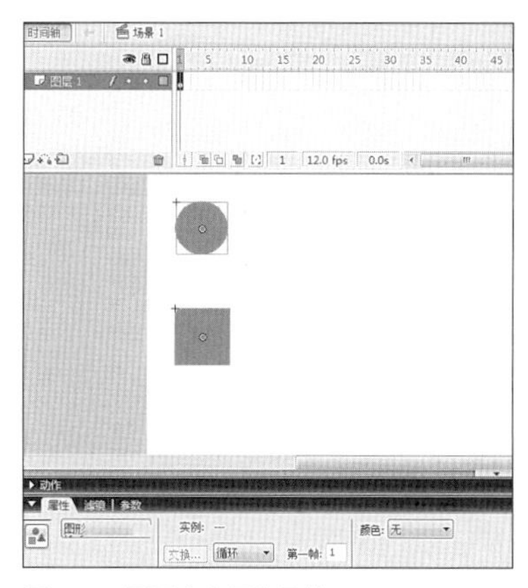

图 7–32 图层中有两个元件

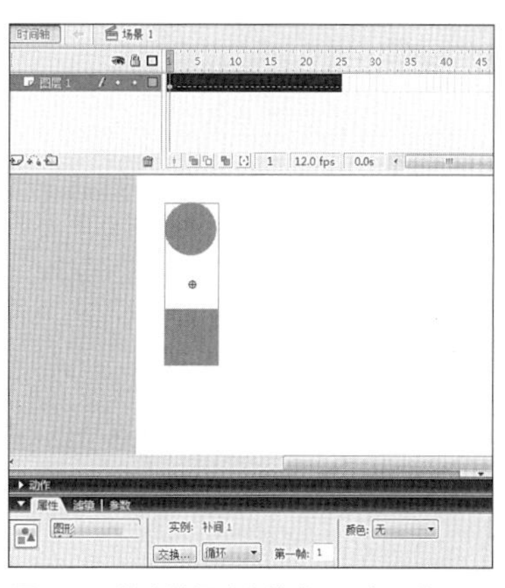

图 7–33 创建补间后合并成了一个元件

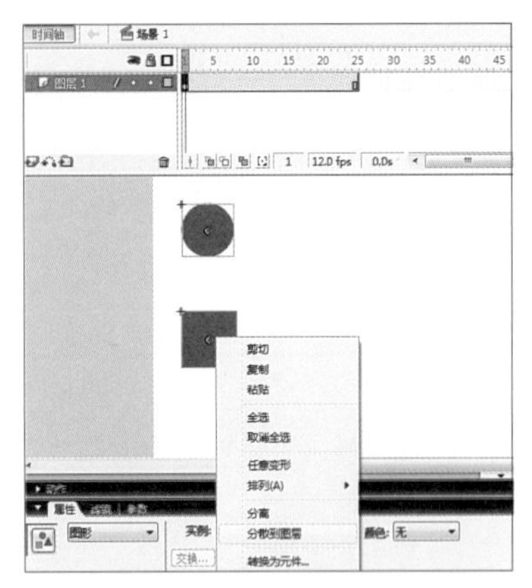

图 7–34 把组件分散到各图层

因此如果想快速地把某个物体转成图形元件，只需要创建一次补间动画就行，系统会默认把该图层上的物体转变为一个图形元件。

快速地把一个图层上的很多组件分散到各图层，最便捷的方法是选中在该层上所有的组或元件实例，然后鼠标指针放在一个组件上右键单击，在弹出的对话框中选择“分散到图层”（如图 7–34）。

点击该图层上的关键帧，使用快捷键 Ctrl+Shift+D，同样可以实现效果。

完成之后，原来图层上有几个组件就会分成几个图层。当确保每个图层都已经是单独的元件之后就可以开始制作动画了。

动作过渡

当使用“分散到图层”功能把角色的各个组或元件实例分散到各图层后，选中所有的关键帧右键单击“创建补间动画”，再删除补间。这样就可以确保每一层的素材都变成图形元件，避免了动画工作者手动操作，节省了时间（如图 7–35）。后面的关键动作也按照这种方法进行，只是在每个动作转换的地方需要把前面动作的帧清理掉（如图 7–36）。

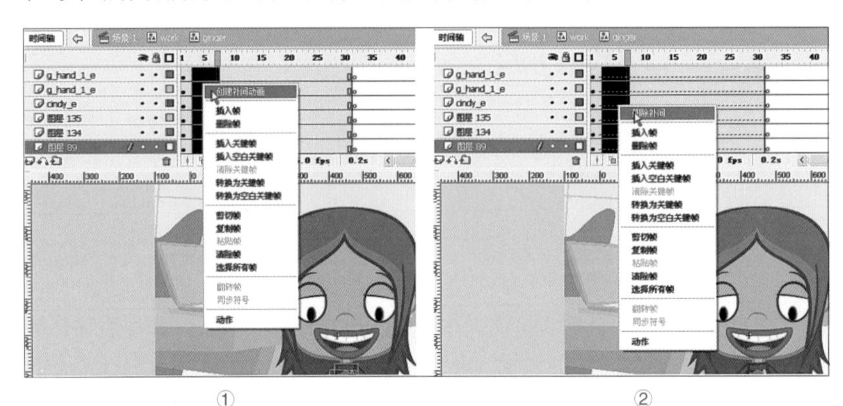

① ②

图 7–35 快速转换为图形元件

图 7–36 清理帧

要制作一个转头动作，也可以按照前面所说的曲线运动来完成。在日常的生活中，转头不仅仅是脖子和脑袋在动，甚至你的身体和手也都会有相应的变化，如果转头动作只做了头部运动，就会感觉到僵硬和单调。另外，遵循曲线运动原则，对于不需要表现力度的地方可以使用曲线运动。

在此例子中，可以在第 23 帧处插入关键帧，在第 25 帧处使人物的上半身包括臂部下降一点，再到第 28 帧处扭曲一下身体及臂部。在第 31 帧处上扬身体及臂部使之产生一定的曲线，并且让这一帧成为身体转动的极帧，也就是身体转动幅度最大的一帧，之后创建补间动画。（如图 7–37）

图 7–37 各帧的参考动作

在第 31 帧处已经是极帧了，那么在第 2 个关键动作时只需要让角色舒缓下来就可以了。在第 32 帧处通过洋葱皮工具调整角色动态接近于第 31 帧，在第 40 帧处打上关键帧，让角色从极帧舒缓回来。（如图 7–38）

图 7–38 结束动作

这样，一个动作就已经完成了一半，接下来的工作就是制作脸部表情。在实际生活中，人们在转头或者是说话的时候，都会进行眨眼动作，那么在这个动作中，人物理应也做一次眨眼动画。一般情况下，在极帧的时候人物的眼睛是闭起来的。以此类推，动画师可以在极帧的前后帧中制作一个眨眼动画。

记住眨眼帧所在的位置，然后进入到头部元件之中，按照各图层对各个部位的控制进行调整（如图 7–39）。

注意每个元件实例属性栏中图形选项第 1 帧的帧数，有的元件是合成嵌套的，所以元件内部还会有动画，例如头部外面随着身体在做动作，而头部内还有眼睛的眨眼动画要制作。要想使角色外面的动作和内部的眨眼动作相吻合，最好在整体运动的时候把头部的帧数和时间轴上的帧数设置成相同数值，以免混乱。（如图 7–40）

有时候，在属性栏中修改帧数没有效果，那是因为在这个图层中，前面的补间动画的帧数没有修改正确，所以后面的帧数也就无法修改了（如图 7–41、图 7–42）。

图 7-39 角色眨眼动画

图 7-40 头部帧数与时间轴帧数数值相同

图 7-41 帧数修改

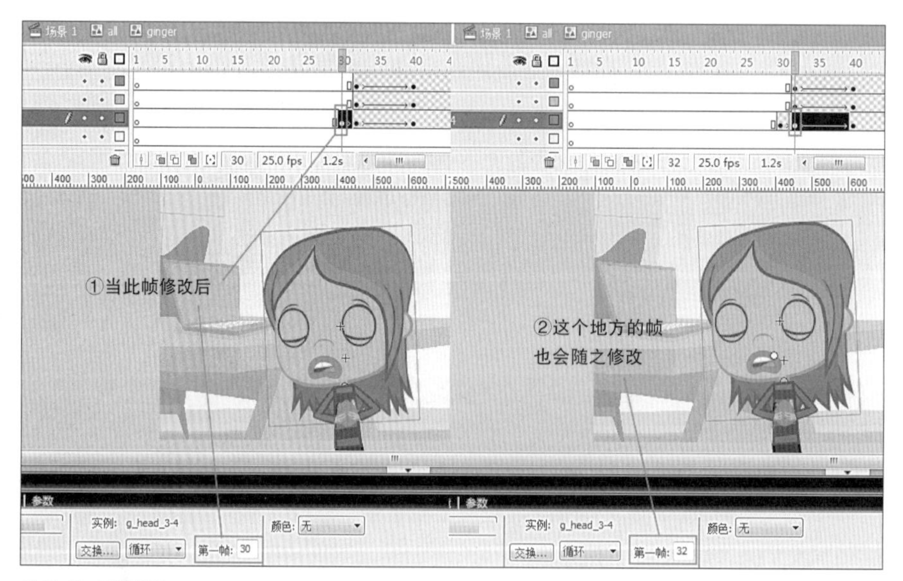

图 7-42 帧数修改

当眨眼动作调整满意之后，就是嘴形的调整，可以进入到嘴型元件中进行调整。

值得注意的是，在初始的角色建库中，嘴形也应该作为一个元件，可以在里面制作不同类型的口型，库制作得越丰富对于动画制作就越有利。（如图 7-43）

进入到嘴形元件之后，可以添加一个新图层用来加入该镜头的配音，然后根据配音一点点地调整角色的嘴形部分。这一环节需要细心与耐心，反复听发音，反复对比。（如图 7–44）

这些制作全部完后，该动作就已经完成了 80%，最后一步就是需要检查穿帮部分。在补间动画中，由于人物的各个关键都是单独的元件，所以在动起来的时候，难免会有穿帮的地方（如图 7–45）。

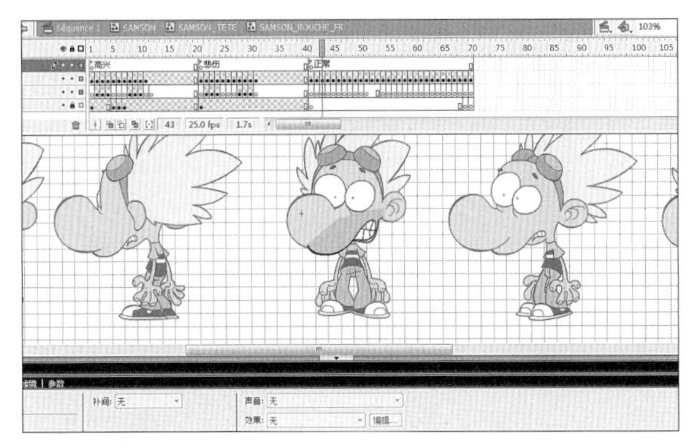

图 7–43 嘴形库

图 7–44 嘴形对位

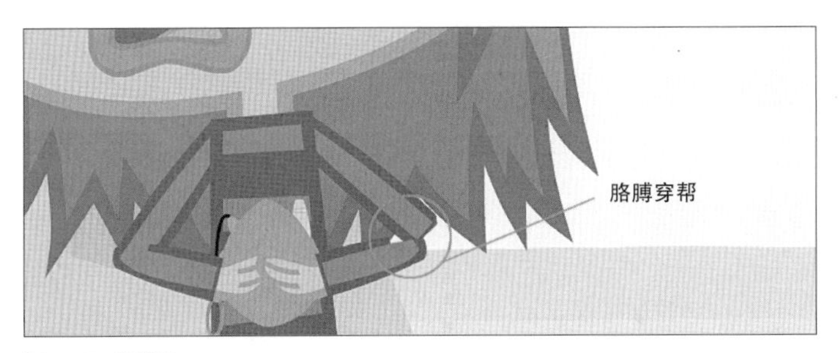

图 7–45 穿帮处

图 7–46 修补穿帮处

仔细检查，并进行修改，把穿帮的缺口补上（如图 7–46）。回到场景 1，点击系统菜单中的“控制”→“播放”观看效果，当满意之后保存一份，然后上传给导演，导演满意之后，这一个镜头的内容就制作好了。

总之，以上内容需要学生进行大量的操作与练习，心得和经验都是在实践之中不断地积累下来的。

7.4.3 制作中的要点

下面的例子将制作一个角色的登台表演内容，镜头中大致展示的是：一个角色在表演一个翻滚动作的时候，由于腿部一字劈开过猛，以至于无法站立，最终被吊环抬出场外（如图 7–47）。

图 7–47 角色表演动画预览

动画的制作还是按照之前所讲的步骤进行：在动画层上添加背景及角色，转化成图形元件，进入到元件内部，进行比例调整，再进入到角色元件中进行动画的调节（如图 7–48、图 7–49）。

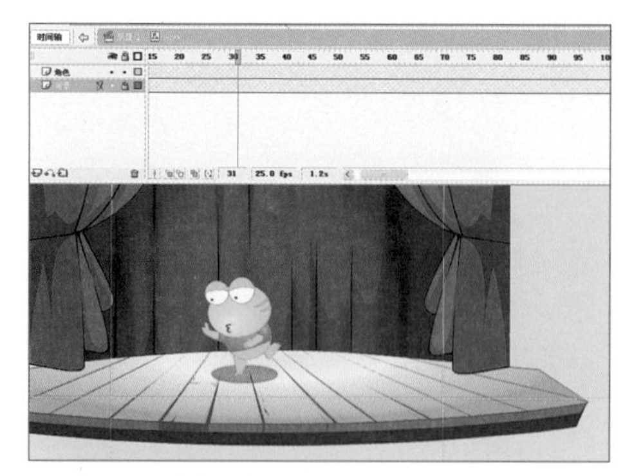

图 7–48 元件内部分层

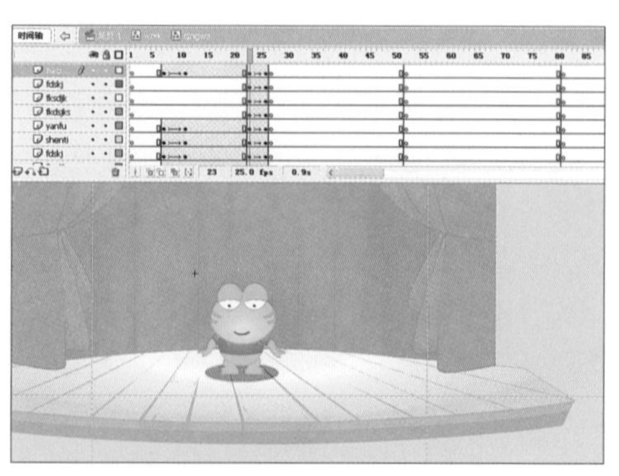

图 7–49 角色元件内制作动画

流程步骤在此就不再详细说明，这里主要介绍一下本例中的制作技巧。

辅助线

相信学生在图 7–48 中已经发现，舞台上出现了几条绿色的线，它相当于是辅助线，辅助制作人员进行设计和制作。

有时候因为镜头的需要，背景的大小会超过舞台的大小（如图 7–50）。当制作人员调试角色动作的时候，如果没有辅助线，就不知道制作的角色是否还在舞台上（如图 7–51）。所以为了确保角色表演不偏离舞台，制作人员会设置辅助线提醒自己。

图 7–50 背景图片大于舞台

工作界面

实际观众看到的画面

图 7–51 角色超出了舞台

调出辅助线之前，首先打开标尺功能，鼠标右键舞台的空白处，调出菜单栏，在中间选择“标尺命令”即可以调出标尺（如图 7–52）。

图 7–52 调出标尺

鼠标在标尺上按住左键不放，往下拖动，即可拉出一条横向辅助线（如图 7–53）。拉出纵向辅助线的方法则是选择纵向的标尺进行拖动。

图 7–53 鼠标拖出横向辅助线

当纵横辅助线各拉两条出来之后，隐藏图层上的所有信息，把辅助线按照舞台的大小摆放到舞台边缘（如图 7–54）。设置完成之后，取消隐藏即可看到如图 7–55 所示的效果。

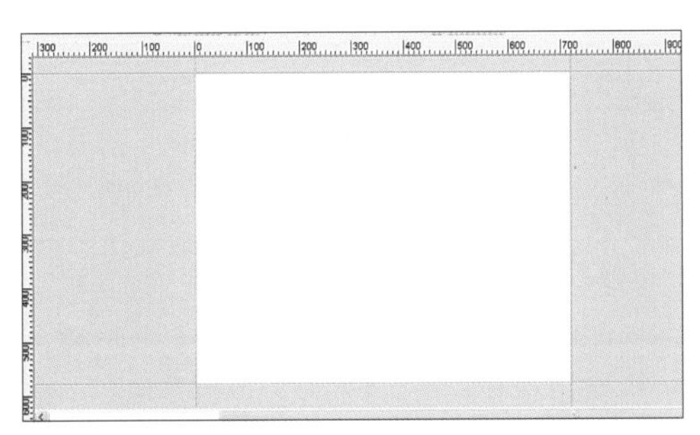

图 7–54 设置辅助线

图 7–55 辅助线设置效果

影片剪辑在图形元件中的使用

之前说过，作为 Flash 动画师一般情况下只需要使用图形元件，但有时候为了增加动画效果，画面中会添加一些模糊特效（如图 7–56）。而这个效果需要用影片剪辑去完成，但在图形元件中使用影片剪辑，有时在显示上会出现问题。这个时候只需要在元件外面，对应影片剪辑的时间轴上全部转换为关键帧即可（如图 7–57）。

图 7–56 动画中的模糊效果

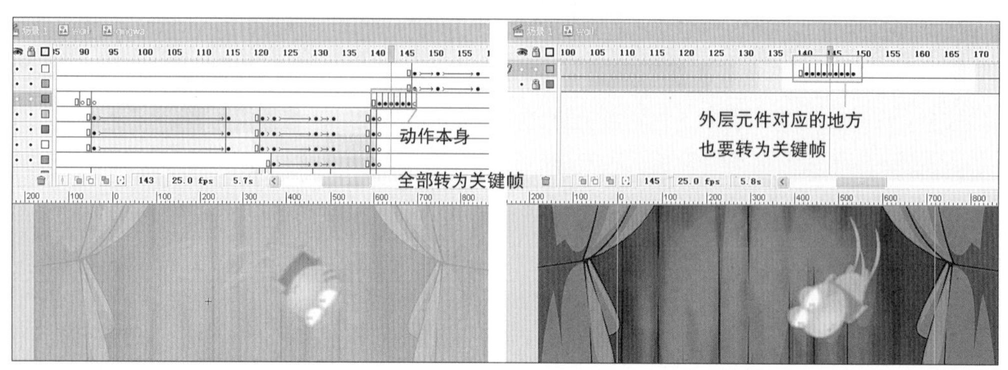

图 7–57 特效部分转为关键帧

7.5 文件导出

所有的镜头制作好之后，就可以导出每个镜头的序列图片进行后期合成，任意打开一个制作好的镜头，点击系统菜单中的“文件”→“导出”→“导出影片”，在导出类型中选择“PNG 序列文件”。在图片序列中有很多种文件格式供选择，但是其他格式在导出的时候，对于图片的质量有一定的影响，而“位图序列文件”单张图片又非常大，“PNG”可以保证清晰度且文件较小。

把每个镜头的序列文件全部导出完成之后，通过其他的合成软件，例如 Adobe 公司生产的 Premiere 影视合成软件，将这些序列帧导入进 Premiere 中时应注意，要导入序列图片只需要选中第一张图，然后把下面的序列图片控制窗口打勾就可以了（如图 7–58）。

然后在项目栏中按照顺序分别拖入到时间轴窗口（如图 7–59）。

图 7-58 Premiere 中导入序列图片

图 7-59 序列图片拖入到时间轴上

一切设置完成之后，选中时间轴窗口，并在系统菜单中选择“文件”→“导出”→“影片”就可以了（如图 7-60）。后面的步骤可以根据自己对视频的要求进行调整。

图 7-60 导出成视频

有人可能会问Flash内部不是有导出视频的功能吗？为什么还需要用别的软件进行导出呢？

不同的片子应在不同的软件中导出，Flash确实能够导出，但是对于一个15分钟或者更长的片子并不适用。

有人可能会想到使用Flash分批导出视频文件，但是最终还需要一个合成软件把零散视频整合，就意味着对视频图像进行了再一次压缩，使得视频质量下降。

所以通常情况下在Flash中制作好的部分段落通过导出成序列图片，再到其他软件中进行合成处理。

本章小结

在制作任何加工动画时，该动画都会提供相应的动画模板，模板大致相同，只是在尺寸和细节上略有差别。

元件的合成嵌套是非常重要的知识点，它也叫做元件套元件。对于初学者来说这个知识点的应用有一定的困难，它需要有一部分软件基础，而且需要了解父子级关系；但这个知识点将会给动画制作带来很多方便，尤其会在修改方面提供很多便利。

对动画师来说，做好单个镜头之后上交给导演就已经算完成了工作任务。如果动画师想做自己的片子，就应该了解影片的导出，一般情况下在Flash中制作出动画，导出序列帧，最后再到其他软件中进行合成。

练习

1. 新建一个Flash文档，尝试导入自己设计的脚本及音频文件。
2. 新建一个Flash文档，尝试导入一个动态视频。
3. 参考图7–47所给出的例子文件，自行设计一段动画。

课程教学安排建议

课程名称：Flash 动画实训教程

总 学 时 ：64 学时

适用专业：动画、漫画、新媒体专业

预修课程：动画运动规律、动画速写基础

一、课程性质目的和培养目标：

本课程为 Flash 动画实训基础课程，通过书中的实例，让学生明白如何通过软件来展现所学到的运动规律，最终把这些知识运用到商业的 Flash 动画加工片之中。

二、课程内容和建议学时分配：

单元	课程内容	学时分配		
		讲课	作业	小计
1	关于动画发展史，动画制作程序，Flash 基础介绍。	4	2	6
2	了解 Flash 界面布局，对各个功能按键进行分类讲解，着重讲解时间轴窗口、洋葱皮工具、多帧编辑功能以及元件的概念。	4	2	6
3	学习补间动画、逐帧动画、遮罩动画和引导线动画。	4	8	12
4	了解基本的运动规律，并通过 Flash 来进行实践。	4	8	12
5	设计卡通角色转面图，建库。	2	4	6
6	通过 Flash 设计制作动画背景、道具以及特效。	2	8	10
7	制作一个角色动画，要求动作连贯自然，完成后进行输出。	4	8	12

三、教学大纲说明：

1. 本课程遵循循序渐进、由浅入深的原则，力求照顾到各个基础层面的同学。
2. 注重实践，将行业制作规范引入课程，用每章后的习题让学生巩固软件操作。

四、考核方式：

以每章的作业练习为考核方式，并以 Flash 文档的形式上交作业存档。

后 记

作为本书的作者，在撰写这本教材的同时，自身的Flash水平也在不断提高。因为自己制作Flash是一回事，而讲解制作思路又是另一回事。有时候一个简单的操作用语言进行描述时难免会有一些疏漏，还希望广大读者批评指正。

本书中的例子都是自己在工作中的经验总结，希望把本人在工作中遇到的真实的案例和工作技巧介绍给大家，让大家真真切切了解Flash动画在工作实践中的应用，少走一些弯路。

书稿的完成离不开大家的帮助，在此我要感谢中国传媒大学动画学院副教授李杰老师和张爱华老师对我的支持与鼓励，感谢“动帧格”动画工作室，感谢上海动画大王文化传媒有限公司、上海人民美术出版社对本书的编辑、设计、出版所给予的支持和帮助。

李 昕